Keimruhe

Jean-Loup Trassard

Keimruhe

Aus dem Französischen
und mit einem Nachwort
von Nicola Denis

Matthes & Seitz Berlin

für Felix

… das Suchen und Lernen ist
demnach ganz und gar Erinnerung.

Platon, *Menon*

Grüne Blätter, Blätter dicht an dicht, mit trockenen Grashalmen zusammengenäht. Auf der linken Seite am Boden ausgestreckt zupft er die Blätter einzeln auseinander, schiebt sie zusammen, lässt in der Mitte des Runds zwei Löcher: die Augen. Bedachtsam, mit sicheren Gesten, hält er, die linke Hand durch den angewinkelten Ellbogen gleichwohl behindert, einen dünnen knorrigen Stock vors Gesicht und arbeitet sich weiter voran. Lautlos teilt die eine Hand das Gestrüpp, die andere hält die Näharbeit am Schaft, er erreicht die Zweige eines Strauchs, hinter dem das karge Gelände den Blick freigibt. Er schaut: zwischen Blättern, geschützt durch das grüne Laubgesicht, das er vor seine Haut hält, um nicht mit seinem glatten und blassen Gesicht, Unterbrechung des Grüns, ihre Aufmerksamkeit dort drüben zu erregen, zumal die Luft so günstig ist – Rauch qualmt in seiner Richtung – und sie ihn wegen des Dufts der bratenden Fleischstücke nicht riechen können. Zwei Männer, vier, vielleicht fünf Frauen, mehrere Kinder, mit Tierhäuten oder Fellen bekleidet, gehen zwischen der an den Felsen gelehnten Behausung – ein paar Pfosten nur – und der Terrasse über dem Fluss hin und her. Zu weit, er hört sie nicht sprechen, sieht, wie sie das Fleisch an entrindeten Stöcken wenden. Der Fluss macht an dieser Stelle eine Biegung, so dass ihr Lager auf die Mittagssonne ausgerichtet ist: Sie wohnen dort, keine Wanderjäger. Er könnte die Mahlzeit nutzen, während sie alle sitzen, um den reißenden Fluss zu überqueren, die umgestürzten schweren Eichen helfen beim sicheren Erreichen des anderen Ufers, abgenutzte Rinde hatte ihm eine Anwesenheit verraten, noch bevor er Spuren fand, doch er fürchtet, dass womöglich noch nicht alle da sind. Im Wald kann er sich reglos an Erde oder Stamm pressen, aber stehend, auf einem feuchten Stamm mitten im Sturzbach, wäre die Begegnung mit anderen, vom Duft des gebratenen Fleischs angelockten Menschen riskant. Die Blätter völlig reglos, beobachtet er, die Maske vor dem Gesicht: Kinder laufen nun herum, sieben, acht, eine Frau, die anderen verschwunden in der Behausung, die er sich vorstellt; so versammelt sich in der Ferne auch seine Familie, ohne ihn, zum Essen. Kein Hund, zumindest sieht er keinen, ist erleichtert. Ihre Haut wirkt hell wie seine, an den Stellen, an denen Kleider, Haar, Bart und Brusthaar bei den Männern, sie bloß lassen. Zwischen dieser Familie, der er sich nicht nähern darf, und seiner, die er in über einem Mond Wegstrecke zurückgelassen hat: alleine. Der Himmel über ihm hat sich nun doch nicht verändert, trotz seiner Schattierungen, blau mit weißen Wolken. Linker Hand fließt der Fluss, schießt über schwärzliche Felsen, beschattet von Bäumen, die ihn einfassen und überdachen. Quer über dem Rücken trägt er, an der Taille befestigt, alles Nötige; Neugier, Geschicklichkeit, eine von den Muskeln erlernte äußerste Vorsicht machen ihn beständig zum Mittelpunkt seiner Umgebung, obgleich der eigentliche Mittelpunkt dort drüben liegt, wo er geboren wurde, wo seine Familie ausharrt. Der Geruch des bratenden Fleischs lässt seinen Magen knurren, doch er rührt sich nicht, schaut, Blättergesicht, und zählt: drei Männer, ihre Mahlzeit ist beendet. Damit er nicht flüchten muss, falls sie herunterkommen, weicht er zurück, entfernt sich lautlos, versteht es, die Eichelhäher, die gerne den Wald warnen, nicht aufzuschrecken. Um die Brücke aus zwei umgestürzten Eichen, auf jedem Ufer eine, im Blick zu behalten, klettert er auf einen nahegelegenen Baum, von dem es sich auf zweierlei Art herabsteigen lässt: eine alte Eiche, in die sich schräg ein toter Baum verkeilt hat. Er richtet sich dort ein, so, dass er den Fluss beobachten kann und von unten nicht zu sehen ist, prüft den einzig möglichen Weg über die Stämme und Äste, wartet auf die Nacht, überquert wie der Uhu dann, geschmeidige, geräuschlose Federn.

Die durch das Laub dringenden Strahlen weisen die Richtung. Vom Fluss aus beschließt er, der Sonne des Abends entgegenzugehen, folgt jenen hellen Streifen, die hinter ihm in den Wald einfallen und emporschießen, so gerade und breit, dass er sie manchmal berührt, bevor sie sich am Fuß eines Baumes brechen. Dann andere, niedrige, denn die Morgensonne tastet sich gerade erst heran, noch kann er sich auf ihre von den Farnen abgeschnittene Spitze verlassen. Im Gehen wirft er die als Maske verwendeten Blätter, die er zwischen Jacke und Haut hervorzieht, einzeln fort, denn keines soll mit seiner Gräsernadel gefunden werden. Tief in der Nacht hatte er das rauschende Wasser überquert, gewaltiger Frühjahrsstrom, doch der beinahe runde Mond beleuchtete die Stämme, auf denen Schritte das Moos abgeschabt hatten. Im Morgengrauen hatte er sich nach den ersten, den Tag verkündenden Gesängen auf das andere Ufer gestellt, den Bewohnern direkt gegenüber, um etwas über sie in Erfahrung zu bringen. Wegen der Flussbiegung schwemmt das Wasser unter ihrer Terrasse einen Halbmond aus Sand und Kieseln an. Er suchte nach einer Stelle, von der aus er gleichzeitig das Ufer und die Brücke beobachten konnte, falls die Menschen herüberkämen, anschließend bräuchte er nur noch auf die Geräusche zu achten. Beim ersten Anbruch des Tages, der noch nicht bis zum Flussbett drang, ließ ihn ein unbestimmtes, vom Geräusch des Wassers überlagertes Gemurmel hinter einem zarten Nebelschleier zwei Frauen und wohl ein Mädchen vermuten, die sich, nackte Brustwarzen, am Ufer bückten. Danach nichts mehr. Wechselnde Vogelstimmen, die er alle kannte. Endlich sah er die drei Männer. Einer stellte ein großes, gebogenes Flechtwerk auf, ein anderer war in die Hocke gegangen, der letzte trug Zweige, auch die Kinder kamen herunter: friedfertige Fischer. Den Blick unaufhörlich auf das Ufer geheftet ließ er die frischen Blätter wieder zufallen und kehrte dann dem Fluss den Rücken. Geht nun langsam Richtung Westen. Bisweilen, im Schatten der Buchenhochwälder, ist der Boden eben, anderswo verliert er sich unter den verschiedenen Pflanzen. Sein Denken – drei Stränge, an denen er Schritt für Schritt weiterflicht. Die Richtung einhalten, sie je nach Sonnenstand wieder ändern und dem Gedächtnis Anhaltspunkte für den Rückweg einprägen. Keine Geräusche verursachen, keine Spuren hinterlassen, auf der Lauer bleiben, um eine Begegnung zu vermeiden. Und schließlich Tiere und Pflanzen und Bäume entdecken. So sah er in der Nähe des Flusses unterschiedlich große Abdrücke, unter den Füßen keine Sohlen, womöglich weil Frühling ist. Nun keine menschliche Spur mehr, dafür Kratzer auf den Rinden, Tierkot, den er prüft, Fußabdrücke in der weichen Erde vor den Bauten, zu Boden gefallene Federn, Schnabel- oder Hornstöße am Holz. Er untersucht die dunklen Sümpfe, schaut zur Verzweigung der Stämme empor, lernt aus den Gerüchen. All diese Vorsichtsmaßnahmen in einer wirren Pflanzenwelt, weder Weg noch Pfad, erschweren sein Fortkommen. Es dauert fast zwei Tage, was bedeutet, dass er zur Hälfte des zweiten Tages einen Landstrich erreicht, wo der Wald von kleinen, parallelen Tälern unterbrochen wird, nur leicht eingetieft, voll hoher Gräser und Binsen, zwischen ihnen ein Bach: Hier kommt er an. Denn eines Tages muss er ja ankommen.

Auf der Rückseite des Loiseau-Hofes, der hinter dem Hatte-Hof lag, nahmen wir einen schmalen Weg unter einer Reihe von Mostbirnbäumen, der Boden knackte vor morschem Holz und grauen Blättern, unter die sich oft kleine, frühzeitig herabgefallene Birnen mischten; die sechzehn Birnbäume gibt es noch immer. Damals ließen wir das zum Hof gehörige Waschhaus rechter Hand liegen, regloser, unter den niedrigen Blättern verborgener Tümpel, vor dem Brett sammelt sich Entengrütze um ein Wasserloch. Noch ein

Stück Wiese überquert, und wir standen vor der hohlen Esskastanie. Ein mächtiger Kopfbaum, gedrungen und einst ausgeputzt, dessen Holz aufgesprungen war, sich geöffnet, sein Inneres entleert hatte, wir konnten zu zweit hinein, Mutter und Kind. Auch das Mark der kräftigen niedrigen Zweige hatte sich mit der Zeit entleert, sie waren abgebrochen; es blieben zwei wunderschöne, wie Ärmelöffnungen ausgehöhlte Luken aus gefurchtem knorrigen Holz. Meine Mutter sagte, wenn wir dort, in der Dämmerung, Ausschau hielten, würden wir vielleicht etwas sehen. Sie dachte an die Feen, deren Reigen auf dem Gras von den Kreisen der Wiesenchampignons nachgezeichnet werden. Über der Wiese lag ein zarter Sommerabendnebel, denn ein schmaler Bach erstreckt sich über ihre ganze Länge. Ich reckte mich, um sehen zu können, und in der vertrauten Stille erschienen mir jene Augenblicke länger, als sie für meine Mutter waren. Auf den beiden sanften, abgeweideten Abhängen, die schon in ein mondartiges Licht getaucht waren, regte sich nichts, doch wie unsäglich liebte ich jene Vertrautheit mit meiner Mutter, das geteilte Geheimnis unseres Wartens. Wie oft sind wir dort gewesen? Sicher nicht mehr als dreimal. Die Erinnerung indes ist mir noch frisch, im wörtlichen Sinne beseelt von dem gewaltsamen Verlust.

Zwischen zwei Tälern ein Hügel. Er erreichte nach der Durchquerung eines flachen, bewaldeten Gebiets die Geländefalten, überquerte drei aufeinanderfolgende Bäche, die sich ihren Weg durch Binsen, Gräser, Schwertlilien suchen, die dort auf dem torfhaltigen Grund beharren, an der tiefsten Stelle, die sie finden konnten, und vom unmerklichen Gefälle zu einem Fluss geführt werden, der sie anzieht, aufnimmt und verschlingt. Er geht weiter, das Gelände steigt an, von hohen Bäumen bestanden. Trotz des Gestrüpps bemerkt er erneut die Abschüssigkeit des Bodens unter seinen Schritten und steht bald schon vor einem anderen kleinen Tal: kurze grasbewachsene Abhänge, die ein Stück weiter weg sanft schlängelnd abbiegen; dort wo sie zusammentreffen wieder ein Bach. Er setzt sich, schaut, horcht, direkt am Rand der Vertiefung, die von unzähligen wassernahen Pflanzen und Sträuchern vereinnahmt, ja überwuchert wird. Eine Drossel singt, die über die Maßen schreckhafte Misteldrossel. Sie hat sich so platziert, dass der gegenüberliegende Abhang den Klang zurückwirft. So tönt die Luft über dem kleinen Tal und verströmt ihren fließenden Gesang. Beim Durchqueren des vorherigen Tals hatte er gerade erst eine andere Misteldrossel gehört, die ihre Noten anstimmte, lauschte und wieder neu ansetzte. Er weiß: Wenn zwei gesprenkelte Männchen dort regelmäßig singen, fühlen sie sich, zumindest seit ihrer Rückkehr, nicht bedroht, denn die Misteldrossel zeigt sich alle Jahre stets im Frühjahr. Er macht kehrt, zum ersten Mal seit seinem Aufbruch. Oben auf dem Hügel hat er im Vorbeigehen eine Eiche liegen sehen. Hohe Bäume, blühende Vogelkirschen, dornige Birnbaumbüsche, Eichen vor allem, und inmitten der Eichen ein alter Baum, sicher bei einem Sturm gestürzt, denn er hatte bereits seine Frühlingsblätter. Er findet ihn wieder, kommt näher: Der Baum hat die Wurzeln, die ihn im Stich gelassen haben, ausgerissen, mit ihnen die Erde, der Fuß schwebt leicht über dem Boden, und die Efeuranken, die herabhängen und sich unter die auf beiden Seiten aufwachsenden Pflanzen mischen, bilden unter dem Stamm ein Versteck. Er streckt den Kopf vor, um zu sehen, ob der Platz nicht bereits besetzt sei, nein, nichts scheint zerdrückt. Er schlüpft hinein, legt sein Gepäck unter den Kopf, zieht die abgebrochenen Zweige, deren Blätter fast trocken sind, über sich und schläft umgehend ein, des lauernden Schlafens auf den Bäumen müde. Er schläft tief. Ich weiß es, da ich jede Nacht in etwa dort schlafe, jetzt aber in einem Bett.

Vom Rand der Terrasse aus verfolgt seine Mutter, den Rauch der Familie hinter sich, wie sie herunterkommen. Er sieht ihr Gesicht noch. Sein Vater ist schon fort, womöglich zusammen mit den Hunden hochgestiegen. Sein Vater läuft nicht mehr, oder nur wenn er alleine ist, kein Verlangen, sich mit den Beinen einer jungen Schar zu messen. Jetzt ist es die Beziehung zu den Hunden, die ihn interessiert. Die jungen Leute – wie viele? sechs oder sieben, und es sind Mädchen darunter –, die jungen Leute drängen herunter, stieben durch die Blätter, jeder mit einem Speer bewaffnet. Man postiert sich, lauscht, reagiert auf die einzelnen Geräusche, ein Stein, der von oben auf die trockenen Blätter rollt, ein fliehender Vogel. Und plötzlich raschelnde Zweige, Herunterkullern, schwerer Trab auf dem Geröllschutt, keuchender Atem, wieder und wieder Atem, raschelndes Laub, hastiges Grunzen, es gilt abzusehen, wo sie wohl vorbeikommen werden, sie müssen sich hinter einen Baumstamm verschanzen und dicht an der Rinde den Hals des Wildschweins durchstoßen, das dann den Speer mitreißt, gegen die Bäume prallt, sich überschlägt und auf dem Rücken landet. Seine Beine, die nicht mehr den Boden berühren, wollen zitternd und zuckend weiterlaufen. Es kommt vor, dass ein Mädchen sie erlegt, die kleinsten. Im Übrigen tötet man kein erwachsenes Wildschwein. Das Tier wird auf zwei Speeren hergetragen, das dampfende rote Loch gut sichtbar. Das kleine, noch geöffnete Auge sieht die Unterseite der Blätter nicht mehr. Der Vater ist da, um die Hunde wieder zu nehmen. Die jungen Leute lachen, noch weiter oben, auf Wegen, die sich schlängeln wie Blindschleichen. Über den hochgewandten Gesichtern das Lager, dessen Gegenwart sie überall spüren, denn dort wurden sie geboren. Fühlen sich angezogen von dem hinter dichtem Gestrüpp verborgenen Ort, der mit seinem Geruch von Fell und Moos vor Nacht und Regen schützt. Meist ist die Jagd zu kurz. Sie steigen hinauf, rangeln, spielen, außer denen, die tragen, ein jeder mit einem im Feuer gehärteten, geschärften Speer gerüstet. Letzter Abschnitt des Weges, der um den Felsvorsprung verläuft, etwas oberhalb entlockt ihnen der Duft bratenden Fleischs ein Lachen. Doch nicht das mitgebrachte Tier wird gegessen, man hängt es auf, sondern ein abgelagertes Fleisch, und seine Mutter weiß, dass sie bei der Rückkehr von der Jagd hungrig sein werden. Sie reißt einzelne Stücke heraus, in denen das Fett noch brutzelt, reicht erst dem Vater, dann dem ältesten Sohn ihren Anteil, manchmal einer jungen Blonden, wenn sie es war, die das Glück und die Pflicht hatte zu töten. Seine Mutter reicht auch ihm mit der zweizackigen Gabel seinen Anteil, er streckt den Arm aus, reckt ihn langsam, doch das gegrillte Stück ist weit, weit weg, fast hat er es erreicht, als ihn die Bewegung seines Arms, der sich zu heben versucht, weckt. Es ist der Hunger, der ihm seit seinem Aufbruch zu schaffen macht. Zu schnell war er aufgegessen, der Kuchen aus geschroteten, gegorenen Körnern, den seine Mutter ihm mitgegeben hatte. Die in seine Tasche gelegte dicke und feste Scheibe Räucherfleisch hielt sich vermutlich ein wenig länger. Aber danach? Der Frühling, der länger werdende Tage und milde Nächte verheißt, ist Mund und Bauch nicht so gewogen wie der Herbst: weder Früchte noch Beeren, nur ein paar frische Pflanzen. Zwei- oder dreimal hatte er, den Richtung Fluss wehenden Wind nutzend, ein schnelles Feuer gewagt, einen Fisch gegart und sich gleich wieder fortgestohlen, um ihn ungestört zu essen. Ich stelle mir vor, wie er sich selbst vom Frühling ernähren konnte: Eier, die kurze Zeit der hängenden und versteckten Eier. Als Kind habe ich sie gesucht, gefunden und angeschaut, das war für ihn nicht schwerer, eher weniger. Schlürfte sie aus.

Oberhalb der uns zugekehrten leichten Steigung lag eine kleine feuchte Wiese, stets voller hoher Gräser. Als ich ungefähr zwanzig war und mit Léandre auf die Jagd ging, fragte ich ihn, weshalb diese

Parzelle mitten auf den Ländereien von Grise Haie nicht gemäht und gepflegt sei. Sie gehöre gar nicht zu ihrem Hof, sondern sei eine alte Enklave von La Courtinière, sagte er mir. Dieser Hof lag nicht weit entfernt, aber die Familie, die ihn bewirtschaftete, musste früher, wenn sie die kleine Wiese mähen wollten, den Umweg über die Straße nehmen, bei Loiseaus vorbei, unseren schmalen Weg unter den Birnbäumen hinab, die Zäune öffnen und den Bach mit der Brücke überqueren. Es war ihr gutes Recht. Und dann später wieder, um das Heu abzutragen, notgedrungen in kleinen Fuhren. Die jetzigen Huchets, sagte er, Nachfahren der früheren Gendrons, hätten es irgendwann aufgegeben. Um die kleine feuchte Wiese, so überwuchert, dass sie nur schwer begehbar war, verliefen auf allen vier Seiten Böschungen und von Eichen überragte Hecken. Genau dort schoss Léandre eines Sonntags mit seiner alten 12er auf einen Waldkauz. Er fiel herab, war jedoch keineswegs tot, nur ein Flügel gebrochen. Überrascht, wie leicht er war, steckte ich ihn in meinen Überzieher und versuchte mittags zuhause, ihm eine Schiene anzulegen. Das erwies sich als unmöglich, der Bruch, die Federn, die Schnabelhiebe ... Flöhe krochen aus dem dichten, aufgeplusterten Gefieder und auf meine Arme, flohen den Nachtvogel, der ein paar Stunden später starb. War er es, der mich fünfundzwanzig Jahre später noch verfolgte? In einer Ecke der kleinen Wiese stand der Kopfbaum, eine Esskastanie, auch sie stark zerklüftet. Ich sah in ihrem Inneren, auf einem dicken Teppich aus Humus, Verwitterung, morsches Holz –, ein Ei, fast rund und rotgefleckt. Ich wusste, dass die Eier des Waldkauzes kugelförmig waren, dachte aber, sie seien weiß, und dies war kein Nest, das Ei ganz alleine ... um es zu untersuchen, es meiner Tochter, mit der ich erkundete, besser zeigen zu können, sie war damals wohl acht oder neun, so alt wie ich, als ich mit meiner Mutter auf der Wiese war), wollte ich es gerade nehmen und muss es schon berührt haben, als ein später Einfall meine Hand wegschnellen ließ, ich bekam nur einen Schlag auf den sogleich blau anlaufenden Nagel des Mittelfingers: In letzter Sekunde entging meine Hand der Falle, die soeben zugeschnappt war. Der Köder war ein Hühnerei. Léandre, sicher er, großer Fänger von Stinktieren und Steinmardern, hatte ein besonders unansehnliches ausgesucht und so ein gutes Ei gespart. Es mochte gegen Brutende gewesen sein, dann legen die Hühner ein kleineres Ei, das sogenannte Hahnenei.

Große Steine, auf denen der Glimmer glänzt, er findet und trägt sie einzeln. Schiebt sie, klemmt sie unter die Rinde, damit der Stamm ihn nicht erdrückt, falls die Wurzeln und die Erde, die den Baum oben halten, nachgeben sollten. Mit verschlungenen Zweigen verschließt er die Seiten seines schmalen Unterschlupfs und versteckt die Eingrenzungen wiederum unter dem Astwerk aus welken Blättern, das beim Sturz der Eiche abgebrochen war. Auf der Seite der untergehenden Sonne jedoch – nicht die, welche die vom Fluss kommenden Männer zuerst sehen würden – legt er entlang des Stammes einen Gang an, bedeckt ihn mit abgebrochenen Zweigen, die er an den Schaft drückt, ungeordnet genug, um keine menschliche Hand zu verraten. An seinem Ende mündet der Gang in das ausladende Laubwerk des umgestürzten Baums. Um es zu überqueren, klettert er auf die Äste, duckt sich, kriecht drunter durch oder springt drüber hinweg. Durch diese wirre Menge aus Ästen und welken Blättern kommt und geht er nicht jeden Tag auf demselben Weg, um nicht zu viele Spuren zu hinterlassen. Er ruht sich aus von einer langen Reise. Beobachtet die Gewohnheiten der Tiere, der Fell- wie auch der Federträger. Durchforstet die Pflanzen und Blätter, die sich gerade aufgerichtet haben. Er nähert sich trotz ihrer Dornen den Sträuchern, manche blühend, kennt sie schon oder aber lernt sie kennen. Er verschafft sich einen Überblick über die Quellen, die durch das Grün schimmern, trinkt aus der hohlen Hand, achtet darauf, in der weichen Erde keinen Abdruck seiner Ledersohlen zu hinterlassen. Noch nie hatte er von einem Mann gehört, der alleine aufgebrochen sei, die Berichte sprachen immer von mehreren, ein Stamm, eine Familie. Er verlässt sich auf seine Ohren, die sämtliche Geräusche einfangen, auf Augen und Nase, auf die Geschwindigkeit seiner Beine. Er zählt allein auf den Schutz der Vorsicht, vergräbt seine Exkremente. Als er sich immer weiter von seiner Familie entfernte und nicht wusste, was vor ihm lag, erwartete er jeden Tag noch größere Bären und noch mehr Wölfe, fragte sich vor allem, ob Menschen das durchquerte Gebiet bewohnten. Er lauscht, sucht nach Spuren, überall wo die Erde bloß liegt, steigt auf Bäume, die Umgebung überwachen: Kein Mensch. Die Stille, abgesehen von dem Wind in den Blättern, die sich gerade entfaltet haben, die Stille ist so groß, so umfassend, dass eine solche Vollkommenheit heute – stets eine nahe oder ferne Maschine in der Luft – schwer vorstellbar, womöglich sogar beunruhigend wäre. Hier fängt er keinen Hasen, nein, auf dieser Anhöhe, auf der er verweilt, und in den beiden Tälern, die sie verbindet, versucht er, weder schwerer noch geräuschvoller als eine zu Boden fallende Feder, ja ganz unsichtbar zu sein. Er geht weiter, findet in einem Gebüsch zwei oder drei Hasenfährten, legt Netze aus, weiter durch den umliegenden Wald ... Wahrscheinlich lehrte ihr Geruchssinn die Beutetiere, ihre Verschlinger zu fürchten. Schon wenig später packt er seinen Hasen, der sich halb erstickt windet, tötet ihn mit einem Fausthieb und redet pausenlos auf ihn ein, erklärt, weshalb er ihm das Leben nimmt, auch wenn die Ohren des erschlafften Fellbündels inzwischen über den Boden schleifen, während er die Schlingen abnimmt und zusammenlegt. Er sammelt Totholz, wählt an der Rinde das trockenste aus, schlägt Steine aneinander und entzündet ein kleines, fast rauchloses Feuer. Er häutet den Hasen und immer noch spricht er leise zu ihm, spießt ihn dann an einem geraden grünen Stängel auf. Er bläst, um das Feuer anzufachen, das Fleisch brät, mit einer Armbewegung verscheucht er den spärlichen Rauch, damit er sich in der Luft verflüchtigt, nicht mehr als ein bläulicher Faden aufsteigt. Er spannt, das Fell nach innen, die Haut des nackt bratenden Hasen fest über einen gekrümmten Stock. Er versteckt sie, hängt sie in einen Strauch, damit die Raben nicht daran picken, so wird sie trocknen und er kann sie wiederfinden. Er zerkleinert die Kohlen, verstreut sie, wirft Erde drauf. Er vergewissert sich aufmerksam, dass das Feuer gelöscht ist, zerbricht die gabelförmigen Stöcke, die den Spieß hielten, und versteckt die einzelnen Stücke unter dem Gras. Er nimmt den Spieß, rennt, und weit weg, an einen dicken Stamm gelehnt, der seinen Rücken schützt, links die tiefstehende untergehende Sonne, die bald in die Erde zurückkehren will, isst und lacht er, isst gierig das Fleisch, das erste Mal seit bald zwei Monden.

Im Morgengrauen leuchtete das Weiß der großen, lange an den eigenen Blick gebundenen Augen der Mutter. An einem Seil hielt sein Vater die Hunde, die winselten, mit einem Aufbruch zur Jagd rechneten. Er hieß auch die kaum aus dem Schlaf getauchten Kinder, ihm nicht zu folgen, und dann, die flache Tasche gut an den Schultern befestigt, sein kürzestes Bogenholz quer über dem Rücken, den Abhang hinunter, auf dem er immer gerne gerannt war, fast bis zum Kontrollverlust über seinen Körper und dennoch vertrauensvoll, als könnten die Erde, die Bäume in der Nähe seiner Wiege ihm nichts zuleide tun, so unwegsam die Umgebung des Familienlagers auch sein mochte. In der Ebene sah er, als er sich umdrehte, dass die Kinder ihm, wie vermutet, trotzdem gefolgt waren und am Fuß des Abhangs ein Gebüsch aus erhobenen Armen bildeten, die sachte hin- und herschwangen. Bevor er verschwand, gab er ihnen ein großes Zeichen, das sie hinauftragen würden, das die Mutter sehen könnte, auch ohne es gesehen zu haben. Er kannte die Richtung bis an den Fluss, einen halben Tag Fußweg, um das Ufer zu erreichen, wohin sie mehrmals im Jahr in kleinen Gruppen zum Angeln und Baden kamen. Er fand die nach den Winterhochwassern veränderte Stelle nicht wieder. Und so begann er – nun wirklich fort – dem Wasserlauf folgend, seinem Gedächtnis Anhaltspunkte einzuprägen, um seine Rückkehr zu ermöglichen. Er hatte versprochen, noch vor der Kälte wieder da zu sein. Für das Abstützen der Bedachungen, das Ausbessern der Risse mit Moos und Erde, für die Ernte der trockenen Farne, die dick unter den Schlaf gebreitet wurden. Und um selbst nicht schutzlos zu sein, allein, ohne Felle, falls eisiger Wind oder Schnee aufkämen. Stunden-, vielleicht tagelang folgte er dem Fluss, aber in dieser Jahreszeit mit der Wiederkehr des lauten Kuckucks war nicht nur der Pflanzenwuchs allenthalben üppig, auch das Wasser war überall mit Bäumen verstellt, die infolge der Unterspülung des Ufers umgestürzt oder aber mitgeschleift und später angeschwemmt worden waren. Sobald es eine Öffnung gab, einen Sandstrand, eine Furt, zeichneten sich Fußspuren auf dem Boden ab. Dicht am Fluss entlangzugehen, war weder einfach noch ratsam. Darauf bedacht, den Lauf nicht aus den Augen zu verlieren, beschloss er, dem ihm aus einigem Abstand auf der rechten Seite zu folgen. Er, der den Zweifeln seiner Familie getrotzt und eine Begleitung abgelehnt hatte, war sicher nicht aufgebrochen, ohne sein Vorhaben reiflich überlegt zu haben. Der Anfang der Reise war nicht der Rede wert, er konnte jederzeit schnell zurücklaufen. In den ersten Nächten ging er vor dem Einschlafen die Tagesstrecke noch einmal durch, unter welchen Bäumen, zwischen welchen Gräsern. Dann begann er zu vergessen, zu verwechseln, überzeugte sich zu seiner Beruhigung, dass er auf dem Rückweg nur bestimmte Anhaltspunkte wiedererkennen müsse. Ich schreibe »schlafen«, doch seine Nächte waren gewiss schwieriger als die Tage des Gehens. Sobald es Abend wurde, musste er einen Baum suchen, der ihm aufgrund der Form seiner Äste eine möglichst sichere, zumindest aber bequeme Position ermöglichte. Er wollte ihn belaubt und niedrig, musste mehrere ausprobieren und sich vergewissern, dass die Umgebung nicht bewohnt war. Womöglich hatte er noch nie alleine geschlafen, sein Schlaf, der sich stets ein wenig Wachsamkeit bewahrte, war früher durch die Wachsamkeit seiner Angehörigen und der Hunde geschützt gewesen. Seine Nächte waren sicher kurz, unterbrochen vom häufigen Aufwachen. Und dies schreibe ich – und ich habe ausgiebig gesucht –, weil es gar nicht anders sein konnte. Bei Tagesanbruch kletterte er herab, nachdem er die Ohren in sämtliche Richtungen gespitzt hatte, versuchte, hinter dem Lärmen der Vögel menschliche Stimmen auszumachen. Er setzte geräuschlos auf dem Boden auf, rückte Tasche und Bogen zurecht und schlug, den Fluss weiterhin rechter Hand, den Weg durchs Dickicht ein. Ich denke mir, dass er in einen leichten Trott verfiel, innehielt, wieder loslief, in permanent gespannter Aufmerksamkeit, um nicht plötzlich einer Schar Menschen gegenüberzustehen, aber ich sehe ihn nicht mehr in einer Landschaft, die ich nur ungenügend kenne, ich hätte auf seinen Spuren gehen müssen, unter ähnlichen Weiden und Eschen. Mir entgleitet die genaue Zahl der Tage, oder aber es wollte mir erst gar nicht gelingen, sie zu ermitteln. Er selbst vertat viel Zeit damit, sich zu ernähren und sich schlafen oder auf die Lauer zu legen … Aber schließlich wollte er nirgends hin, ging einfach weiter, seiner Eingebung nach.

Überwiegend Eichen. Die Arten kaum zu unterscheiden, wenngleich sie sich an den Eicheln vom letzten Herbst und am frischen Laub erahnen lassen, das sich in manchen Kronen grüner, in anderen honigfarbener entfaltet. Auch viele, im Augenblick weiß blühende Vogelkirschen, die für Früchte sorgen. An steinigen Stellen dicht zusammenstehende Buchen, Bucheckern und Eicheln machen das Fleisch des Wildschweins zart. Weiden und Erlen, häufig in der Nähe des Wassers, können recht stattliche Ausmaße erreichen. Ob er Eschen, Linden, Ulmen auf jener Anhöhe und den kurzen Hängen sieht? Nicht unbedingt. In der Gemeinde gibt es einen Hof, der schon seit Jahrhunderten »Die Esche« genannt wird. Der Baum war demnach selten und auffällig genug, um zum Namen einer Anschrift zu werden. In der ganzen Umgebung kenne ich nur drei Hecken, die einer Esche Platz geben. Linde, Ulme, Berg-Ahorn scheinen heutzutage stets von Menschenhand gepflanzt worden zu sein. Sie wurzeln zwar sicher in unserer Erde, stammen aber eigentlich aus südlicheren oder, im Falle des Berg-Ahorns, gebirgigeren Regionen. Gewiss gibt es Tannen, ferne Erinnerungen einer Kältezeit, die außer auf ein paar felsigen Hügeln mittlerweile verschwunden sind. Er begegnet wohl auch mehr Birken als wir, ebenfalls jahrtausendealte Relikte der Kälte. Noch vor Kurzem waren ihre Äste sehr gefragt für Besenstiele, die man daraus schnitzen konnte, zumal Birkenstümpfe selten geworden waren, außer in einigen Wäldchen, zu denen man nur über Beziehungen Zutritt hatte. Eine besonders heikle Frage betrifft die Esskastanien: Seit wann gibt es sie, der ich mich mit ihren Maronen und hohlen Kopfbäumen so verbunden fühle? Eine Palynologin, mit fossilen Pollen vertraut, beantwortet meinen Brief: Die Pollen dieses Baumes lassen sich so leicht mit denen kleiner Hülsenfrüchte wie dem bei uns verbreiteten Gewöhnlichen Hornklee verwechseln, dass die Ungewissheit bestehen bleibt. Wenn es den Esskastanienbaum damals schon gab, dann nur vereinzelt. Die Kastanie fliegt nicht im Wind, und der Baum, der erst nach der letzten Eiszeit aus dem Süden kommen konnte, bewegt sich nur mit kleinen Schritten voran. Vor ein paar Jahren traf ich eine Bäuerin aus Saint-Ouen-des-Toits, dreizehn Kilometer entfernt, die mich fragte: »Und woher sind Sie?« – »Aus Saint-Hilaire-des-Landes ...« »Ah! Das Land der *Keschde*!« Und angesichts meiner Verwunderuung: »Ja, ja, das Land der *Keschde*, so hieß Saint-Hilaire damals bei uns.« Folglich gibt es vorerst nur vereinzelte Esskastanienbäume, aber auf kieselhaltiger Erde gedeihen sie besonders gut. Im Übrigen sind die Bäume womöglich nicht so dicht, wie wir gemeinhin glauben, den Raum füllt zu einem großen Teil das Astwerk der Sträucher, das sich, wie die Hasel, vom Boden aus entfaltet oder sich mithilfe der Samenkörner oder Wurzeln des zuerst Aufgeschossenen zu Buschfamilien gruppiert, so etwa der Schlehdorn, der heute noch in unseren Hecken wächst und den wir seines schwarzen Holzes und seiner Dornen wegen auch *Schwarzdorn* nennen, seine herben bläulichen Früchte *Schleen* oder *Schlehen*. Die Dichte des Blätterdachs, das Ausmaß des Schattens entscheiden darüber, welche Pflanzen den Boden bevölkern. Seit frühester Kindheit ist er fühlend wie sehend mit den Pflanzenarten vertraut, jede in eine unebene oder glatte Rinde gehüllt, in eine behaarte oder unbehaarte Haut, ebenso mit ihren Blättern, Dornen, Samenkörnern oder Früchten, sein Körper an fast alle Gewächse gewöhnt, in deren Umgebung er gelebt hat. Auf den Rinden greift meine Hand nach seiner, ist meine Hand die seine, über die zwangsläufig identische Empfindung bei der Berührung der rauen Oberfläche, der Kerben, der gespannten Glätte, der Ebenheit, nach denen sich die Arten unterscheiden. Die Bäume oder Pflanzen stehen in einer Anordnung, die leicht von derjenigen abweicht, die ihm vertraut ist und mit der auch seine Familie dort drüben lebt. Manche fehlen – vor allem die Baumerdbeere –, andere sind häufiger, wie Apfel- und Birnbäume oder die dornige Mispel, die er bisher kaum kannte und nun blühend entdeckt, mit fünf weißen Blütenblättern, aber womöglich noch ohne Namen (wir nannten sie *Aschperln*, *Hespelein* oder, noch näher am griechischen Ursprung des Wortes, *Mespeln*). Alle Arten sind nützlich, es gilt nur herauszufinden, wozu. Sie fliehen nicht, wenn man sich nähert, Kontakt aufzunehmen ist leicht: mit den Fingern über die Ober- und Unterfläche der Blätter streicheln, mit dem Mund ihren Saft oder ihre Früchte schmecken.

Das feuchte Rechteck, bis an die Böschungen voll harter hoher Gräser, wurde schließlich verkauft, das heißt von dem Landwirt von Grise Haie, dessen Ländereien es umschlossen, erworben. Gefällte Eichen, niedergemähte Böschungen – der ganze sanfte Abhang des Tals ist nun Weideland –, und von der kleinen Wiese fehlt jede Spur. Mit Ausnahme der leichten Eintiefung an einer Flanke auf der abgegrasten Fläche, die, denke ich mir, trotz der mit dem Bulldozer angeschaufelten, darüber verteilten und festgewalzten Erde der Böschungen den Ort der Quelle verrät. Und damit die Quelle das Gelände nicht mehr wässert, hat man ihr in einer zementierten Senkgrube, die mithilfe eines eingegrabenen Rohrs geleert wird, ein Nest gebaut. Das Rohr kommt weiter unten heraus, füllt neben einer Grasbrücke über dem Bach einen Trog aus Zement, eine Viehtränke, deren Überlauf in das Wasser fließt, das an dieser Stelle sehr flach ist und nach Nordosten strebt. Später machte ich es mir zur Gewohnheit, vor diesem Tal auszuharren, bei Nebel oder Schnee oder aber im Sommer, wenn der Staub auf den von den durchziehenden Tieren angelegten Wegen nach trockenem Gras und Kuhfladen riecht: Dort habe ich stets nichts als die Leere fotografiert, aber eingerahmt von Linien, Formen, Zäunen oder Bäumen, die Furche des Baches im Hintergrund. Ich wartete, kam zurück, suchte nach einem besseren Winkel. Mit Blicken schmiegte ich meinen Körper an das abschüssige Gelände, legte ihn möglichst behutsam der Länge nach auf die Eintiefung, doch jedes

Gefälle mündet in eine Krümmung, und aus der Tiefe, in welcher der Bach seiner sicheren Einkerbung folgt, bestaunt das Auge unablässig die Abhänge und klettert sie wieder hoch: auf der einen Seite der Zaun, eine langsam von der Welle der Sedimente und ihrem pflügbaren Rücken angehobene fossile Gräte, auf der anderen die weiche Flanke abgeweideten Grases, auf der sich unter dem sanft gewellten Humusbett das jahrtausendealte, nun erstickte Zutagetreten einer Quelle verrät. Zwischen der hüpfenden krummen Linie der Pfähle und, auf dem anderen Abhang, den flach bestellten Feldern, die erst an den Dächern von Grise Haie enden, sah ich durch den Sucher eines Apparats am Auge den ganzen Gehalt jenes Ortes: zartes, leicht geschwungenes Tal, das trotz des Anscheins von Leere bald von Nebel überschwemmt, bald in sein Futter aus knirschendem Schnee gehüllt, bald vom warmen duftenden Atem der Wiesen erfüllt war. Im Sucher keine Kuhflanken oder -hörner, keine menschliche Gestalt, statt dessen der überraschende plötzliche Einbruch des Geländes zwischen den Abhängen, tief unten ein flacher Bauch sanft geschlitzt vom Bachwasser, das unterwegs den Strahl der Quelle aufnimmt, im Sucher nichts, nichts anderes als das wiederholte Schauen, von oben nach unten und, über den Zaun hinaus, von unten nach oben, denn ungestillt immerzu mein Drang, den Raum zu erfassen, das Bedürfnis, ihn zu bewohnen oder, besser noch, mit Blicken, also innerlich, meinen Körper der Form, die da ist, anzuschmiegen, zu versuchen, mich in immer neuen Stellungen gemäß der »Tal« genannten Form zu dehnen und zu sehnen – ja, das ist es, was ich fotografierte.

Er hatte sich an jenem Abend auf einen Baum gelegt, in dem die Efeublätter zum Glück das spärliche Frühlingslaub der Eiche verstärkten, und ließ mit angezogenen Gliedern, das weiche Hirschleder über sich gebreitet, das er gegen den Regen mitgenommen hatte, einen langen Schauer gegen Ende der Nacht über sich ergehen, ohne durchnässt zu werden. Das Morgengrauen war dunstig, unter den Gesang der Vögel, der später begonnen hatte, mischte sich das Geräusch der ringsum von Ästen und Blättern fallenden Tropfen. Er wartete, wenig erpicht darauf, Kopf und Hals sowie seine nackten Beinen der Nässe auszusetzen. Da war das Knacken eines trockenen Astes zu vernehmen. Wer immer da unterwegs sein mochte, musste schwer genug sein, einen toten Ast zu zerbrechen, der so dick war, dass der Regen ihn nicht durchweicht hatte. Er kletterte noch ein Stückchen höher, ohne den Boden unten am Stamm aus den Augen zu lassen, wo im neu sprießenden Gras allerlei Buschwerk gedieh, das entweder den Schatten gut vertrug oder vom vorerst noch lichten Laubdach profitierte. Zunächst reglos, dann allmählich um die Rinde lugend, sah er unten Schädel, muskulöse Schultern, vier, nein fünf kahl geschorene huckelige Schädel, die nackten Schultern, die kurzen Lederhosen tropften noch, wohl eher von dem soeben durchquerten Fluss als vom nächtlichen Regen, geräuschvoll zertraten sie knorrige krumme Äste, gingen schnell, dicht hintereinander, eine Hacke in der Hand. Er traute sich nicht herunter, wartete lauernd. Wenig später drangen aus der Richtung, die sie eingeschlagen hatten, wie kurze, vom Wind herbeigetragene Wörter, doch er hörte nicht gut genug, um zu wissen, ob er sie verstehen würde. Dann wurden Äste und Gehölz erneut niedergetreten, schnellten wieder hoch, die Schädel rannten unten vorbei, die starken weißen Schultern, mit Ausnahme dessen, der einen jungen Hirsch um den Hals trug, die Hinterläufe in der einen Hand, die andere Hand mit dem ganzen Gewicht des Arms auf dem kurzen dreiendigen Geweih. Der Letzte trug ein verknotetes Netz um die Taille. Er vermutete, dass sie erneut den Fluss überquerten, denn das Rauschen des Wassers ließ sie lauter sprechen, aber auch das waren aus der Entfernung nur Geräusche und Stimmfetzen ohne jeglichen Sinn. Während er zwischen den Bäumen, den Büschen und Pflanzen einem Ort entgegeneilte, den er sich ausmalte, ohne zu wissen, wo er ihn fände und wie er denn wäre, erinnerte er sich an das, was er gehört hatte, damals am Feuer, als die Kinder, Schwestern, Brüder und er, in den Fellfalten einschliefen, stets von Nebel oder Regen verschleierte Berichte kleiner Grüppchen, die auftauchten und wieder verschwanden, nachdem sie irgendein Wild mit einer massiven Keule erschlagen oder riesige Spuren im Schnee hinterlassen hatten, Spuren, die nach Osten wiesen, in Weiten, in die man ihnen nicht mehr folgen mochte. Trotz dieser Richtung, die der Vorfahren, die es geschafft hatten, denn es war überliefert, dass sie allmählich von der neuen Sonne gekommen waren, schienen jene sagenumwobenen Rotten eher aus vergangenen Zeiten zu stammen, aus Grotten oder ungewissen Nebeln, und wiederzukehren; das war es, was den Kindern Angst machte.

Nicht eine Fliege sitzt in den Löchern. Die Wölfe halten sich vorerst zum Ernähren ihrer Jungen bei ihren Bauten auf, aber die unter den Wurzeln gegrabenen, denen er sich an der Hügelflanke nähert, sind in diesem Frühjahr unbewohnt. Der Wolf – wie wurde er damals genannt? sein Name ähnelte vermutlich »uel« oder »ulko« – ist übel für denjenigen, der winters alleine einem Rudel in der Größe aller aneinandergereihten Finger oder auch nur der Finger einer Hand begegnet, wenn sie weitab von ihrem Revier jagen. Oder einer Wölfin, die ihre spielenden Jungen beaufsichtigt; doch der Gestank der herumliegenden Aasreste und das Geheul warnen ihn. Viel eher fürchtet er den Bären, ein Zänker, der nur ungern überrascht wird und immer beweisen will, dass auch er aufrecht stehen kann. Etliche Stämme zeigen frische Kratzspuren, aber er findet keine Höhle. Er hofft, sie möge weder auf dem Gipfel des Hügels noch in den beiden Tälern liegen. Doch einmal will er den Bären sehen, der unten an die Bäume pisst und die Landschaft für die seine hält, alt, jung, Männchen oder Weibchen, das Wissen hilft beim Meiden. Ich suche für ihn diese Bärenhöhle, die es gegeben haben muss, aber den Gedanken, die über die Wiesen streifen, über die Felder und vertrauten, hohlen und schlammigen Wege, fällt es schwer, sich vorzustellen, welche Tür, dort hinter einem Baum, der Bär in der Erde wohl zu öffnen vermochte. Die passende Stelle heute ist trotz allem der kurze senkrechte Spalt, wo das Feld der Valauberts jäh in einem Geländeabfall endet. Unterhalb, bei uns, nur Dornen und Farne, und noch weiter unten lässt eine Schicht Schlamm auf die langjährige Abfolge von Teichen schließen. Unserer, ein Stück weiter oben, wird von einem Deich gestützt und ist so klein, dass ein Reiher ihn mit seinen Flügeln bedecken könnte. Es gibt Steine, aber sie halten nicht und brechen ein, mit heftigen Krallenhieben, die Zähne auf den Wurzeln, hätte der Bär sich dort nach Bedarf ein Loch zum Schlafen graben können. Inzwischen sind die Fußspuren nicht mehr so leicht zu lesen. Wir, eine ländliche Region, sind es gewohnt, die Erde zu sehen, die Erde der abgenutzten und ausgefahrenen Wege, der vom Kommen und Gehen, vom Schnabel des Federviehs, vom Hin und Her der Geräte aufgerauhten Höfe, die Erde vor allem der Felder gepflügt, geeggt, dann, Monate später, von der Maschine ihres Kornvlieses entkleidet, abermals gepflügt und bloßgelegt, die braune, die weiche Erde, der sich alles einprägt, was Tag wie Nacht vorüberläuft, der beschuhte Menschenschritt, der spitze Fuß eines Tieres – Erde, die wir lesen können. Der Boden vor ihm ist dicht bevölkert. Haufen toter Blätter unter den Buchen und auch überall sonst die Oberfläche gefangen, ja ungewiss, in einem Netz aus Graswurzeln und kriechenden Stängeln. Wenn ich mich nicht täusche, gibt es nur zwei Stellen, an denen der Boden noch Spuren zeigen kann: in der feinen und braunen Erde, aufgeworfen von den Hinterbeinen des

Tiers, das seinen Bau gräbt, Hase, Fuchs, Dachs, auch die Wölfin, wenn sie einen Unterschlupf vergrößert, den sie denen wegnimmt, die sich aufs Wühlen verstehen ... oder aber im Schlamm an Stellen, die das Wasser aufweicht und wo Krallen Pfoten Hufe trinkender Tiere einsinken, am Bachufer, wenn sich Schlick ablagert, an Rändern eines ganzjährigen Tümpels, der sich je nach Jahreszeit ausdehnt oder zusammenzieht und doch immer als Blumenkrone eines Wasserstängels überdauert, langsam aus der Nacht steigend und im Widerschein des Himmels seinen Saft ergießend. Der Tümpel unterhalb des birnbaumgesäumten Weges – einst Waschplatz für die Loiseaus und jahrhundertelang für ihre Nachfolger auf dem Hof, nach ihnen wiederum für die Familienmitglieder, die ihren Platz einnahmen, inzwischen verlassen, denn das Wasser ist zu kalt, und dann der Hang, den man mit der einrädrigen Karre, darauf der Zuber mit der gewrungenen Wäsche, aufwärts musste – wurde auf dem an die Wiese grenzenden Uferstück zur Tränke; weicher oder trockener, immer mit Kuhfladen vermischter Schlamm, wo kein Gras wachsen kann. Darauf bedacht, nicht den eigenen Fuß aufzusetzen, kann er dort täglich die Tierarten bestimmen, mit all ihren Eigenschaften, die Zusammensetzung der Herden oder die männlichen Einzelgänger. Da der Tümpel allmählich das Gelände aufweicht und zersetzt, senkt es sich langsam zwischen den ringsum stehenden Eichen; die Jahrtausende drücken den Tümpel nieder, er aber bleibt. So wie die Quelle ihrer Mulde die Treue hält, ist jene Mulde dem unbestimmten Gelände im Kopf der Tiere eingeschrieben. Die dort trinken, kennen den Weg, wo immer sie sind und selbst bei Nacht, zu ihrem Wasser.

Wenn er unter den Stamm flüchtet, der ihn vor den schwarzen Schauern schützt oder vor dem Tau der ausklingenden Nacht, in den Zweigen der umgestürzten Eiche sitzt und schaut, wie der Mond aufsteigt, ist auch das eine Form der Verbindung zu seiner Familie. Er ist es, der ihn unterwegs begleitet hat. Natürlich auch die Sonne, aber allein der Mond ist vertraut. Hier ist er, in all seinen Formen, der nämliche, den seine Angehörigen befragen. Sein Gesicht im selben Augenblick ihnen zugekehrt, die dort drüben versammelt sind, und ihm, dem Einzelgänger. Während er zu ihm aufschaut, spricht er mit seiner Mutter, seinem Vater, mit Geschwistern und Freunden, die vermutlich ebenfalls hochblicken und sich fragen, ob er noch am Leben ist. Er trägt dem Mond auf, es zu bestätigen. Stille, nur das Flöten einer Kröte. Er lauscht in die weite Ferne der nächtlichen Landschaft. Da die Täler nur sanfte Mulden bilden, in jeder Sohle ein Bach – schmal und sprudelnd –, sind auch die Hügel zwischen ihnen nicht sehr hoch, und sobald die schwachen Steigungen genommen sind, scheint ihr fünf- oder sechshundert Schritte breiter Rücken beinah ganz eben. Gewunden und kurvenreich erstreckt sich diese Landschaft von Südwesten nach Nordosten, er begnügt sich jedoch mit der näheren Umgebung des seinen Schlaf behütenden Stammes. Wie durch Zufall hatte er hier, wo es ihm friedsam war, angehalten, damit die Müdigkeit verginge; und er blieb. Ist dies die Stelle, nach der er suchte? Sie wird es. Es könnte mir unangenehm sein, ihn genau an den Ort geholt zu haben, an dem ich geboren bin und noch immer lebe. Irrtum. Womöglich ist es seine Entscheidung, die den Ort meiner Geburt und meines Lebens bestimmt hat, den Punkt, von dem aus ich schreibe. Um das Gelände zu prüfen, umrundet er es etwa zweimal täglich, ohne dieselben Blätter zu zertreten, um die Spur möglicher Eindringlinge zu verwischen und ohne selbst einen für andere sichtbaren Weg auszutreten. Er überwacht besonders den Süden, mutmaßt, dass an den Ufern des Flusses nicht nur die Familie wohnt, die er gesehen hat. Jedes Stückchen Erde, das für eine Fußspur locker genug ist, zieht seinen Blick auf sich, es reicht ein Maulwurfhügel, der vom Wildschweinrüssel aufgewühlte Boden, doch er sieht keinen menschlichen Fuß. Heute muss man tief graben, um eine Handvoll Erde zu sehen, über die noch niemand gelaufen ist, kein Zollbreit Fläche ohne womöglich tausendfache Sohlenabdrücke, sogar abseits der Wege. Und das Relief ist auf der bloßen, abgeweideten, gemähten und gestutzten Erde besser zu sehen. Es sind solche Eintiefungen, Biegungen oder Gefälle, der Weg zwischen zwei aufgeworfenen Böschungen, die Abfolge der früher eingeschlagenen Pfähle, die ich für den Bildausschnitt in ein Rechteck zu platzieren versucht habe. Vor seinen Augen geht das Relief vermutlich in einer Fülle aus Bäumen und Sträuchern unter, dazwischen schlängelnde Lianen, Pflanzen zu ihren Füßen und Gras unter den Pflanzen; doch außer den blauen Hyazinthen, die den Humus der geschichteten, verfaulten Blätter mögen und Anfang Mai den abschüssigen Waldboden überziehen, ein wenig blasser im Schatten, dunkelblau im Licht, sind die Blumen vielleicht nicht ganz so üppig, das Sternkraut, das unsere Hecken weiß tüpfelt, die gelben Wiesenranunkeln, die großen und kleinen Gänseblümchen ziehen die pralle Sonne vor, auch die blaue Akelei. Allein die rosafarbenen Lichtnelken, der Storchenschnabel, einige andere, demütigere begnügen sich mit leichtem Schatten. Bei jeder Sorte frage ich mich, in welcher Gestalt er sie wahrnehmen mochte. Ich betrachte sie, während er sie betrachtet, im blauen Auge des Ehrenpreises heiter vereint. Er, das sehe ich, isst die Veilchen.

Langsame Tropfen, ein Rinnen längs des Stammes, das sich seinen Weg bahnt und herabfließt, Tropfen, von Zeit zu Zeit einer, fallen auf ihn, aber nicht sie sind es, die ihn wecken, sondern das Geräusch des stärker werdenden Schauers, der die angetrockneten raschelnden Blätter der ihn umgebenden verbergenden, abgebrochenen Zweige peitscht. Im Grau der kaum anhebenden

Morgendämmerung um sich tastend, zieht er das gestraffte und mit einem Kieselstein flachgehämmerte Hirschleder aus seiner Tasche, breitet es über sich, rührt sich nicht mehr. Nach draußen zu gehen, ist unmöglich. Zu durchnässt, was er auf dem Rücken trägt, und zum Trocknen weder Sonne noch Feuer oder schnelles Laufen, was ihn in Gefahr brächte. Unmöglich zu essen. Warten. Woanders hin. Reglos unter der Rinde ausgestreckt, die Augen geschlossen, dicht am linken und rechten Ohr der Regen, der Wind, der durch die welken Blätter weht und die zarten zerfetzt, wandert sein innerer Blick an die unbestimmte und beunruhigende Stelle, an der sich der Fluss, dem er folgte, in einen breiteren verlor und wo alles von Überschwemmungen verwüstet war. Weidenbüsche, kahle Baumstämme, Geröll, Sandstrände bilden eine weite Fläche, der Fluss teilt sich in unzählige Arme, dazwischen Sandbänke, die gleichfalls von Büschen und toten Bäumen überwuchert werden; das andere Ufer, weit weg, blass vor gebleichten Stämmen; Sand in der Sonne, vom Wind hochgewirbelte Weidenblätter. Da die Ufer über eine lange Strecke hinweg auf beiden Seiten wohl gleich aussahen, lief er Gefahr, auf dem Rückweg die Abzweigung nicht zu finden oder sich im Zufluss zu irren und ein Gewässer hinaufzuwandern, das gar nicht zu seiner Familie zurückführte. Um wiedererkennen zu können, musste er sich erst gewöhnen. Vogelfüße und Fischotterspuren, sonst nichts im Schlick. Rings um einen großen Tümpel mitten im Sand Tritte von unterschiedlich großen Hufen, nicht von Menschen. Auch nicht zwischen den nahen Bäumen, von wo aus die Tiere beim Trinken überrascht werden konnten. Mit dem Bogen schoss er einen dicken Fisch, der sich im flachen Wasser wärmte, dann einen weiteren mit demselben, anschließend ins Futteral zurückgesteckten Pfeil (heute sagen wir *Köcher*, was wohl auf das hunnische *kukur* zurückgeht und sich nicht auf das lateinische, wiederum von den Griechen übernommene *pharetra* stützt). Da er ohnehin ein Feuer machen musste, hinter einem großen Stein, vorm Wind geschützt, der durch die Flussschneise heraufwehte, briet er gleich einen Vorrat an Fischen. Immer wieder schaute er sich die Bäume an, so wie er sie auf dem Rückweg sehen würde, die hohen, dort, wo er würde abbiegen müssen. Stellte sich ihre Sommerblätter vor, dunkler, sogar das gefärbte Herbstlaub. Am Fuß aller drei Stämme und in der einzuschlagenden Richtung vergrub er, nur einen Zoll tief, ein Zeichen. Wenn der Ort ihm vertraut geworden war – er war fast regelmäßig dort –, durfte er hoffen, sich zu erinnern. So wird er sich jedes eingeprägte Detail wieder vergegenwärtigen können. Und auf dem Rückweg wird sein die Formen und Ausmaße wiedererkennender Körper ihn verständigen. Ich glaube nicht, dass er diesen Moment anders erlebt hat. Ich gehe langsam vor, mit geschlossenen Augen erfasse ich seine Gesten aus einer solchen Nähe, dass die gleichwohl vergangene Wirklichkeit irgendwann nachgibt, besser gesagt: unter der Konzentration regelrecht ausspuckt, dass er gar keine andere Wahl hatte. Sein regloses Ruhen im Regen nehme ich mit in mein Bett, wo ich, das Fenster einen Spalt weit Nacht und Wind geöffnet, die Decke bis zum Kinn hochgezogen, auf dem Rücken liege, lang und beengt, damit beschäftigt, ihn zu denken. Und ich ahne wohl, dass er, lange bevor ich den Schlaf hinter mir lasse, nach Stunden erst wird der Regen enden, die erste Amsel auf einem Birnbaum, weiß vor dem noch schwarzen Himmel, singen hört.

Mit einer Reuse aus geflochtenen Binsen, die er mit Reisern verstärkt, fängt er mühelos die winzigen Fische, gierige Elritzen, die kreuz und quer durch die Bachtiefen schnellen, wo sich das Wasser sammelt und langsamer wird. Auf einen Ast gespießt, blaue, schwarzgestreifte Rücken, sind sie schnell gebraten und schmecken mild. Wie alt er sein mag? Zwanzig, vielleicht neunzehn, denn in der Gesellschaft, die ihn großgezogen hat, ist man unverzüglich Mann. Er kennt diesen Übermut im ausgehenden Winter, Blumen und Blätter, Vogelgezwitscher, Insektengebrumm, Wärme auf dem ganzen Körper. Er setzt sich, lauscht, das Land senkt sich in ihn, er horcht auf die Angewohnheiten der Tiere. Doch wenn der Himmel trübe wird, tiefe Wolken, rauschender Regen, der die Kehlen zum Schweigen bringt und die Schmetterlinge vertreibt, Wind, der die Blüten von Birnbäumen und Vogelkirschen fegt, dann spürt er die Einsamkeit, weit weg von den Seinen – Tage um Tage gefahrvollen Gehens –, fragt sich, warum er bloß so stolz gewesen war und sich in den Kopf gesetzt hatte, was die anderen gar nicht erst versuchten, warum er sich nicht, wie es die Kinder für gewöhnlich tun, einen Tagesmarsch weit entfernt oder noch näher bei der Familie niedergelassen hatte. Dort drüben rückt man zusammen, ringt miteinander, streichelt einander, die jungen Frauen öffnen ihre duftenden Körper, die trockene und sanfte Hand seiner Mutter hatte noch seinen Arm, seine Schulter, seine Hand berührt ... Seit über zwei Monden ist seine Haut von ihrer Körperwärme abgeschnitten, unter dem Regen fehlt sie ihm, er kennt nur noch die flüchtige Lauheit eines gefangenen Vogels oder Kaninchens, die, sind sie erst einmal tot, sofort steif und kalt werden, oder die an die Lippen geführte, noch schwächere Lauheit der frischgelegten Eier aus den Federn des Vogelweibchens (ein Amselnest zum Beispiel wird geplündert, wenn erst drei oder vier Eier in ihm liegen, bei fünf, der üblichen Zahl, besteht die Gefahr des Ausbrütens). Seit Langem hatte er davon geträumt, wahrscheinlich wegen der Heldentaten, die am lebhaften Abendfeuer oder am trägen Feuer der Regennachmittage erzählt wurden. Die Idee nistete sich in ihm ein, trieb Zweige in seinen Armen und Beinen, und als er sich bereit fühlte, konnte ihn niemand hindern, sich in den unbekannten Raum zu stürzen. Er hatte begriffen, aber man glaubte ihm nicht, dass er, wenn er auf jeden Schritt Acht gab, aus der Leere jenseits der wallenden Nebel des Horizonts, würde zurückkehren können. Und nach so vielen Wegstrecken, Ängsten, markierten und vergessenen Anhaltspunkten, alleine, stehend, den Rücken dicht an der Rinde einer Eiche, die den Regen auffängt und ihn schützt, erfasst er deutlich, was ihn von den Körpern trennt, deren Wärme ein bisschen die seine war und deren Berührung in seine Haut einsickerte. Zwei Monde auch, seit denen er kein Haus mehr zum Schlafen hat. Nur weil die Hütten auf Steine verzichteten, darf man ihren Reiz nicht verkennen: Die seiner Eltern und die direkt daneben errichteten der Familie, die, in der er mit ein paar seiner Brüder wohnte, sind solide, dunkel und wohlriechend, und wie gut man dort schläft! Er ist draußen, wie die Tiere, wie der Hase, der nur im Gras seine Sassen hat. Der Bauerngehilfe, der auf dem Feld arbeitete, durfte, wenn Regen kam, ohne ausdrückliche Erlaubnis nicht in die Gebäude zurück. Wieder auf dem Hof, konnte er sich neben seinem Bett im Stall umziehen, betrat allerdings nie das Haus zum Essen, solange er nicht dazu aufgefordert war. An Regentagen fehlte es nicht an Gewerk: im Eingang der Remise die Birkenreiser zu einem Besen binden, die Pferdeausrüstung fetten, in der Scheune die Sense dengeln, ein Werkzeug bestielen, die Äxte auf dem Schleifstein wetzen ... Die Suche nach dem, was er empfinden mochte, bringt mich auf den Knecht des Nachbarhofs, mit dem ich mich als junger Mann unterhielt, über ein Leben staunend, dem das Häusliche so gut wie verwehrt war. Es war auf demselben Grundstück! Zum Glück gewinnt nun die Sonne die Oberhand, wieder bewundert er das Glänzen, die Farben, die Inbrunst einer Drossel, die, sehr viel später, Singdrossel genannt wurde. Seine Zähne erinnern sich an die Schulter der Mädchen, seine Hand, die das wellige Gras streift, streicht wohl über ihr Haar.

Wasservögel, verschiedene Arten, flogen über den breiten Fluss, so breit war er, dass sein Zopf sich in zahllose Flechten teilte, manche schnell, andere schienen vergessen und regten sich kaum. Er folgte dem Ufer. Von Weitem die Breite oder die Stärke der Strömungen einzuschätzen, war fürwahr nicht leicht, alles unendlich flach, solange keine Weiden die Sicht behinderten. Hier und dort überquerte er gleich mehrere Arme mithilfe von Kieseln und steckengebliebenen Zweigen, stieß dann aber auf tiefes Wasser. Er ging nun am Rand, die Luft erfüllt vom dumpfen Getöse der Strömung, und kehrte, sobald er nicht mehr weiterkonnte, aufs Trockene zurück, suchte abermals. Es ist sicherlich gewagt, ihn so kühn die Loire, damals noch ein namenloses Gewässer, überqueren zu lassen, denn noch nie hat er eine solche Kraft gesehen, die er umso aufmerksamer beobachtet. Und da er weiter im Süden aufgebrochen ist, vermutlich unweit von den Ufern des Cher, vielleicht auch des Indre, wo seine Familie den südwestlichen Abhang eines Hügels bewohnte, muss er zwangsläufig auf die andere Seite hinüber. Ihn dort hinzuführen in einer Jahreszeit, die den letzten April- oder ersten Maitagen entspricht, ist im Übrigen unklug, denn die Gewässer konnten von den Frühjahrsregen angeschwollen sein. Immerhin waren bei den Hochwassern so viele Bäume ausgerissen worden, dass sich der Strom – er teilt sich immer noch – vermutlich in die Breite dehnte, glättete und an den gestauten Stellen überqueren ließ. Zunächst dachte ich, es sei nachts gewesen, sah das spiegelnde, plätschernde Wasser im Mondlicht. Doch hielt er das wohl für zu gefährlich. Dass er wohlbehalten bis hierhin gekommen ist, beweist, wie sehr er auf der Hut war, er hatte ja versprochen, Vorsicht walten zu lassen. Es ist keine Schande, sich diese Tugend zunutze zu machen. Vor einer Biegung des Hauptlaufs warf er nacheinander mehrere menschengroße Holzstücke ins Wasser. Eines schien sich flussabwärts im Niedrigwasser des gegenüberliegenden

Ufers zu verfangen. Die anderen folgten der Strömung, nachdem sie sich dem Ufer genähert hatten. Zumindest war es das, was er von Weitem auf dem schillernden Strom auszumachen meinte. So stöberte er zwischen den Baumleichen nach einem Gefährt, ein abgebrochener Stamm, der ihm nicht unter den Händen wegzurollen drohte, mit einem starken kurzen Ast auf der Seite, dessen Gewicht ihn unten halten würde. Nachdem er das Stück mit Steinschlägen behauen hatte, zog er es auf den weichen Sand. Sein Hemd und die Sandalen steckte er in seine Tasche, schwang sie sich auf den Kopf und schnallte sie um seinen Hals, damit sein Hab und Gut möglichst trocken blieb. Mit nacktem Oberkörper und barfuß – strahlende Sonne, leichter Wind, die Vögel flogen lebhaft über dem Strom – ließ er den toten Baum zu Wasser, sicherte sich mit den Händen einen Halt an den Aststümpfen und stieg in die kalte Flut. Er klammerte sich an den bereits wegtreibenden Stamm und begann, bäuchlings auf dem Holz, kräftig mit den Beinen zu paddeln, um sich allmählich quer zur Hauptströmung fortzubewegen, die ihn mit ohrenbetäubendem Getöse mitzog. Ich schicke ihn vor, so wie eine Leithenne ihren Küken beim Schwimmen im Tümpel zusieht, und muss hoffen, dass er meine eigene Wasserscheu nicht teilte. Manche Vögel tauchten nieder, andere schrien, er unter dem Geschrei. Sich ziemlich schnell von seinem Ufer entfernend sah er das andere, angepeilte, vorüberziehen. Das Wasser spritzte ihm in die Augen, die Sonne glitzerte in den Strudeln, bisweilen streiften ihn Flügel, lange weiße oder graue und die der wahnwitzig schnellen Wasserschwalben. Obgleich ganz steif vor Kälte, paddelte er unermüdlich und spürte trotz allem, dass auch die Muskeln des Wassers schwächer wurden, der Stamm und er erreichten das Ende der breiten Biegung. Der Ast, der unten hervorstak, verhakte sich schließlich auf dem Grund, sodass sich der Griff, den seine Hände umkrallten, zu drehen begann. Er klammerte sich noch immer an.

Auf dem Rücken im Sand ausgestreckt, wo der Wind ein paar graue Federn vor sich hertrieb, Wollknäuel von den Weiden, besah er sich den riesigen Bogen, den das Wasser machte, seine gefältelte Oberfläche, die nun nicht mehr den Himmel spiegelte, sondern zahllose gebrochene, unablässig flimmernde Sonnenstrahlen. Von seiner Familie getrennt war er nicht nur durch die Tage des Gehens und die Nächte des Lauerns, sondern auch durch jenes breite Wasser, das beständig den Raum furchte und ihn von den seinen abschnitt: sie in ihrem unsichtbaren, jedoch dichten und komplexen Beziehungsgewebe, er auf dem Sand, an einem beliebigen Punkt des Unbekannten gestrandet. Hier und da sah er einen flinken Schnabel in den gekräuselten zitternden hellen Wasserlauf tauchen, während die Vögel mit dem Wasser und mit der Luft zu spielen schienen und, ohne einem von beiden nachzugeben, über ihrer Lieblingsstelle am Fluss verharrten. Dieses Nirgendwo war ihr Gebiet, möglicherweise befand sich ihre Brut auf einer nahen Insel. Dann wäre das Unbekannte ein bewohnbares Land, wie er gehofft hatte. Nachdem er sein Lederhemd wieder übergestreift und die Gurte der Tasche an den Schultern befestigt hatte – ein paar Schritte weiter weg hörte man das dumpfe Raunen des Wassers und das gedämpfte Brabbeln der sich kräuselnden Oberfläche –, vernahm er, zunächst jedoch ungewiss und ungläubig, auch beunruhigt, ein Geräusch, weder vom Wind gefälteltes Wasser noch ein Muscheln aufpickender Vogel, schon gar nicht ein Fisch, der abtaucht, nachdem er ein Insekt geschnappt hat, ein Hin und Her auf dem knirschenden Felsen, das aussetzte und wieder anhob ... Im Schutz des Windes ging er weiter, versteckt hinter Weiden, blühenden Wasserpflanzen, großen Steinen ... Ein einzelner Mann rieb mit einem Stein über einen Klotz, drehte ihn um und begann erneut. Er kannte eine ähnliche Arbeit, auch ihren Klang. In der Nähe seiner Eltern – ein halber Tag Fußmarsch für Hin- und Rückweg – gab es einen Mann, der Beile zuschlug, polierte und schliff, man brachte ihm Fleisch, Felle oder Hirschgeweihe gegen Werkzeug. Auch das kleine Beil in seiner Tasche war dort entstanden. Stehend, mit nacktem Oberkörper, ihm zugewandt, aber über die Arbeit gebeugt, ein heller Bart, die Haare straff hinten am Kopf zusammengebunden, polierte der Mann, besah sich das Stück, legte ein kleines Viereck als Handschutz darauf und rieb erneut. Der Handwerker war alleine, gelegentlich streute er ein bisschen Sand auf den Felsen, bevor er die Arbeit wieder aufnehmen würde. Sein ausgestreckter, dann herabsinkender Finger wies auf den runden Stein in der Hand des Besuchers und bedeutete: Leg ihn ab, lass ihn fallen, während er einen Satz wiederholte, der jedoch, zwei -, dreimal als identisch erkannt, nicht verstanden wurde. Unterdessen lud dieselbe Hand zum Näherkommen ein und zeigte: Auf dem Stein war ein Stück Leder ausgebreitet, auf dem mehrere einander recht ähnliche Klingen lagen, an ihren Enden von einem kleinen Band gehalten, das, was man heute als »Etui« bezeichnen würde. Er ging näher, bis er mit dem Zeigefinger über den hellen Feuerstein streichen konnte, der mit sorgfältigen Retuschen an den Schneiden geschärft worden war, der andere lächelte, zog die Klinge aus ihrer Hülle und machte die Geste des Schenkens, streckte jedoch gleichzeitig die andere Hand zum Entgegennehmen aus. Tausch? Aus seiner Tasche nahm er einen mandelförmig geschliffenen feinkörnigen Lavastein, legte ihn auf die Werkbank und sagte etwas, obwohl die Wörter unbrauchbar waren. Nein, noch etwas anderes. Ein malvenfarbener Kristall, eine Art blasser Amethyst. Nun hielt er die Klinge in der Hand, bewunderte sie, rötlich, im Gegenlicht fast durchscheinend. Der Handwerker deutete auf den Strom, sein Arm setzte über, indem er flussab wies, vielleicht gab es weiter unten eine Brücke aus Ästen und Steinen. In seinem Gerede wiederholte sich ein verständliches Wort, das wohl das Wasser meinte, *wod*, wohingegen er das Wasser wie seine Eltern *wēd* nannte. (Es ist schwer, unbekannte Laute einleuchtend in Buchstaben zu übersetzen, doch es musste in etwa dem ähneln, was ich schreibe.) Während die Klinge in seine Tasche wanderte, nahm er einen anderen roten Lavastein heraus, eine malvenfarbene Steinblüte aus kleinen Kristallen sowie einen Kristall in gebrochenem Weiß. Ich wusste, dass er diese Tauschobjekte in seine Tasche gesteckt hatte, sagte aber nichts. Selbstgefundene Kristalle und die von einer Art Wanderhändler gegen eigenhändig gefertigte Kämme erworbenen Lavasteine. Auch wir behalfen uns während des letzten Krieges mit Tauschgeschäften, Butter gegen Fahrradreifen, zwei Rebhühner gegen Zucker, der Dorfschieber, der die Verbindung zwischen den Bauernhöfen und der Stadt herstellte, kam nach Einbruch der Dunkelheit, klopfte an den Fensterladen; er war unfassbar schmutzig. Ihre Hände berührten einander nicht, der andere schob ihm auf dem großen Schleifstein, der sie immer noch voneinander trennte, die Feuersteinklinge zu. Währenddessen sagte er mehrmals, indem er auf seine Brust wies, *brô*. Das bedeutete Bruder, jetzt bin ich dein Bruder, oder war es doch seine Name? Der junge Mann tat dasselbe, indem er sich an die Brust fasste, *Gohr*, sagte er, *Gohr*! Dann ging er, den Fluss linker Hand, der untergehenden Sonne entgegen. Eine Klinge für sich, eine für den Vater.

Das Salomonssiegel bricht durch den Boden, eine trockene Blätterschicht, und beugt seinen Stängel, an dem nach oben hin immer kleinere weißliche Blüten baumeln. An diesem Bogen verjüngen sich auch die beiderseits wie Flügel ausgebreiteten Blätter zusehends und scheinen die Pflanze schwebend in der Luft zu halten. Der Aronstab öffnet zwischen geäderten Blättern seine zartgrüne Kehle, aus der ein langes braun-violettes Zäpfchen ragt. Man muss nur an diesen Pflanzen riechen, um sie als giftig zu erkennen. Es gibt auch das violette Knabenkraut, Blätter mit lilafarbenen Punkten und Blüten – eine kleine Traube, die nach Wildkatzenpisse stinkt. Er ergötzt sich an der Vorstellung, dass er sie alle beim Erzählen seiner Abenteuer vor den Kindern zum Leben erwecken wird, doch die nahe Turteltaube, die mit geschlossenem Schnabel unverwandt ihr stilles Lied gurrt, verheißt milde Tage. Weil er jeden Tag dort ist und behutsam geht, fliehen die Tiere ihn nicht allzu ängstlich. Obwohl sie wegen eines anderen leiden müssen, der sie verschlingt, wirken manche sogar vertrauensvoll. Je kleiner die Vögel sind, desto näher kommen sie, merkwürdig. Wenn ich ihn sitzen sehe, umgeben von kleinen Flügeln und winzigen Schnäbeln, Ruf- und Antwortpiepsen, frage ich mich, ob er die Schwanzmeise kennt, die ich früher als Pärchen erlebt habe, oder das Wintergoldhähnchen, gelber Scheitel oben auf dem Kopf, oder aber die Nonnenmeise mit ihrer schwarzen Kappe. Waren jene winzigen, kunstvoll gekleideten Wesen damals womöglich zahlreicher? Jetzt gibt es sie nicht mehr. Ihre bewaldete Landschaft barg wegen der überreichen Schattenfülle wohl weniger Schmetterlinge, als ich sie zur Zeit der blühenden Gärten entdeckte, fing oder einfach beobachtete. In den schmalen Sohlen der beiden Täler, wo der feuchte Boden die Bäume am Wachsen hindert, kann er sie wohl eher umherstieben sehen – zuerst immer die gelben –, misstrauisch gegenüber den ungestümen Libellen über dem Bach. Ich würde verstehen, dass es ihm an diesem Ort gefällt, wenn die Landschaft ebenso heiter wäre wie die meiner Kindheit, in der sich allein die Landwirte abrackerten, wenn sie ihre Lasten mit der Heugabel, volle Kornsäcke auf ihre Schultern oder am Ende einer jeder Furche den stählernen Brabantpflug aus der Erde hoben. Doch betrachtet man alle Einzelheiten, ist das Land für ihn womöglich weniger reich an Blumen und Flügeln, Vögeln oder Schmetterlingen, ja an Farben, als für meine Augen in der Ackerbauzeit. Eine Frage bleibt in der Schwebe: Die Schwalben, die über unseren Himmel gleiten, sich zahlreich kreuzen, ihn wirklich bewohnen, gehören zu einer Art mit rötlichbraunen Kehlen, sie werden auch Rauchschwalben genannt, und alle bauen sie ihre Nester in Stallungen, unterm Dach der Kirche oder so mancher Häuser im Dorf. Sie mögen die laue Wärme der Ställe, nisten über der Lampe, aber für ihren Nestbau brauchen sie ein Mauerwerk, einen Balken, etwas, an dem sie ihren Mörtel anbringen können. Wo also mochten sie ohne landwirtschaftliche Gebäude nisten? Trotzdem kann ich mir nur schwer vorstellen, dass der Himmel über ihm, weit droben, nicht von Schwalben durchkreuzt wurde. Hier begleite ich ihn Schritt für Schritt, verliere ihn dann, manche Tage wie Löcher, ich weiß weder, was er tut, noch, ob es mehrere Tage sind, eine Woche oder zwei, die aus dem Sichtfeld fallen. Denn trotz der erstaunlichen Präzision der Orte gehe ich nicht genau in seinen Spuren, die sich nicht einfach heraufbeschwören lassen, indem ich mit der Hand die letzten toten Blätter wegwische. Nein, zu viel Humus hat sich aus den verwesenden Zweigen und Stöckchen gebildet, aus dem Weg von Wurzeln und Wühlinsekten, dem Durchzug der Tiere, deren Füße Schlamm mit Schnee vermischten und dann auf dem in Felder geteilten Gelände, wechselnde Hakenpflüge, die sich abnutzten, ersetzt wurden durch den heutigen Pflug mit vier Scharen und vier Streichblechen, den der Kabinentraktor lärmend anhebt, ausschwenkt und ansetzt. In der Erde, in der ich mit der Feder grabe, hiesiger, ein wenig unterhalb der Oberfläche gelegenen Erde, offenbart sich fast greifbar der Boden, den seine Sandalen streifen, einzige Fläche, auf die im Jahr seiner Ankunft die Blütenblätter gleiten, die Eierschalen fallen, die Stängel sinken.

Er lauscht dem strömenden Pflanzensaft, hört noch das leiseste Knacken der Zweige, die Luft unter den Federn des fliegenden Vogels, die winzige Trübung, die der Schwimmzug eines Frosches im plätschernden Wasser bewirkt, aber die Nahrungsaufnahme zwingt ihn – jung und hungrig –, einen Großteil des Tages mit der Suche nach Essbarem zu verbringen. Bald schon ist es zu spät im Jahr für die Eier, zerknautschte Vogelkinder schlüpfen. Er muss Fleisch essen, manchmal mit dem Bogen schießen, doch da er alleine ist, zielt er auf kein Tier, das größer ist als Hase, Kaninchen, Taube, das Fleisch würde sonst nur verderben. Jener Bogen aus Ulmenholz, ausgewählt da kürzer und leichter als der Eibenbogen, den er bei seinen Eltern gelassen hat, verlässt seinen Rücken nur für seine Hand oder für seine Hüfte, während er schläft. Plötzlich eine Linie, die eine knappe Geste, kaum dass sich Daumen und Zeigefinger rühren, der andere Daumen ein wenig stützt, den Taubenrumpf, die weichen Kaninchenrippen erreichen lässt, die relativ kurze Entfernung zwischen dem vollkommen reglosen Menschen und dem anderen, der sich nun nicht mehr regt. Er preist das Tier, bricht dann aber schnell im Genick die Rückenwirbel des Kaninchens, würgt die Lungen der Taube, deren Kopf herabfällt, will weder sehen, wie sie um ihr Fliegen und Laufen trauern, ihm mit einem Blick vorwerfen, der zu sein, der alles unterbricht, noch ihnen Zeit lassen, die Umgebung zu warnen, Flügelklatschen der Ringeltaube, gellender Schrei des Hasen. Auf Fell oder Feder trocknet er sorgfältig das Blut, das an der Feuersteinspitze klebt, reibt sie zwischen den Fingern, die gerade noch die geflochtenen Hirschsehnen streckten spannten lockerten, und der Pfeil wird wieder in den ledernen Köcher zurückgesteckt, jener geschlossen, den Gurt ebenfalls quer über die Brust. Da der Schlamm keinen Zehenabdruck auf dem kleinen, von ihm erkundeten Gebiet offenbart hat, hegt er weniger Befürchtungen wegen des Feuers. Dennoch zieht er sich an eine Stelle zurück, an der er sicher ist, selbst nach dem Regen Zweige Wurzeln trockenes Gestrüpp zu finden. Und so verrät der dünne Rauch, den er aufsteigen lässt, nicht den geheimen

Ort, an dem er schläft. An unterschiedlichen Stellen hat er, unten mit Steinen ausgelegt, zwei oder drei kleine Feuergruben ausgehoben, über die er Zweige breitet, sobald das Feuer erloschen ist. Auf schmale und entrindete Stöckchen gespießt, die ihr Pflanzensaft am Verbrennen hindert, grillt er bei schwacher Glut Schnecken, deren Gehäuse er aufgebrochen hat. Es wäre bequem und angenehm, das Feuer unter der Asche zu erhalten, es sachte anzufachen, anstatt ganz darauf zu verzichten, ist das Feuer doch, so rätselhaft und stolz es auch sein mag, vertraute Gegenwart. Außerdem müsste so nicht jedes Mal wieder der oft jähzornige Geist des Feuers – ist es *Ogni* oder *Igni*? – angerufen werden: doch Rauchsäule, Flammen, die beim leisesten Windstoß erwachen, Geruch verbrannten Holzes würden seine Anwesenheit, die er nicht einmal vermutet wissen will, offenbaren. Wahrscheinlich erfährt man nun, dass es ihm keinerlei Schwierigkeit bereitet, den Funken zu erzeugen. In Mode ist das Feuerzeug, das die jungen Jäger und auch die Frauen gerne haben möchten: drei Lederfutterale in einem kleinen Beutel, der mit zwei Kordeln zugeknotet wird; in dem einen Etui ein Feuerstein, im anderen ein eingetauschter Eisenpyrit, im dritten, größeren, das über die anderen geklappt wird, ein trockener Zunderschwamm. Er reibt die Steine aneinander, den leichten und den schweren, und es entsteht ein Funke, der einen Glutpunkt auf den trockenen Pilz setzt. Er facht ihn durch Blasen an und platziert das Feuer unter eine Handvoll trockenes Gras. Wenn es verlässlich brennt, werden die drei Zubehörteile wieder an ihren Platz gesteckt und der kleine Beutel zugebunden. In früheren Zeiten mussten Feuersteine aneinandergeschlagen werden, jetzt geht es schnell, denn der metallische Stein ist blitzhaltig. Der braune Zunderschwamm wächst an den Seiten der Stämme empor wie eine von der Rinde herausgestreckte raue Zunge; gleich nach seiner Ankunft hatte er etliche Pilze zum Trocknen versteckt. Unweit von seiner Schlafstelle unter einer

Eiche entdeckte ich in einem Schrotthaufen – Leder Holz Lumpen oder Seile waren verbrannt worden, da der Nachfahre der Loiseaus die Scheunen, oder zumindest manche von ihnen, gereinigt und den Müll, obwohl größtenteils aus Metall, angezündet hatte – auf der feuchten Erde zwischen den verkohlten oder geschwärzten Resten, in denen ich mit einem der Schrottstücke stocherte, ein Messing-Benzinfeuerzeug mit Rädchen, das ich an mich nahm. Es ist das Feuerzeug (*ignaria*, »die Feuer geben«, die Römer, die noch Stein oder Eisen gegen Feuerstein schlugen, gebrauchten die Mehrzahl), das einst die Zigarette wieder anzündete, die im leichten Regen ausging, als der Vater oder vielleicht Großvater dieses Mannes ohne Nachkommen – ob er mit dem Ausräumen der Scheunen die Zeit aufheben möchte? – neben den Pferden im ausgestreuten Dünger lief und, die Peitsche in den Nacken gelegt, die Stuten, die unter dem Gewicht des Brabantpflugs immer langsamer wurden, nur mühsam vorankamen und nurmehr so taten als ob, anschrie, bis er heiser war und husten musste. Zwischen den Eichen hockend, scharrte ich mit etwas Spitzem und barg aus der Asche das ausgebleichte Feuerzeug – ich rieb es ab –, das Pferde, Pflug, feuchten Tabak und Schnurrbart erlebt hatte und das, einst einer menschlichen Hand vertraut, nun in meine fand.

Zeitweise rannte er, hatte Vergnügen daran, blieb dann in Deckung wieder stehen: horchen, den Raum beobachten, bevor er, je nachdem was ihm aufgefallen war und je nach Pflanzenwuchs, schnell oder langsam wieder loslief. Es kam vor, dass er Spuren auf dem Boden wahrnahm und mehrmals sogar einer kleinen Gruppe, die sich in der Nähe des Wassers zu schaffen machte, von Weitem zusah. Da es Schwierigkeiten mit der Sprache geben würde und er keine Zeit hatte, mit den anderen vertraut zu werden oder sich ihnen bekannt zu machen, wich er lieber aus, außerdem bedeutete es immer Aufregung, ja Beunruhigung, Menschen zu sichten. Während er die eingeschlagene Richtung in einem Bogen weiterverfolgte, beruhigte er sich ein bisschen: Immerhin war es besser, die Menschen zu sehen, als sie mit seiner versteckten Überwachung beschäftigt zu wähnen. Die Hohlwege, das dichte Laub und besonders die Böschungen, ihr üppiges Gestrüpp, boten auch uns damals das Vergnügen, uns frei bewegen zu können, ohne vom Wild, von den anderen Landwirten oder von Jägern gesehen zu werden. Blieben die Augen auf die gegenüberliegende Hecke geheftet, ließ sich manchmal eine Mütze ausmachen, die sich direkt über den Gräsern und Brombeersträuchern voranschob, ein dunkler Fleck vor den Lücken im Gestrüpp, einige davon Breschen, durch die Hase, Hund, manchmal Jäger sprangen. An einem Gewässer entlangzugehen, dem er nicht zu nahe kommen wollte, war gar nicht so einfach, denn er hatte Angst, sich zu weit zu entfernen, wollte es hin und wieder zwischen den Baumgruppen schimmern sehen. Er erinnerte sich, dass nach drei Tage vorsichtigen Vorankommens ein anderer Fluss seine breiten Wogen in den großen ergoss. Schnell und dunkel, kam er von der stets sonnenlosen Seite. Er begann stromaufwärts zu gehen, doch als ein beachtliches Gewirr aus Stämmen ihm Gelegenheit zum Überqueren bot und da er sich vorgenommen hatte, weiter auf die Abendsonne zuzugehen, wechselte er auf das andere Ufer. Stieß dort auf einen Sumpf. Beim Versuch ihn zu überqueren stand er plötzlich vor einem weiteren Arm des kalten Flusses. War er auf einer Insel? Als er wieder kehrtmachen wollte, konnte er der Begegnung mit einer plötzlich zwischen den Erlenbüschen auftauchenden Gruppe dreier Frauen nicht mehr ausweichen. Die beiden alten – die dritte war ein ganz junges Mädchen – lächelten ihn im Vorbeigehen unbestimmt an, was er ebenso erwiderte. Ihr Haar war in einem dicken Zopf auf dem Kopf eingerollt, ihr Körper mit Fellen bekleidet, an denen, hängend hüpfend klappernd wie ein auf eine Eiche niedergestürzter Starenschwarm eine Unmenge kleiner Gegenstände baumelte, Zähne, Krallen Muscheln und Knochen. Nach kaum zwanzig Schritten begannen sie zu rennen. Für einen kurzen Moment drehte sich das Mädchen um, dessen große Augen unter den weizenblonden Zöpfen ihre versäumte Begegnung zu bedauern schienen, aber schon rannte es, um nicht zurückzubleiben. Die verängstigten Frauen mochten die Männer warnen, er beschloss also, ihnen nicht hinterherzulaufen und trotz allem dem zweiten Flussarm zu folgen, denn auch dort durfte er auf eine Brücke hoffen. Dem sonnenlosen Horizont entgegen folgte er einem Wasser, das durch seine Strudel zwischen den Blättern hochgewirbelt wurde und schäumend einige mitgetriebene Äste vorwärtsstieß. Hier und da tauchten Stämme und Stümpfe auf, bevor sie wieder untergingen. Schon hatte sich das Wasser vom ersten Flusslauf entfernt, den er überquert hatte: Er befand sich nicht auf einer Insel, sondern zwischen zwei Flüssen, die genau in jenem Sumpf zusammenflossen, zu dem er endlich Abstand gewonnen hatte. Doch über dem zweiten Fluss keine Brücke: So rücksichtslos peitschten seine Fluten, dass die umgestürzten Bäume keinen Staudamm bilden konnten. Der starke und kühle Wind, die rasch vorüberziehenden Wolken, das Rauschen des Wassers ließen diese Gegend weniger lieblich erscheinen als die flachen Ufer des Stroms, an dem er sich aufgehalten hatte. Obwohl die Arten, Pflanzen, Bäume und flüchtende Tiere, ihm nicht unbekannt waren, meinte er in einen anderen Landstrich zu kommen; es erschwerte seine Reise, gefiel ihm aber auch, denn er war ja wegen des Abenteuers aufgebrochen. Er entdeckte alles mit scharfem Blick, die Aufmerksamkeit gespannt wie ein Bogen. Vier oder fünf Tage lang beobachtete er den schmaler werdenden Fluss, das immer unebenere Gelände, Abfolge aus Mulden und Kuppen. So gelangte er zu einem Ort, an dem eine Fischerfamilie lebte, am

Ufer der Mayenne. Ihr bringen auch die kleinen Bäche unserer Wiesen über das Flüsschen Ernée, das sie zuerst aufnimmt und mischt, mit jahrtausendealter Beharrlichkeit ihr Wasser.

Der dunkle Efeu fürchtet weder Kälte noch Schatten, erklettert die Stämme, sobald es sich an der Rinde festkrallen kann, behaarter, langsam reptierender Körper, zunächst nur eine Berührung, im Laufe der Jahre dann eine kräftige Umarmung. Das Wort, das wir heute verwenden, stammt wohl aus einem unverstandenen *ebah* (lateinisch *hedera*), doch seine genau Herkunft ist nicht bekannt. Während er mit vorsichtigen Axthieben dicht über dem Boden den Stängel kappt, der die Eiche nicht loslassen will, verweist das Wort, das er ausspricht – Tiere und Pflanzen bei ihrem Namen nennen ist eine Form der Achtung –, trotz der gründunklen Blätter und der schwarzen Haut der Samen wahrscheinlich auf die Verwandtschaft der Pflanze mit dem Feuer. Er hatte nämlich gesehen, wie seine Mutter, die anderen Mütter auch, zerstampfte Efeublätter – starker Geruch – auf die Verbrennungen legte, die sich die Kinder zuziehen, wenn sie ein Kleinwild, etwas Geerntetes braten wollen und daher selbst im Feuer stochern. Der Efeu hat die Macht, das Feuer zu beschwören, das in seinen Venen fließt. Ebenso alt wie das Mittel des Funkens, der zwischen zwei aneinandergeschlagenen Feuersteinen knistert: ist jenes andere Mittel, das mit schwachem Rauch beginnt. Schon Jahre bevor er einen Eisenstein in der Tasche hatte, verstand er sich aufs Feuermachen – die Kinder versuchen es immer noch –, indem er ein Stöckchen Hartholz, Akazie zum Beispiel, mit der Spitze fest auf ein Efeubrettchen drückte und schnell zwischen den Handflächen reib. Man braucht sehr trockenes Holz: ein wenig Rauch zuerst, dann ein schwacher Glutpunkt, den sich der Atem nicht mehr entgehen lässt, vielleicht musste eine Formel aufgesagt werden, das in den Holzfasern verborgene Feuer hervorzulocken; sie wird zwar danach in Vergessenheit geraten, aber das Mittel ist ebenso sicher wie geräuschlos. Er hat es nicht versäumt, für die Reise ein Brettchen mit einem Bohrer einzustecken. Jetzt gelingt es ihm, mit seinem gleichwohl zu leichten Beil die abgeschnittene Liane vom Stamm zu trennen, er rüttelt, um den Baum herumgehend zieht und biegt er sie, bis auch ihre kleinsten Zweige sich lösen. Als sie fällt, bricht er unten, an der breitesten Stelle, ein paar Stücke ab, entrindet und spaltet sie und lässt sie trocknen. Hohle Bäume sind die einzigen Verstecke, über die er hier verfügt, da er vorsichtshalber nichts errichten will, das bemerkt werden könnte. Daran gewohnt, im Holzschuppen fast täglich die Axt oder den Spalthammer zu schwingen, das Gemüse aus dem Garten auszugraben oder die Kartoffeln im Keller zu entkeimen und mich anschließend, selbst im Sommer, vor das Abendfeuer zu hocken, bin ich seinen Beschäftigungen sehr nahe. Hin und wieder, ein handliches kleines Beil in den Gürtel gesteckt, durchforste ich das vertraute Gelände und befreie, indem ich einen wuchernden Efeu unten am Stamm kappe, ein paar Bäume von der Umarmung und den dunklen Blättern, die sie irgendwann ersticken würden. Der Geruch des Efeus, verwundete Rinde, abgerissene Blätter, ist natürlich derselbe, den auch er atmet. Meine Erinnerung ist seine. Ich weiß, wie man rütteln muss, um die Liane bis oben hin zu lösen. (Was nichts daran ändert, dass der Efeu kraft seiner Wurzeln andere, zunächst zarte Stängel, die sich später zu holzigen Fäusten ballen, zum langsamen Würgen in die Senkrechte schickt.) Dafür schmerzt mich – der ich stets Vertrauen in die mütterliche bäuerliche Landschaft haben durfte –, dass er unablässig mit Augen und Ohren lauern muss, ein tiefer Sinn, der selbst schlafend noch wacht. Kaum hören die Frösche zu quaken, die Grillen zu zirpen auf, erforscht sein Gehör die Stille, seine Augen Gräser und Blätter.

Die Frühlingsregen, so plötzlich unter einer schwarzen Wolke, dass sie seitlich von einem Sonnenstrahl erhellt werden können, sind bisweilen so heftig, dass sie von dem Weg, den vom Gehen festgestampften Stellen abprallen und am Fuß all der steilen Wasserstängel eine Saat flüchtiger weißer Blüten hochwirbeln. Wenn ich nachts, bei offenem Fenster, solche Schauer auf den Boden und das Wellblech der Scheunen prasseln hörte, dachte ich immer an die Kühe auf den Wiesen, die den Regen in unerbittlichen, zuweilen von Gewittern gefärbten Schüben über sich ergehen ließen, wollte ihnen auf jeder einzelnen Parzelle einen Unterstand bauen (den sie offenbar eher dafür nutzen, sich sommers vor der Sonne zu schützen als vor den starken Regenfällen). Jetzt gelten meine Gedanken ihm, denn der Frühling braucht den für das Pflanzenwachstum so nötigen Regen, den wir, wenn er ausbleibt, herbeisehnen: Wärme und Regen, damit das Gras wächst, Weideflächen und später Heu ergibt. Das Klima ist kaum anders, und ich mache mir Sorgen, dass er keine Hütte hat, nur einen Unterstand wie ich sie in meiner Kindheit baute, die wohl Schutz boten, wenn der Zauber eines kurzen Regens diesen geheimen Ort kostbar machte wie ein wirkliches Haus. Heftige Schauer aber, die der Wind niederzwingt, eindringen lässt, gänzlich durchnässte, von Regennächten dicht gefolgte Tage ... wie sind sie auszuhalten? Am Morgen kein Gesang, vielleicht der Schrei eines flüchtenden Grünspechts. Nichts als das endlose Brausen der dichten dünnen Wasserfäden, die durch die Blätter dringen, von einem Windstoß erzitternd auf den Boden einstechen. Hat er wohl Zeit gehabt, unter dem Stamm zu graben, im hintersten Winkel seines Schlafplatzes? Es ist die einzige Lösung: ein Graben, dann eine schmale seitliche Kammer, lang genug, damit er sich auf eine Matratze aus trockenen Farnen legen kann. Die aufgeworfene Erde mit der Faust zu kleinen Mäuerchen an den Seiten des Unterschlupfs hochziehen. Gesetzt den Fall, er hat überhaupt angefangen – ist er auch fertig geworden? Nicht mal eine Hacke aus Hirschgeweih zum Graben, nur ein flacher Stein oder irgendein knorriges Holzstück, das er mit dem Beil zurechtstutzt. Manchmal hatte ich sogar Vergnügen daran, diesem absoluten Regen zu trotzen, an Tagen der Jagd, wenn die klebrige Erde und das glitschige Holz nicht bearbeitet werden konnten. Gut verpackt tauchte ich in das schwebende Wasser wie ein Schwimmer in die Strömung des Flusses, aber bei der Rückkehr hatte ich ein Dach, trockene Kleider, ein Kaminfeuer bei meinem Vater. Für Gohr ist die Einsamkeit im Angesicht der Elemente ungewohnt. Jetzt, wo ich in meinem Haus auf dem Land eine Einsamkeit erfahre, die derjenigen ähnelt, die ich in meiner Kindheit und Jugend oft erlebt hatte, bestätigt sich mein früherer Eindruck: Die Grenzen zwischen der Natur und unserem Wesen, so wie wir es empfinden und uns denken, sind, wenngleich nicht aufgehoben, so doch deutlich abgeschwächt – ist dem so aufgrund der Stille oder um sich weniger alleine zu fühlen? Eine sich öffnende Tür, auf die er im Eifer der Jagd oder der Spiele kaum geachtet hatte. Zwischen seinem Leben und meinem ein Ort. Der uns verbindet. Zwar bin ich kein Nachfahre der Leben, die dort einander ablösten, und kannte insgesamt nur drei Bauerngenerationen (die späteren sind fortgezogen), doch an diesem Ort bin ich geboren: ein fast unmerklicher Hügel zwischen zwei Tälern, mit Bächen, Feldern, Böschungen, und Hohlwegen; bei ihrer Berührung, über ihre Ausdehnungen haben meine Arme und Beine Maß genommen. Inzwischen bin ich nicht mehr der junge Mann, der durch die Nacht lief und vom feuchten Weg bis hinauf zu den Sternen alles Land in sich einsickern ließ, aber das Gelände selbst lehrte mich schließlich, wie nah ich seinen Gesten war – und manchmal noch bin, Geste in Geste, wie ein Handschuh –, obgleich ich dafür nichts anderes hatte tun müssen, als staunend zur Welt zu kommen, aus dem Fenster zu springen und alleine durch die Nacht zu gehen, die dunkle Erde anzuschauen, auch wenn meine Beine zum Herabspringen noch nicht lang genug waren, aber trotz der Rosensträucher den Aufstieg meisterten. Sobald ich seine Gegenwart erkannt hatte, begann ich zu schreiben.

Ich möchte behaupten, dass die Möwen ihn zum Weitergehen bewogen. Ich erinnere mich, wie ungewohnt es vor knapp fünfzig Jahren war, eine von ihnen über unseren sandigen Hof fliegen zu sehen, ganz alleine, weiß vor dem grauen Himmel. Inzwischen kommt es hin und wieder, dass sie sich im gleichen Abstand voneinander auf einem Acker niederlassen. An der Tatsache, dass sie so weit ins Landesinnere getrieben werden, lässt sich der Sturm an der Küste ermessen. Es stimmt wohl, dass sie erschöpft wirken. Er muss sie gesehen haben, ihnen nachgelaufen sein, als sie wieder zurückflogen. Ich beobachte sie, sie kommen über die Ernée, aber selbst wer Richtung Norden bis zur Quelle dieses Flüsschens wandert, ist immer noch sechzig Kilometer von der Küste entfernt. Und sechzig Kilometer ohne Weg bedeuten sicherlich zwei Tage Fußmarsch. Was er gehört haben konnte, in den unglaublichen Berichten einiger weniger, die ihre Tauschgeschäfte betrieben – konnte man sich aufgrund der Dialekte gut genug verständigen? –, oder in sagenhaften Beschwörungen, die aus dem Nebel der Gedächtnisse aufstiegen und im Rauch des Feuers zitterten, bevor sie erneut verblassten – schleppende Worte, der das Kind übermannende Schlaf –, alles, was er gehört haben konnte, war, dass sich weit hinter dem Horizont, der noch hinter dem Horizont lag, plötzlich ein Loch auftat, in das Abend für Abend die Sonne stürzte, Dort endete der Boden. Sobald das Gelände in einer leichten Falte anstieg, wusste er, dass sich direkt dahinter der Abgrund öffnen konnte, falls die Erde abrupt enden sollte, aber recht glauben mochte er es nicht. In den bruchstückhaften Erzählungen, gesetzt den Fall, er hörte sie – und das scheint trotz allem wahrscheinlich –, lag dieser Spalt so weit entfernt, dass er ihn nie zu erreichen glaubte, und er verspürte keinerlei Verlangen. Wie findet er sich auf dem Hinweg zurecht? Vermutlich teils durch Zufall, teils durch den Wind. Mich beeindruckt vor allem seine geglückte Rückkehr. Wieder die genaue Beobachtung und eine Fähigkeit, die wir animalisch nennen, weil sie uns abhanden gekommen ist, rückwärts in den eigenen Fußspuren zu laufen. Ob er dem Flug der Möwen folgte? Auch der Wind hatte unterhalb der Wolken, die den Himmel verschlossen, einen Geruch. So gelangt er – ich rechne aus, dass es am Vormittag des dritten Tages sein muss – dorthin, wo die schwarze Erde langsam dem Sand weicht; die Erde ist kaum zu sehen, von Gras bewachsen, das selbst vom Grün anderer Pflanzen durchkreuzt und bedeckt wird, während der Sand, wie am Ufer des Stroms, gut sichtbar ist, nur vereinzelte Blätter fühlen sich dort wohl. Zwischen den verkrüppelten Stämmen zunächst Anhäufungen des hellen, fast glänzenden Pulvers mit Büscheln aus grauerem Grün. Geduldig schiebt er die Zweige beiseite und entdeckt eine lange flache Sandausdehnung mit verstreuten Wurzeln und entrindeten verwaschenen Stümpfen. Schließlich sieht er, geduckt unter den niedrigsten Ästen, in der Ferne das Wasser, das den Sand auf die Erde gespült hat, bläulichgrau und von feinem Nebel bedeckt. Ein gewaltiger Strom, nach dem Bett zu urteilen, das er sich gegraben hat, und eine gewaltige Leere, bestäubt mit einer Schicht feinsten Sands in nie gesehener Menge! Die Luft, die frisch ist, trägt ihm jenen schon im Wind bemerkten Geruch zu, der hier jedoch stark und unbekannt ist. Er rührt sich nicht, bleibt gebückt stehen, schaut begierig. Die Fläche hin zum Wasser ist bis auf die angeschwemmten Holzstücke vollkommen nackt. Seine Nasenlöcher erkunden die aufsteigenden Ausdünstungen, wollen sie sich einprägen, suchen wieder … nein, noch nie hat er Vergleichbares gerochen. Sein ganzer Körper indes, tief aus dem Inneren bis in die Haut, erinnert sich heftig und mit unvermittelt aufsteigender Lust an die Mädchen, die er vor einiger Zeit packte und die auf das Moos oder die Farne fielen, wo er sie aus der Nähe roch. Er möchte bis zu dem fernen Strom gehen, doch das ist im offenen Gelände nicht möglich, ohne zuvor beobachtet zu haben. Er überwacht den Abgrund, Möwen kreischen gellend.

Fast grün, in anderen Augenblicken glänzend, nimmt das Wasser ein Licht an, das dort aus den Wolken dringt und kaum bis zu den kleinen Bäumen reicht, auf deren Höhe er neugierig verharrt, versteckt. Plötzlich teilt der Himmel die Wolken, die Sonne trinkt in einem einzigen Zug den übrigen Nebel und das Wasser scheint, bläulicher nun, kein anderes Ufer zu haben, Wasser bis zum Horizont, vielleicht, denkt er furchtsam und bange, hat er das Ende der Erde erreicht. Hinten, in der Ferne, wo sein Blick endet, taucht der Himmel ins Wasser. Er wagt sich auf den Sand, ein trockener, feinerer und tieferer Sand als der, auf dem er am Ufer der Flüsse gelaufen ist, dann, je weiter er geht, feucht, geglättet und hart, Sand, in dem er eine zweifache Spur bemerkt – große Füße, kleine Kinderfüße –, doch nichts in der Richtung, die die Beine genommen haben, auch nicht in der, aus der sie kamen, nur Stümpfe, Wurzeln, Stücke von teils mit Sand bedeckten, abgenutzten, sonnengebleichten Zweigen; dort knirschen, in gewundenen Linien angeordnet, verschiedene Muscheln unter seinen Sohlen. Ein kaum merkliches Gefälle führt ans Wasser, er ist auf der Hut, der Boden könnte weich werden. Der Sand funkelt, trocken oder feucht, in winzigen Teilchen, wie mit Licht bestäubt. Feuchte Stellen glitzern im Gegenlicht, und wieder lockt die Sonne rosafarbene oder grüne Lichtsplitter aus manchen Muschelhöhlungen. Unverwandt nach beiden Seiten Ausschau haltend, ob der Mann mit dem Kind oder andere nicht etwa auf ihn zukommen, geht er weiter, das Wasser anschauen, hebt dabei eine Muschel auf, zwei oder drei (die zumindest in unserer Hemisphäre größte Art der sogenannten Kammmuscheln, die auf den Namen Jakobsmuschel getauft wurde, derweil sie als Trinkschale am Gürtel der Pilger baumelte). Beim Näherkommen entdeckt er: Das Wasser, im Loch dort drüben, am Ende der Erde – sie endet in einer Ausdehnung aus gewaschenem, vom Wasser freigegebenen Staub – ist heiß, ja, heiß ist jenes Wasser, kocht sogar wie das im Lederkessel, wenn die aus dem Feuer geholten Steine hineingetaucht werden, es ist daran zu sehen, dass es blubbert, siedet, sogar schäumt. Er verharrt in der Hocke, vornübergebeugt, und beobachtet das Brodeln des Wassers, das aufwallt, zurückprallt, spuckt und geifert. Er merkt, wie es schleichend auf ihn zukriecht, am Sand leckt und allmählich ansteigt, sich dabei hinter ausgerissenen Büscheln von braun- oder grünglänzenden Wasserpflanzen versteckt, die es anspült, wieder mitreißt, noch höher spült. Das Wasser scheint mit diesen geschmeidigen ein- und ausgerollten Riemen zu spielen, zu tanzen, es unterhält den Zuschauenden und steigt unterdessen flach an, weicht zurück, hüpft wieder hoch, stets belebt von einer kleinen Woge, die den Sand anfrisst, faucht, im Schaum erstickt und abermals anhebt. Unter seinen Füßen, die einsinken, wird der Sand weicher, doch er will nicht festgesaugt werden, in den kochenden Kessel rutschen, kehrt um, sammelt noch ein paar Muscheln, wirft manche fort und behält die größten. Zweimal füllt seine rechte Hand die linke Handfläche mit winzigen leeren Schnecken, hell- und dunkelgelben (jenes Gelb, das erst seit dem 16. Jahrhundert Orange heißt). Mittelgroße Fußabdrücke führen zwischen den Muscheln in die entgegengesetzte Richtung der anderen Spuren und verblassen dann. Zehn Mal dreht er sich um, erreicht dann aber die ersten Bäume, stellt fest, dass das blaue Wasser nicht mehr ganz hinten ist, wo er es bei seiner Ankunft gesehen hatte: Es ist ein Stück den Abhang hochgeflossen, wollte es ihn mit seinen schäumenden Lippen packen, ihn in seinen heißen brodelnden Speichel reißen? Eine Falle, die schillernde Fläche, funkelnd vom Widerschein der Sonne auf den Tropfen, den nassen Stellen, dem Perlmutt und den Glimmerplättchen. Er steckt die Muscheln in seinen Rucksack, schaut unter der senkrechten Sonne wieder auf die Stelle, an der kein Weiterkommen ist, dann rennt er fort. Drei Muscheln für seine Mutter, drei für ihn.

Dass er an den Ort zurückkehrt, an dem ich ihn erwarte, stimmt mich froh und lässt auf einen Rückweg schließen, der weder von Irrtum noch von Sorge geprägt ist, schlicht von der Eile und dem Verlangen, so notdürftig seine Ansiedlung auch sein mag, das bewohnbare Land wieder zu spüren. Wir kennen unzählige Katzengeschichten, seit wir die Wildkatze mit ihrem langen und buschigen Fell gegen die kurzhaarige Hauskatze eingetauscht haben. Dennoch muss ich eine von ihnen erzählen, und sei's nur, um zwischen den Buchdeckeln den Namen, das Portrait, zumindest aber die Erwähnung von Foui-Foui zu hinterlassen, der Katze, die in der Familie meines Vaters lebte, als er Kind war. Um an die Küste zu fahren, hatte die Familie das heißgeliebte Tier Nachbarn anvertraut, und meine Großeltern hielten sich mit ihren drei Kindern seit knapp einem Monat in einem Ferienhaus auf; die Ferien waren so gut wie zu Ende. Als sie eines Morgens die Läden oder die Tür öffneten, sahen sie auf dem Weg vor dem kleinen Haus, im Morgengrauen oder während der Nacht gekommen, eine schwarz-weiße Katze sitzen, zweifelsohne ihre Katze. Sie war nach ihrer Abfahrt weggelaufen und hatte fast einen Monat gebraucht, um sie (siebenundachtzig Kilometer, der immer geradeaus führenden Straße nach) schließlich an einem Ort zu finden, an den sie selbst nie mitgenommen worden war, ebenjene Bucht, die er gerade entdeckt hat. Weshalb sollte mich also seine Fähigkeit zur Rückkehr wundern?

Er geht sogar schneller als auf dem Hinweg und kommt schon am folgenden Abend an. Ich überlege, was er während dieser Reisetage wohl essen mochte. Wahrscheinlich hatte er Stücke gebratenen Fleischs mitgenommen, und was das Grün anging, pflückte er im Vorübergehen den Kleinen Sauerampfer, eine kleine Ampferart, Kresse, Engelwurzrippen, besser wäre der Löwenzahn gewesen, der jetzt unsere Gärten, unsere Felder überwuchert, dem Gras der Wiesen Widerstand leistet und den Winter nutzt, um sich auszubreiten; doch Löwenzahn wächst nie im Wald, er zählt mit dem Spatz zu den seltenen Arten, die auch ungezähmt dem Menschen nicht von der Seite weichen, der Löwenzahn ist im Übrigen nur auf einem kürzlich gelockerten Boden weiß und genießbar. Möglicherweise hat er Hunger, denn als er sieht, wie sich die Ringeltauben auf einer efeubewachsenen Gruppe Eichen, ihrer Schlafstätte, einfinden, nähert er sich und wartet, bis eine Taube über ihm sitzt, die er mit einem Pfeil erschießt. Bei Einbruch der Dämmerung ist er auf seinem Gelände angelangt. Angesichts des wirren Geflechts aus Bäumen und Gestrüpp beneide ich sein feines Gespür für die Himmelsrichtungen. Er kommt an, denkt nur ans Schlafen, und zu glauben, dass die Dunkelheit ihm die Aufgabe erschwert, wieder ein mit Farnen ausgelegtes Lager genau in der Breite seines Rückens aufzutun, wäre ein weiterer Fehler: Er hat sich in der Dämmerung stets heimisch gefühlt. Nun hebt der Ziegenmelker an, und die Bäume, die vor- und zurückschwingen, bewegliche Umrisse, verschränken sich irgendwann ineinander, bevor sie, als der Himmel schwarz ist, ganz mit den Wolken und der Erde verschmelzen. Er hat Vergnügen daran, die Orte im Dunklen zu bewohnen, sein Körpergedächtnis an die Abmessungen zu gewöhnen, als sei der Raum wie ein Mutterleib, und versucht, was er bei seiner Familie gelernt hat, nun anzuwenden. Es war ihm stets wichtig, zu denen zu gehören, die sich nachts gut orientierten, und so sieht er den

Wald furchtlos dunkler werden. Er erreicht das vertraute Gelände, als die Nacht dem unentschiedenen Dämmerzustand endlich ein Ende macht. Rupfen, dann Federn und Flügel vergraben ... trotz seines Hungers wird die Taube erst für morgen sein. Er will sich auf dem Lager ausstrecken, dem er noch nie so lebhaft zugetan war. Doch je näher er ihm kommt, desto vorsichtiger geht er, bleibt stehen, um zu lauschen, zu schnuppern wie alle wachsamen Tiere im Umkreis ihrer Höhle. So gelingt es ihm, den Geruch wahrzunehmen, endlich, der Geruch von Kuhfladen.

Sobald das Feuer gelöscht ist, zieht er sich mit dem gebratenen Vogel zurück. Nie dort bleiben, wo andere ihn, vom Geruch gewarnt, womöglich suchen mochten: So glaubt er hartnäckig, nicht überrascht werden zu können. Seine oberste Sorge besteht darin, an sämtlichen Fährten auf der Flussseite zu überprüfen, ob seinem Gebiet kein Besuch abgestattet wurde, Lichtungen im Gestrüpp, kaum wahrnehmbare Tierwege, flüchtige Nässe, wo der Boden weich ist: kein einziger Fuß. Plötzlich jedoch der tief eingedrückte große zweihufige Abdruck, er geht ihm nach, findet noch andere, sucht nicht weiter. Sind gekommen, werden wiederkommen, ja vielleicht sind sie noch da und er wird sie finden. Ich dachte mir schon, dass ihn ihre Abwesenheit wohl bekümmern musste, sagte jedoch nichts. Es stand mir nicht zu, Archäologe, der ich in der Luft über diesem Hügel grabe, über den Abhängen, den Bodenwellen, den Hohlwegen, nein, ich glaubte es nicht preisgeben zu dürfen, sein besonderes Interesse an dieser Tierart, durch ein Fehlen, eine Leere, um die sich meine Sätze gewunden hätten. Ich wollte lieber warten, bis er sich auf die Suche machte. Und ich begreife nun, dass ihn die vermeintliche Abwesenheit deshalb nicht beunruhigte und er nicht beschlossen hatte, weiter oder woanders hinzugehen, weil er ihre Spuren sicherlich schon gefunden hatte:

in den Boden gestanzte Hufe zwischen zwei Blättern und vor allem alte, trockene Kuhfladen, von den Staren auf der Suche nach Insekten durchpickt, doch unverkennbar da! An den Gräsern, die nach ihrem Durchzug niedergedrückt bleiben, bemerkt er jetzt, dass sie das erste, zwischen den Bäumen rings um den Sumpf eingepfercht liegende Tal durchquert haben. Unter den Bäumen ist es anders als im Gras, wo die Schritte den Tau aufsaugen, unter dem Blätterdach sind die Pflanzen nur leicht benetzt, dennoch kann er, selbst ohne duftende Kuhfladen und ohne zu schnüffeln wie ein Hund, der sich an den Fußabdrücken auf der weder zu trockenen noch zu feuchten Erde orientiert, ihren Weg mit geschlossenen Augen nachverfolgen, wittert allein ihren Schweiß, den Dreck, die am Hintern klebenden Fladen, den würzigen, fast vertrauten Geruch ihres Fells, der hin und wieder an den Wänden des Ganges hängt, den sie in die kühle Waldluft gegraben haben, Luftbahnen, an denen sie sich im Vorbeigehen reiben: All dem folgt er mühelos durch das Gewirr der Pflanzen, die das Frühjahr unter den Bäumen aufschießen lässt und in das er wiederum keinen Weg zeichnen will. In dem anderen, kaum breiteren und ebenso gewundenen Tal färbt die Sonne die hohen Gräser zwischen den Weidengruppen, purpurfarbener Blutweiderich, Schwertlilie mit vereinzelten gelben Blüten, Binsen, Sauerampfer, Goldfelberich mit kleinen grellgelben Blüten, betäubend duftendes, gelblich-weiß blühendes Mädesüß, schon hochgewachsene Disteln und, darunter, lilafarbener Wachtelweizen, rosafarbene Pechnelken, weiße geruchlose Nelken, blasse Schaumkräuter, zart malvenfarben blühende Minzen, diese Pflanzen, vermischt mit anderen weniger sichtbaren, aber noch zahlreicheren, durchkreuzt von verschiedenen Süßgräsern, die sämtlich ihren Samen hochtreiben, drängen sich auf dem feuchten Boden so dicht, dass sie einander behindern, sie wachsen, um sich gegenseitig zu überholen, die schlaffen gestützt auf die festen, die nur mit Mühe standhalten. Und so übersieht er sie vom Rand jenes lichten Durchbruchs aus fast: Allein ein Schwarm Insekten über ihrem Rücken verrät, dass sie hinter den Gräsern liegen, das erste Wiederkäuen des Tages. Die Vögel schweigen, auch sie übermannt von der aufblitzenden Hitze zwischen den leichten, dicht an dicht vorüberziehenden Wolken. Im Schatten eines kleinen Bäumchens betrachtet er, ohne wirklich zu sehen, die Rast der dürftigen Herde, ein gelegentlich aus den Gräsern aufragender Schwanz vertreibt die Fliegen und sinkt gleich danach wieder kraftlos. Er weiß, wo der Stier liegt, wo die beiden Kühe. Um mehr zu erfahren, wartet er, bis eines der Tiere Hunger bekommt, denn wenn eines aufsteht, werden die anderen es ihm nachtun. Nichts als die leicht schwüle Hitze, der herbe Geruch von Erde und zertretenen Gräsern, eine nur von den Insekten belebte Stille, selbst wenn er die nicht hört, die sich über den Mulden tummeln, wo die massigen schweren Körper die Halme niedergewalzt haben. Jetzt aber, Eine Kuh steht auf, der Stier ebenso, das eine Bein noch nach hinten gestreckt, auch die zweite Kuh rafft sich auf. Ein recht alter Stier, denn es ist Frühling, das rötliche Fell auf seinen dunklen Schultern schon etwas schütter. Jung die Kühe hingegen, und wie er hoffte, hatten sie beide ein Kalb. Fünf, beginnen wieder zu wittern, unter den Pflanzen zu wählen. Dass die Kälber unter den fast schwarzen Müttern rötlich sind, überrascht ihn nicht. Ich aber wundere mich, wenn ich seinem Blick folge, und entdecke, wonach er suchte, in diesem kleinen Tal, das ich so oft bewundere: Auerochsen.

Ob er geht, in einen leichten regelmäßigen Trott verfällt oder sogar über kurze Strecken hinweg läuft, stets bleibt er geschmeidig und absolut lautlos. Mehrere Nächte, mehrere Tage schon ... Er hat die Pfähle mit großen Steinen verstärkt, damit der Bär, dem er noch keine Zeit hatte zu begegnen, seinen Unterschlupf unter der

Eiche nach Möglichkeit verschone. Bevor er den Fluss überquerte, war er vor der Behausung der Fischer stehengeblieben, um ihren Beschäftigungen in dieser Jahreszeit zuzusehen. Auf der Terrasse die Fische zum Räuchern, ihre Schwänze an einem gespannten Faden aufgereiht, er witterte ihren Geruch und den des Feuers. Die Familie hatte ihre Gewohnheiten nicht geändert. Bei Nacht ging er über die bereits auf dem Hinweg benutzten Stämme, die Dunkelheit erlaubte, was tags unmöglich gewesen wäre. Er entfernt sich, kommt mir abhanden. Sein Vorankommen ist sicher einfacher als beim ersten Mal, er erinnert sich, zögert hin und wieder. Ich grabe in der Zeit wie in der Erde, weit in der Erinnerung, vielleicht in meiner Erinnerung. Ich berge mehr oder weniger große Bilder, die sich ab und zu ineinanderfügen, Tonscherben der ersten zerbrochenen Gefäße, andere, die getrennt bleiben, Brüste, die eine Hand aus dem Ton gezwirbelt hat, um Griffe zu bilden, oder ein knolliges Bodenstück. Zugegeben, der Roman könnte auf diesem Rückweg aufbauen, der lang genug ist, um ihn über Strapaziöses oder Glückliches, wahrscheinlich sogar beides, stolpern zu lassen. Doch das wäre nur mutwilliges Erfinden. Die einzig sichere Beschreibung: ein Handeln, in dem sich jederzeit Geschmeidigkeit, Kraft und Wachsamkeit verbinden; nichts wäre ihm ohne sie gelungen. Besser gleich erläutern, dass ich mich nicht zum Erzählen entschieden habe, um die Zuhörer meiner Mädchen zu fesseln zum Erzählen entschieden habe, die Wahrheit ist, dass seine Gegenwart für mich immer stärker spürbar wurde, zunächst unbestimmt, dann auf bewegende Weise greifbar. So hatte ich den Eindruck, dass ich schon sehr lange mit ihm lebte, ein Warten hinter meinem Sein, ein Schatten zwischen den Bäumen, flüchtig, doch gegenwärtig an jenem Ort, den ich bewohne. Indem ich mir dessen bewusst wurde, konnte ich die Zeichen befreien. Er kam mir verstörend nahe. Der junge Mann, der ich war, ist immer noch in mir, unendlich schüchtern und still. Ich kann mit einiger Sicherheit behaupten, dass er seine Nahrung für die Reise sorgfältig plante, um so selten wie möglich Feuer machen zu müssen, Stücke gegarten Kaninchens oder gebratener Vögel und Elritze, Gräser und Blätter werden sich unterwegs finden. Nachts, wenn ich ausgestreckt und unter meiner Bettdecke daliege, das Fenster halb auf das reglose und blasse Land geöffnet oder auf die dunkle Masse der Wolken zwischen beweglichen schwarzen Blättern, vor allem nachts, wenn ich an ihn denke, zeigen sich die Bilder mit der größten Intensität. Natürlich sind nun die von der Arbeit zu Pulver zermalmten Zerstreuungen des Tages beendet, aber ich frage mich, ob er nicht durch jenen Spalt der Zeit kommt, durch den auch die Toten gehen, die soeben das Seil losgelassen haben, und die Kinder, die geboren werden. Jedes Mal erfahre ich ein bisschen mehr. Vor ihm der Weg, ständig unterbrochen von Schwierigkeiten und Hindernissen ... Kaum Unbekanntes jedoch, er bemüht sich eher, die Landschaften wiederzuerkennen. Ich könnte sagen, er gleitet am Wasser entlang, würde sein Weg nicht vom Pflanzenwuchs behindert und unablässig nach rechts oder nach links geleitet, dazu immer die Suche nach dem Fluss, das Vermeiden von Begegnungen. Hin und wieder legt er sich für eine kurze Rast flach auf den Boden, seine Tasche dicht bei sich, den Bogen vom Oberkörper bis zu den Beinen auf sich gelegt, die Zittergräser dicht über sich – Gräser, deren beige-rosafarbene Samen eine so leichte Ähre bilden, dass man meinen möchte, winzige Tautröpfchen hingen in einem Spinngewebe – vor dem Himmel wehen sie beim geringsten Windhauch an seine Augen, und wenn er einen von den zum Nisten gebliebenen Raben vorbeiziehen sieht, beneidet er ihn: So viel leichter wäre es, einfach zur Bleibe seiner Familie fliegen zu können, statt die Erde zu streifen, sich an den Nadeln zu verfangen, nur weil er sich weigert, die kleinen Wege, die er sieht, einzuschlagen, Spuren von

Gewohnheiten, von denen er schnellstens Abstand nehmen muss! Ich hätte mir gerne ausgemalt, ob er wieder ein paar gebrochene Worte mit dem Mann wechseln würde, der am Ufer der Loire seine Klingen poliert und retuschiert, konnte aber nichts in Erfahrung bringen. Ob sie sich wenigstens begrüßt haben, der andere immer noch bei seinem Handwerk? Oder war er, feine Schuppen blonden Feuersteins ringsum, inzwischen verwaist, jener Schleifstein mit seinen gut sichtbaren geraden Kerben und seiner sanften Mulde, in der das Schlanke, Flache verfeinert wird, geziert vom Vogelschiss einer Bachstelze mit ihrem ständig wippenden Schwanz? Er überquert den nun weniger ausladenden Strom, gräbt am Fuß der drei Bäume die flachen Steine aus, in die vielleicht ein Kreis, ein Kreuz, ein Dreieck geritzt sind ... ein Zeichen jedenfalls, das nicht natürlich ist, von dem er mit Sicherheit weiß, dass er selbst es gewollt hat. Seine makellose Wiederholung eröffnet ihm den Weg.

Die Kombination der Pflanzen, eine Bodenunebenheit, die einprägsame Form eines Baums bedeuten ihm, dass er sich dem Hügel nähert, wo seine Eltern ihn erwarten oder auch nicht, ja nicht einmal wissen, was aus ihm geworden ist. Gewittriger Himmel zur einen Seite der Sonne, zur anderen Schwärze, vor der die Baumwipfel verblassen, in der Hitze *wüh, üh, wüh, üh*, das Ülen eines Wiedehopfs, das sich entfernt, während er weitergeht. Ich weiß nicht, welche Tageszeit gerade ist, doch er verspürt Müdigkeit, wahrscheinlich wegen der Eile, mit der er zu den Seinen läuft. Ihm schaudert bei der Vorstellung an die Fragen, auf die er wird antworten müssen, Spiel, Freude und Stolz natürlich, aber er möchte schlafen. Unten an der bewaldeten Anhöhe bleibt er stehen, bevor er die Steigung in Angriff nimmt – der Weg macht eine Biegung, da die Behausungen in der Mittagssonne liegen, während er wie die kalten Winde kommt –, und um Überraschung oder gar Schreck zu vermeiden, pfeift er lange nach den Hunden, auf seine Art, die sie erkennen. Mit aufgestellten, ausgerichteten Ohren stürmen alle drei los; bevor man sie hat beruhigen oder zurückhalten können, preschen sie schon heran. Seine Mutter hat gesehen und gehört, »Gohr!« sagt sie. Ich habe überlegt, weshalb er diesen Namen trägt, wohl eine ursprüngliche Verbindung zum Auerochsen. Als er geboren wurde, hatte seine Mutter, wahrscheinlich wegen eines Fiebers, keine Milch, nicht eine Frau der kleinen Gemeinschaft war damals angeschwollen und imstande, einen Säugling an ihre Brust zu nehmen. Als er ihn vor Hunger schreien sah, gelang es seinem Vater zusammen mit den anderen Männerarmen, ein Auerochsenweibchen in eine Grube zu stoßen. Die Hörner des Tiers wurden an einem langen Knüttel befestigt, die Hinterbeine zusammengebunden. Während ihm zwei kräftige Männer mit zugespitzten Pfählen in die Flanken stachen, um es am heftigen Hin- und Herstoßen zu hindern, rutschte der Vater des Kindes in die Grube und begann, am Euter zu ziehen. Mehrere Versuche waren nötig – sehr handfestes Tasten –, um zu lernen, wie man die Zitzen des unruhigen Wildtieres drücken musste. Ich erinnerte mich, dass wir früher, als die Tiere noch Namen und keine Nummern trugen, eine Kuh hatten, eine ziemlich dunkle Normanne, die »La Gaure« hieß. Ohne bis zur Wurzel des Wortes vordringen zu können, fand ich immerhin, dass *gauranis* auf Latein die goldbraune Farbe eines Pferdes oder Hirschs meint. War dies früher vielleicht der Name oder Beiname für den Auerochsen wegen seines zottigen Stierrückens, so wie wir den Hasen wegen seines teils den Rücken bedeckenden braunen Mäntelchens *Kapuziner* nannten? Ein von mir befragter Linguist meint, dass unsere Kuh über *Kuo* auf das indogermanische *gous* zurückgeht (ich übersetze hier die phonetische Schreibweise der Wissenschaft annäherungsweise in geläufige Buchstaben). Das harte anlautende *g* ginge demnach darauf zurück. Eher noch als sein goldbrauner Schopf hatte so wohl die Auerochsenmilch dem Kind schon früh seinen Namen geben. Doch ich plaudere einfach, dabei ist der Weg nicht mehr lang. Alle, enge oder entfernte Familie, Freunde, die zumindest, die nicht zum Jagen, Angeln, Sammeln aufgebrochen sind oder zum Tauschen in Richtung der hoch stehenden Sonne, für uns der Süden, alle drängen sich oben am Weg, hören die umhertollenden Hunde, die winseln und die Blätter mit ihrem Schwanz peitschen, kein Unbekannter also, der dort auftaucht, aber man erkennt ihn kaum, so abgemagert ist er, mit einem schlecht gestutzten Bart, gefolgt von einem Hosenrest, dessen schmutziges Leder ganz zerfetzt ist. Die sattsam ausgebesserten Sandalen halten noch an seinen Füßen, über seinem Rücken die Tasche, der Bogen. Er sieht das Erstaunen in den Augen, die ihn begrüßen, versteht nicht alles, meinte man denn, ihn nie wiederzusehen? Er staunt nun seinerseits. Ich stelle die Szene mühelos nach, höre aber keine Schreie. Stumm war sie sicher nicht, Münder öffneten sich, Arme reckten sich empor, und nachdem er sich Vater und Mutter überlassen hatte, wollten auch die anderen ihn anfassen, die Männer an den Schultern, die Mädchen an der Brust, wo das Herz pocht, die Kinder hängten sich an seine Finger. Und sein Haar voller Äste! Der Bart, an dem man vorsichtig lachend zupfte! Schimmern in den Augen seiner Mutter Tränen? Wie an ihrer Rührung zweifeln? Ihr Blickwechsel über die Gesten und Stimmen der Verwandten und Verbündeten hinweg bezeugt, dass er für einen Augenblick den Kopf in ihre Arme legen möchte. Verschiedentlich träumte ich, ich träfe meine Mutter wieder, aufgestiegen aus einem Totenreich, zurück von einer Reise, über die ich nichts gewusst hatte. Keine Worte für diese Rückkehr, die ich oft als vorübergehend empfand, der eindringliche Augenblick blieb stumm. Auch für ihn ahne ich ungefähr, was sich ereignet haben muss, ohne die Laute wahrzunehmen – tief vergraben in der Zeit.

Am Hals, am Schwanz, langes wallendes Fell, unter jedem Fuß ein runder Hornklotz ... ein ungewisses Gerücht galoppierte noch durch die Berichte von angeblich legendären Jagden ... Nein, er hatte keine Pferde gesehen. Hatte weder mit dem Menschen noch mit dem Bären gekämpft, wie sein Vater und die Brüder es sich vorstellten. Seine Mutter jedoch bemerkt das Fehlen des Amuletts, das sie ihm gegeben hatte – die Schnur ist gerissen, er hat es in seine Tasche gesteckt –, Rabenschädel für die Klugheit, oder zwei Waldkauzkrallen, von jedem Fuß eine, um bei Nacht stärker zu sein, oder jenes kleine Knochenstück, gleichsam das Emblem der Gruppe, ihr Erkennungszeichen, obwohl sie recht klein, fast familiär war ... doch da, wo er hingegangen war, konnte ihn niemand erkennen, durfte ihn möglichst niemand sehen. Er versucht, es glaubhaft werden zu lassen: die Breite des überquerten Stroms, das Ende des Kontinents, wo die Erde ins Wasser taucht, sich mit ihm vermischt im Flimmern all der glitzernden Punkte, die sich bewegen erlöschen und wieder aufschimmern, vom Wogen des heißen Wassers über das Schillern auf Gischt und Perlmutt bis hin zu den winzigen Glimmerkörnchen. Die Frauen wollen immer wieder hören, dass über der Kleidung der drei Frauen so viele leichte Gegenstände hingen, die hüpften und rasselten wie Ginstersamen in ihren trockenen Hüllen. Wahrscheinlich, ohne vor der Familie die Frage zu wagen, träumt sein Bruder ein wenig, nach der Beschreibung des Mädchens, das sich umgedreht hatte, möchte in Augen lesen, denen er selbst nicht begegnet ist. Alle wissen genau, dass ein Mann nach einer schweren Prüfung nur durch genügend Schlaf wieder zu Kräften kommt, zwei Tage und zwei Nächte hintereinander, eingerolltes Tier in seinem Bau. Kein Geschrei der Kinder neben der Hütte, die seine Brüder ihm überlassen haben, man bedeutet ihnen, anderswo zu spielen. Dann der Moment, in dem er seiner Mutter für das gebratene Fleisch dankt, Hirsch, den er lange nicht gegessen hat, er schlingt gierig. Der Moment auch, in dem er aus dem Augenwinkel, anscheinend ohne hinzusehen, beobachtet, wie Swa in Richtung des Waldes fortgeht, der den Weiler und die sich am sanften Abhang drängenden Stammeshütten säumt. Sie entfernt sich und wartet, schaut und geht weiter. Als sie verschwindet, macht er seinerseits ein paar Schritte in ihre Richtung, merkt aber, sobald er im Wald ist – hatte es sich schon gedacht –, dass die Kinder ihm folgen; er geht zurück, verspricht ihnen etwas, ein Wettrennen, Geschichten, damit sie ihn in Ruhe lassen. Swa mit dem dicht geflochtenen blonden Haar, die er bei der Jagd oder bei anderen Spielen oft bevorzugte, geht, es wundert ihn nicht, auf das einzige Dickicht im Wald zu, in dem sie sich letzten Sommer manchmal zur Mittagschlafzeit oder gar nachts trafen. Er läuft ein bisschen und fasst die hellbrüstige Swa, die unvermittelt faucht, bei der Taille, als sie in die schichtweise mit alten Blättern ausgelegte geheime Kammer tritt. Nach langer schwerer Einsamkeit beglücken ihn die Körper der Frauen, die vertrauten Stimmen, die Gerüche im Weiler, die verschiedenen Feuerstellen, die Geschäftigkeit, die je nach Verrichtung die Gemeinschaft verstreut oder versammelt, und der erquickliche Schlaf auf einem Bett aus Fell, wenn der Atem eines jeden Schläfers von den Ohren der anderen und den lauschenden Hunden beschützt wird. Das Gewitter mag grollen, der Wind an den Bäumen rütteln, die Wölfe können heulen wie sie wollen, er schläft, und beim Erwachen der beruhigende Duft von Rauch, von Gebratenem, er geht zur Feuerstelle seiner Mutter, beißt in das Fleisch, das sie zubereitet hat. Fünf Jahre Krieg, obgleich so weit weg und bei uns kaum zu hören, hatten bei mir einen mit Sparsamkeit gepaarten Erfindungsreichtum ausgebildet. Auch die relative Autarkie der Bauernhöfe prägte mich später. Doch in der Erde, im Ruß und Stroh fand ich Gefallen an einem Leben, das man als einfach, ja wesentlich bezeichnen könnte. Holz vorbereiten und

Feuer machen, Gemüse säen und ernten, Wild töten oder fangen, Fischen mit der bloßen Hand oder mit der Reuse, Haustiere halten, die nichts kosteten (ich las Ähren für die Hühner auf, zupfte im Garten Gänsedisteln und Löwenzahn für die Kaninchen). Wenn meine Mutter die Wolle unserer Schafe spann, versuchten wir, die Haut der Männchen, die getötet werden mussten, zu gerben, mein Vater hatte Alaun aufgetrieben, und auch wenn das feuchte Klima das Unternehmen vereitelte, gefiel mir doch das Prinzip. Unsere Kerzen, die gelegentlich aus dem danebengetropften Wachs um einen Faden neu geformt wurden, und unsere Petrollampen, deren Docht in eine seltene Flüssigkeit tauchte, ähnelten den Lampen der Anfangszeit, deren Moos tierisches Fett aufsaugte. So groß meine Freude auch war, nach Kriegsende meine erste batteriebetriebene Taschenlampe zu bekommen, so sehr gefiel es mir später, niemals ein Licht mitzunehmen, selbst bei stockfinsterer Nacht nicht. Dieser Weiler, in dem sie ihren Löffel mit dem Messer schnitzen, ist der, in dem ich in Gohrs Alter hätte leben wollen, wobei ich seine Existenz erst viel später entdeckt habe. Damals verstand ich nicht, aus welcher Quelle das Verlangen sprudelte, jenen Nomaden zu folgen, nur, dass dieser scheinbar rückwärtsgewandte Weg eine Zukunft war.

Er hatte seinen Eltern, Brüdern und Gefährten gesagt, dass er sie nicht aus Neugier verließ oder um zu jagen oder farbige Steine zu suchen, sondern in der Absicht, sich niederzulassen. Jetzt, wo er die Strecke in beide Richtungen gelaufen ist, scheinen ihm Hier – wo ich schreibe – und Dort nicht mehr weit entfernt. Selbst seine Mutter weiß, er wird wieder gehen. Seit der Kindheit, wahrscheinlich der Erzählungen wegen, die zwischen Feuer und Felldecke rauchgetrübte, aber riesige, begehbare Räume eröffneten, über denen sich die Augen schlossen, drängte es ihn, mit seinem Körper diese ungewissen Gefilde zu erkunden; ich bin indes auch überzeugt, dass ihn die Macht anstachelt, die über die Familie und vielleicht den ganzen Weiler herrscht. Nicht immer einverstanden mit der Autorität des Vaters, wendet er sich gegen den älteren Bruder, der zu sehr wie der Vater befehlen zu wollen scheint. Es ist nicht so, dass jener, Nep, der Stärkste wäre, doch schon dominiert er mit seinen Meinungen und Unternehmungen, um bald anerkannt zu werden, nutzt die Tatsache, dass man selbst außerhalb seiner Blutlinie dem Vater folgt. Vermutlich gibt es im Weiler ein dichtes Gewebe aus Groll und Freundschaft, von dem ich nichts weiß, aber ich denke mir ihre Gemeinschaft eher still murmelnd als laut tönend. Auch ihre Musik ist leise und gedämpft: kleine Trommel aus dickem Leder, drei Löcher in einem ausgehöhlten Knochen, vor allem aber die Tiefe der Kehlen, mit geschlossenen Mündern. Sicherlich keine Melodie, aber ein Rhythmus, das Zeichen der Menschen, ein langer und langsamer Rhythmus, bei Weitem nicht so schnell wie das Hämmern des Buntspechts auf einem trockenen Baumstamm, dafür aber stetig, während der Vogel horchend innehält. Zwei Hände klopfen auf das über die kleine Holzvertiefung gespannte Leder, die Knochenpfeife mit mehreren Noten ergibt gelegentlich größere Intervalle, weiter anhaltend das gurrende Schwingen der Kehlen. Nicht nötig, die Wälder mit lautem Rufen zu füllen, es reicht das Gefühl des Zusammenseins, und es ergibt sich von alleine, sobald die Musik begonnen hat, aus dem Verlangen, sie zu tragen, zu bewahren und fortwährend zu lassen. Schließlich fällt die Pfeife weg, die Trommel bleibt, aber kaum noch zu hören, nur leicht gestreift, nacheinander verstummen die Kehlen. Das Feuer ganz tief in seinem Nest aus Asche, der Augenblick an der Schwelle zum Schlaf. Das Knarren des Baumfällens ist nur in einer gewissen Entfernung zu vernehmen, denn im Umkreis des Weilers werden die Bäume verehrt, sind Beschützer. Sobald die

Klingen mit einem kräftigen Stoß aus dem Feuersteinkern geschlagen sind, erfolgen an ihren Rändern lautlose Retuschen unter dem Druck eines Werkzeugs aus Hartholz, Stechpalme oder Dornbusch. Da die vereinzelten kurzen Worte auf der Höhe von Mund und Ohren, von Spänen oder Abrieb bleiben, hört man, wenn die Raben über die Hütten fliegen, was sie sagen. Leises stetiges Grollen des Mahlsteins, leichtes, innehaltendes und neu einsetzendes Schaben, Feuersteinschneide auf Knochen oder Holz. Zwischen den Hütten schmale ausgetretene Pfade, auch das Hin und Her der Düfte, Gerüche trocknender Tierhäute, Gerüche von Frauen, von verkohltem Holz, gebratenem Fleisch, von regengetränkter Erde, von den Schlaflagern in den Hütten, Geruch von entrindetem, geflochtenem Holz, das trocknet, wie Korb oder Reuse, von Fellen, in denen sich der Schweiß des Schläfers mit dem des abgebalgten Tiers mischt. Die Farne, die wir schnitten, um im Winter den Vorrat an Futterrüben zu verstecken (sie füllten ein unter dem Humus in den Sand gegrabenes Loch), die mit Pferdeschweiß vollgesogenen Lederteile, wenn das Gespann nach der Arbeit vom Zaumzeug befreit wurde, der herbe, fast schimmlige Geruch im Keller, wo der Most gärte, der Mist jeder einzelnen Tierart, den die Nase leicht unterschied, die Geruchsschwaden von kalter Asche und Kochkartoffeln in der Scheune, in der die *Schweinskartoffeln* garten ... ich lebte umgeben von ähnlichen Düften, wie er sie in seinem Geburtsdorf aufsaugt. Mein Gewerk ist nicht das des Schriftstellers, der eine Figur oder mehrere zu Papier bringt, sie schickt, wohin er will, und sie sprechen lässt, um der Handlung dienliche Gefühle auszudrücken, auch wenn er so tut, als existierten sie vermeintlich woanders, nach dem Roman, obwohl sie seinn Ausgang nicht hinauszögern können. Ich verstehe nicht genau, was diesen jungen Mann mit mir verbindet, sein Leben mit meinem. Das Schreiben wird zum Auseinanderziehen der Zweige, um zu schauen: träumend, fragend, suchend, in Vorstellungen oder sich aufdrängenden Bildern; mitten zwischen die Hindernisse, die Streichungen einen Satz schieben, der sich einen Weg bahnt wie ein Hund bei der Jagd und in Bruchstücken, präzises Detail oder offene, aber unklare Perspektive, ein Dasein offenbart, dessen Beleuchtung, oder vielmehr dessen ans Licht geholte Fragmente, mir vielleicht erschließen werden, was mich an ihn fesselt.

Stoß in den Nacken. Ein Gewicht, das den Nacken verletzt, ihm auf den Kopf und, weil er sich duckt, auf den Rücken fällt, rings um seinen Kopf unten dann Glieder, die herabhängen, durch die Luft fuchteln und ihn bei den Hüften fassen, als er stürzt. Mit den Armen versucht er seinen Körper zu befreien, stemmt sich vergebens mit der Schulter ab, windet sich am Boden, bietet das Gesicht den Krallen dar, die seine Hirschweste zerreißen, die Haut darunter brennt, lange Haare baumeln, flattern, hüllen ihn ein, verdecken den Himmel, er packt die Glieder, die auf ihn niedergehen, und wälzt sich wieder auf dem Boden, Haare und Krallen peitschen gleichzeitig seine Wangen, er packt beide Arme an den Handgelenken, drückt sie nach unten, lacht plötzlich, Spucke trifft ihn ins Auge wie blind machendes Gift, beim Wegwischen – seine Hand fängt auch Blut auf – wird er abermals umgedreht, bedeckt von blondem Haar, voller Stöckchen und trockenem Gras, Augen vor Augen über beider heiserem Atem, die Klammer der rittlings auf ihm sitzenden Schenkel lockert sich ein wenig, helle Brüste heben sich vor seinem Blick, in dem gerade noch der Hauch eines Lachens schwebt: Da überschwemmt seinen ganzen Unterleib ein Strahl warmer Pisse, dem er zwischen den Beinen, aus denen der Duftstoff schießt, auch windend nicht entkommt. Er stützt sich auf den Boden, um aufzustehen, und sieht die kleinen Schnecken, die er, abwechselnd hell- und dunkelgelb, durchbohrt, aufgefädelt und dann als Kette verschenkt hatte, neben seinen Händen rings um den Kampfplatz verstreut, unter dem Baum, von dem die rabiate Katze ihm direkt auf die Schultern sprang. Wenn ein Junge einem Mädchen eine Pfeilspitze schenkt, kann es diese einem anderen Jäger anvertrauen: Das mit jener Spitze erlegte Wild ist dann für sie. Ein Nahrungsgeschenk also, doch daran fehlt es nicht, entscheidender ist das Band zwischen dem Mädchen oder der Frau und demjenigen, der den Pfeil schenkt oder ihn für sie benutzt und anschließend zurückgibt. Ein Band, das so beschaffen ist, dass ein sehr junges Mädchen noch nichts mit dem Blut, das die kleine behauene und verletzende Klinge vergießt, zu tun haben darf; erst wenn oder nachdem es selbst von einem Jungen genommen wurde. Manchmal schießt das Mädchen oder die Frau, so sie mit dem Bogen umzugehen versteht, eigenhändig die mit den Spitzen geschenkten Pfeile ab. Unter den blonden Mädchen, mit denen die Jungen in einer schubsenden, spaßenden, wetteifernden, doch nicht minder entschlossenen Gruppe zur Jagd laufen, sind gleich einige dazu imstande, allen voran wohl Swa; und die schönsten Pfeile, die sie geschickt genug abschießt, um sie später aus dem Blut des sterbenden Tiers zu lösen, wurden von Gohr geschärft. Am Ende des gespaltenen Schafts werden die Spitzen mit einer Sehnenschnur in den Einkerbungen befestigt und mit Birkenpech verkleistert. Solange diese Vorrichtung hält und solange die feine Klinge nicht in der Rinde oder im Splint festsitzt, lässt man ihr den Schaft, Raubvogelbefiederung, die sie zum Pfeil macht. Das Schaftholz ist gerade und robust, Kornelkirsche zum Beispiel, oder eine Viburnum-Art mit gewölbten Blütenständen, die den Blüten einen Platz im Licht sichern; dieser Strauch – seine Schösslinge, so erinnere ich mich, wachsen fest und aufrecht – zierte in meiner Jugend oft unsere Höfe, er hieß »Wolliger Schneeball«. Ich glaube nicht, dass Gohr Müa je eine Spitze schenkte. Womöglich auch kein anderer Junge des Stammes, obwohl es unsinnig ist, das Geflecht des Schenkens oder Tauschens aus jenen durchscheinenden Plättchen herauslesen zu wollen, aus den spitz zulaufenden oder aus denen mit einer geraden Schneide, die Ränder ganz eingekerbt von den winzigen Retuschen, die sie durchdringend machen. So jung ist sie, Müa. Doch vor allem, das weiß man, kehrt sie der Jagd den Rücken, hat nie danach verlangt, wie die Kinder, die davon träumen und früh schon betteln, mit auf die Jagd gehen zu dürfen; selbst ihr Gesicht ist schon lange den Pflanzen zugewandt, war es schon als Kind (lange ist übertrieben, da sie vermutlich nicht älter als fünfzehn ist). So war auch Gohrs Eindruck: Hatte sie nicht noch, wenn auch meist eher für sich, mit den anderen Kindern Reigen oder Schlange gespielt, als er weggegangen war? Sie verbrachte außerdem viel Zeit neben dem Grab ihrer Mutter, die sie erst vor wenigen Monaten verloren hatte. Die Mutter eingetauscht – aber wogegen? – oder geschenkt – für welchen Gefallen? – in einer Gegend, in der Gohrs Vater der hoch stehenden Sonne entgegenging, wieder zurückkehrte und diese Frau mitbrachte, in deren Schatten sich ein kleines Mädchen schmiegte. Zweite Frau? Dienerin? Genaueres ist nicht zu erfahren, jedenfalls steht Müa seit diesem Tag der Familie nahe und hat sich allmählich unter die Kinder gemischt. Ist eine solche Veränderung in nur wenigen Monden möglich, Müa vom Kind zum Mädchen geworden? Seinen Körper von Swa und den anderen Jägerinnen angezogen, den Kopf mit dem bevorstehenden Aufbruch beschäftigt, hatte Gohr nicht bemerkt, dass Müa im Weiler schon am Rande des lärmenden Kreises der Jugendlichen stand. Und nun spürte er in der wiedergefundenen Anwesenheit der Eltern oder Freunde, die seinem in Bruchstücken und einzelnen Episoden überlieferten Bericht lauschten, den er nach Belieben wiederholte, einen Blick, Müas Blick, hatte sich gewundert – ein so junges Mädchen! – und wundert sich noch immer … Doch ihre Blicke kreuzen sich nun bei jeder

Gelegenheit, über die Gesten der nächsten Körper, den Klang sich überschneidender Stimmen oder die auflodernden Flammen des Feuers hinweg. Ohne viel miteinander zu sprechen, scheinen sie sich innig zu verstehen. Müas Augen sind groß, Swa hat sie gesehen.

Dass er gegangen war, hatte man gemerkt, aber dass er einen Strom überquert hatte, ein Gewässer, breiter und reißender als der benachbarte Fluss, in dem sie alle baden, und dass er danach weit genug gelaufen war, um den Rand des Weltenendes zu erreichen ... das bezweifeln einige Männer im Weiler. Wahrscheinlich die alten, die sich selbst nicht aufgemacht haben und sich deshalb über die Aufschneidereien der Jugend ärgern. Und wieder wird es so oder ähnlich kommen: Böse Geister werden bestreiten, dass ich entdecken konnte, was mit Gohr oder in seiner Umgebung geschieht. Dabei, das ist leicht zu sehen, erhebe ich gar nicht den Anspruch, dem Jungen auf Schritt und Tritt zu folgen. Natürlich, mich fasziniert die Dichte der Augenblicke, die seine Lebensspanne bildeten und dann zu einer unterschiedslosen Stummheit verschmolzen, aber während ich der Erde, über die wir nacheinander gelaufen sind, erinnerte Momente und Bilder entreißen kann, muss ich umgekehrt die Ungenauigkeit der Daten und selbst der Dauer gestehen. Vor allem muss ich mich selbst zurücknehmen, Schweigen und Dunkel zulassen, wenn mein Nachforschen keine einprägsame Geste zutage fördert, was wiederum nicht bedeutet, dass sich in genau dieser Stunde von Gohrs Leben nichts ereignet. Die Landschaft selbst, sichtbar dank der seither unveränderten Topografie der Orte oder auch dank der Erkenntnisse der Palynologen, die Landschaft, die bleiben müsste, wenn der junge Mann aus dem von mir gewählten Rahmen tritt, jene Landschaft, die ich später meine Landschaft nannte ... droht bisweilen zu verblassen. Tatsächlich zeige ich sie als einen langen Hügel zwischen drei sehr flachen, gewundenen Tälern, da ich von August an bis in den Winter ihr Bodenrelief deutlich sehe, abgeweidetes Gras, geerntetes Getreide und bereits so viele gefällte Bäume; er jedoch nimmt durch den undurchdringlichen Pflanzenwuchs, den ich mir auf jenem jungfräulichen Gelände denke, wohl keine so klare Linienführung wahr. Den Ort, an dem Gohr wieder zu seiner Familie stößt, betrete ich kaum, versuche nur, ihn darzustellen: Er entsteht und löst sich wieder auf, es gelingt mir nicht, ihn festzuhalten. Sicher hat sich das Gelände unter den Witterungseinflüssen und der Erosion der Jahrhunderte später mehrfach verändert, es sei denn, der felsige Boden konnte nicht ausgerodet und in Felder geteilt werden. Auf einem Abhang robuste, größere wie kleinere strohgedeckte Hütten, zwischen ihnen ein Geflecht aus schmalen Pfaden. Dort beginnen seine Vorbereitungen. Da er wieder aufbrechen muss, kann er auf diese Vorbereitungen nicht verzichten, ihre erwiesene Notwendigkeit befreit mich vom Ausdenken und dient mir als Garantie. Dennoch die Frage, auf die ich keine Antwort weiß: Will er noch im Sommer seiner Rückkehr wieder reisen oder erst im darauffolgenden? Aus einer solchen zeitlichen Entfernung ist Dauer kaum wahrnehmbar. (Ich erinnere mich an die überraschenden Wagenspuren, die zwischen den Ruinen einer Römerstadt unter einer Tordurchfahrt von den Rädern in den Steinplatten hinterlassen worden waren. Die Wagen waren seit Geburt und Tod der kleinen Stadt, den Jahren 40 und 280 unserer Zeit ungefähr, nicht mehr gefahren: Dennoch spürte ich immer noch die lange Gewohnheit ihrer Durchfahrt mit meinen Fingerkuppen, mit denen ich die weiche Wagenspur und den rauen Sand betastete). Ich bin also sicher, dass Gohr seinen zweiten Aufbruch plant und die Vorbereitungen zu seiner Expedition … es war interessant, an Winterabenden, von einem Kinderbett aus ihrem Fortgang zuzusehen, so ließ sich der bevorstehende Abschied in behaglicher Wärme vorwegnehmen, da ich aber nicht weiß, in welcher Lage sich diejenigen befinden, denen diese Geschichte zum ersten Mal erzählt wird, übergehe ich hier die Liste der Dinge, an die er denkt (ohne sich im Übrigen etwas auf Leder, Rinde, weiche gewalkte Erde zu notieren, denn niemand in seiner Umgebung denkt an Schrift), nur preisgeben will ich, dass er einen Mahlstein braucht, denn dort drüben – also hier – hat er keinen aushöhlbaren Stein gesehen. Sicher ist ihm ein nicht allzu großes Format lieber, Steinschale mit kugelförmigem Reibstein und ein leichter, also vulkanischer Stein, da dieses Material inzwischen den Weiler erreicht hatte. Er überlegt, wer ihm wohl den Mahlstein oder einen Stein zum Aushöhlen gegen einen Gegenstand oder irgendeinen mir unbekannten Gefallen eintauschen könnte. Und dann muss er ein Seil anfertigen. Man sieht, wie er drei dünne und feste Lederstreifen flicht, die er in der Familie oder bei Freunden findet, sich sonst auch selbst beschafft. Jeweils einen Streifen zu den beiden anderen, die weiterlaufen, Auerochse, Hirsch, Wildschwein bunt durcheinander, solange das Geflecht nur straff genug ist. Er arbeitet tagelang weiter, wird gefragt: warum so lang, und antwortet: die Breite des Stroms. Die Zweifler trollen sich nachdenklich fort, ermessen das Wasser, das sie nicht mit eigenen Augen gesehen haben, in Tagen des Flechtens, fast ein Beweis.

Alte Wildschweine, große Hirsche, nicht ihr Fleisch ist beliebt, sondern das Leder. Der Hirsch spendet auch sein Geweih, so nützlich um Beile zu bestielen, um Hacken und anderes Werkzeug zu behauen. Wenn das Schlachten eines großen Kopfes beschlossen wird, ist das Sache der Männer, dabei wissen alle, dass manche Frauen sehr geschickt mit dem Bogen umgehen und den weniger kraftvollen Schuss durch eine geschmeidigere Annäherung wettmachen, vorausgesetzt, sie sind von ihrem Blut gewaschen, welches das Tier sofort wittern würde. Swa würde gerne ein tapferer Jäger werden, obgleich sie jung und schön ist, während die berühmten Schützinnen, von denen man immer noch spricht, unansehnlich waren, schwerfällig, muskulös und hässlich anzusehen. Ihr blondes Haar ist mit hölzernen Nadeln am Kopf festgesteckt, damit sich keine Zweige darin verfangen; groß, und so gekleidet, dass sie ungehindert laufen kann, animiert sie die anderen Mädchen und fordert die Männer heraus. Gohr, der sie seit ihrer gemeinsamen Kindheit kennt, hält sie für so reizbar, dass er Müa überredet hat, bei ihm zu bleiben, denn er fürchtet Gefahr für die Jüngere. Sie folgt ihm, und obwohl sich auch andere Mädchen und Jungen in Gohrs Umgebung aufhalten, merken es nicht nur Swa und ihre Gefährtinnen … So verschwiegen, was sich zart zwischen Gohr und Müa mitteilt, dass ich gar nichts höre. Im Übrigen vermögen Worte wenig in Anbetracht des Feuers, das die junge Braunhaarige in ihrer Reglosigkeit bezeigt und das der Mann, zunächst belustigt, mit zunehmender Ernsthaftigkeit empfindet. Jenes Einvernehmen, das sie entdecken, schmiedet sie stillschweigend aneinander. Wenn ich schreibe, dass sie wenig sprachen, dann, ohne eine genaue Vorstellung davon zu haben, was sich in diesem Dorf über Wörter vermittelt, wenn es um technische Absprachen für vierarmige Arbeiten geht oder um Paare, die sich bilden und womöglich dauern … Dennoch meine ich zu verstehen, dass sich nach der ersten Überraschung beide von der Gegenwart des anderen beseelt fühlen, ohne dass Wörter etwas hinzuzufügen vermöchten, zumal sie fast immer von der Familie oder den Kindern umringt werden, die Gohr bewundernd folgen. Und noch etwas wird offenbar: Müa, die nach ihrer Ankunft im Weiler die gesprochene Sprache erlernte, als sie bereits die Grundzüge einer anderen Sprache beherrschte (von der sie ein paar Ausdrücke heimlich mit ihrer Mutter teilte), kennt für das nun aufkeimende Unerforschte womöglich weder die Feinheiten – wenn es solche gibt – noch den entsprechenden Wortschatz. Ich werde später auf Gohrs Sprechen zurückkommen, auf die Fragen, die er stellt, aber was das junge Mädchen angeht, scheint mir normal, dass sie mit leichtem Akzent spricht, da ihre Kehle in frühester Kindheit andere Laute umschlossen hatte, die Kinder lachen darüber, der junge Mann entdeckt darin unvermittelt einen Reiz, denn er achtet jetzt auf das, was sie sagt, leise und schnell, oft nur spärlich. Manchmal sagt sie noch Sätze in der anderen Sprache, von denen er nichts versteht. Ihren Namen, Müa, sollte ich vielleicht Müha schreiben, denn auf den Umlaut *ü* folgt ein Hauch, der Mund öffnet sich, um ihn ausströmen zu lassen, er dringt nicht aus dem Hals, aber dennoch hinten aus der Mundhöhle, und dieser Hauch führt so etwas wie ein *a* mit sich. Müha, nicht so groß wie Swa, die Haut leicht gebräunt, braunes Haar, dunkel auch die Augen. Ihr Geruch hat noch etwas von wohlriechendem Kinderschweiß im Nacken. Gohr weiß nicht mehr, ob er ihn früher wahrgenommen hat, er, ein mit Stöcken bewaffneter Junge, sie ein leicht bekleidetes Mädchen, jetzt, wo er ihn aufsaugt und einatmet, sobald sie in Witterungsweite vorübergeht, gefällt ihm der Geruch, lässt er sich von den ineinander verwobenen Schattierungen fesseln. Ist es so üblich im Land ihrer Geburt oder ist es eine in der Nähe zur Mutter bewahrte Gewohnheit? Müha pflegt ausgiebig ihren Körper und schneidet ihr Haar, das sie je nach Gelegenheit offen trägt oder zusammenbindet, manchmal straff zieht und oben auf dem Kopf mit einem abgebrochenen, seine ganze Spannkraft bewahrenden Geißblattstängel hochsteckt. Sie hält nun den Wasserspiegel, der ihrer Mutter diente, ein Schälchen aus dickem altem Leder, das mit Kieselschlägen auf dem Boden ausgehöhlt wurde; man füllt etwas Wasser hinein, und der dunkle Grund sorgt für die erforderliche Spiegelung. In den Pfützen ist das Selbstbild nur zufällig, der eigens angefertigte, aufbewahrte Spiegel bekräftigt hingegen die Absicht, sich zu sehen. Schon Eitelkeit? Wahrscheinlich auch das Bedürfnis, das Geheimnis zu ergründen, seine Individualität, zu wissen, was die anderen sehen. Die Mädchen machen sich erst gemeinsam lustig, dann kommt jedes einzeln zurück, fragt, ob es sich selbst über den Spiegel beugen dürfe. Müa fragen sie nach den Gräsern, dem Mond. Wenn sich das junge Mädchen scheu bei Gohr erkundigt: dort drüben, welche Pflanzen? sagt er, was er gesehen hat, kennt sie jedoch nicht alle. Die, die auf der Suche nach neuen Kontinenten das Meer bereisten, nahmen einen Botanisten mit. Gohr sagt, er wolle Müa, damit sie die Pflanzen erkläre. Sein Vater lässt sie ihm.

Fingerhüte Mitte Juni, dann Holunder, ihre fast weißen Dolden, schließlich die haarigen Glockenblumen ... Doch nicht nur Blätter, Wurzeln, die sich gegenseitig bekämpfen, und mit Rinde bekleidete Hütten, zwischen den Bewohnern, die ich nur undeutlich sehe – alle laufen gebeugt, gehen vorüber, verschwinden –, erhebt sich das Blühen. Die Farben klettern bis in Hüfthöhe, sie ziehen die Pflanzen beiseite, umrunden die Sträucher. Ich kenne nur den sanften Abhang, der über zittrige Wege von einer Hütte zur anderen zum Auf- und Absteigen nötigt, sie aber alle mit der Mittagssonne versorgt, gerade im Winter ein großer Vorteil. Hilft Gohr seiner Familie, diese Hütten vor den Bären zu sichern, hilft er beim Auslegen der Schlafstellen mit trockenem Farn? Möglich, dass er das Ende des Sommers, den Herbst, einen Winter und das regnerische Frühjahr noch bei den Seinen verbringt ... Vergeblich bemühe ich mich, im Geiste die Dauer einzuschätzen, der gespaltene Schnabel meiner Feder, der die nötige Tinte ausspuckt, kann leicht drei oder vier Jahreszeiten vor sich ausbreiten. Die Zeit, diese Hypothese zu begutachten und für zutreffend zu halten, ist nicht mit dem vergleichbar, was für einen Mann dieses Alters Monate des Wartens voller Hindernisse, ja Gefahren bedeuten mussten. Im Nachhinein lässt sich das Leben im Dorf leicht als friedlich darstellen, dabei spinnt es sich Tag wie Nacht ganz allmählich aus Ungewissheit, Verlangen und Gefühlen. Anders als das, was man vermutlich glauben wird, schreibe ich nicht, um eine schon bekannte Geschichte zu erzählen oder eine, die vorerst nur mir bekannt wäre. Auch nicht, um eine erfundene Geschichte, ihren Bogen, ihre Kapitel und ihr Ende zu Papier zu bringen ... dafür fehlt es mir an Fantasie. Nein, ich schreibe, um zu entdecken, denn das ist die einzige Möglichkeit, die Fäden aus dem Gedächtnis zu lösen, das ich befrage – oder an seinem Vergessen zu rütteln, wenn man so will –, sie aus der Nacht zu lösen, deren Tinte für mich natürlich der Saft ist. Ich sage: Fäden, doch nicht im Sinne einer Kontinuität, einer aufzuwickelnden Länge, eher sind darunter Sätze, einzelne Bruchstücke zu verstehen. Dabei kann ich nicht sicher sein, dass diese Fragmente eng genug zusammenwachsen, um eine Geschichte zu weben. Zu dem, was im Weiler geschieht zum Beispiel, finde ich fast gar nichts, wahrscheinlich weil ich mit der Gegend, die ich in der Nähe des Cher oder des Indre oben an ihren Flussläufen ansiedle (oder noch weiter östlich zwischen dem Cher und der Soule), gar nicht in Berührung komme oder weil sich die Geschichte, so es sie gibt, weniger aus einer Abfolge kleiner Begebenheiten zusammensetzt, die schrittweise aufgelesen werden wie Feuersteinwerkzeuge und oxidierte Münzen auf einem früher bewohnten Feld, wo jede Pflugwelle solche Muscheln an die Oberfläche wirft, als – ich erinnere mich an die Feilspäne, die sich unter dem Papier zu einem versteckten Magneten formten – aus der Anziehungskraft eines Ortes. Hier, genau hier muss ich auf sie warten. Sie trotten einander hinterher wie Wölfe, Gohr gefolgt von Müa, dann eine andere Frau, hinter dieser wiederum ein junger Mann. Alle mit einer Tasche auf dem Rücken, schwer bepackt ... so merke ich: Sie sind schon aufgebrochen! Ich hinke dem Ereignis hinterher. Gohrs Mutter ist nun weniger besorgt, denn sie hatte schon einmal gesehen, wie er das Nest verlassen hatte und wiederkam, ihr Sohn würde nicht plötzlich in ein Loch fallen, dort, wo die Erde endet. Und außerdem geht er nicht alleine: Suwau, seine Lieblingsschwester, und Pek, der beste Freund, der jene Schwester bekommen hat. Swa war auf der Jagd, als sie den Weiler verließen. In den kahlen verblichenen Splint eines aufrechten toten Baumes steckte sie erbost, ganz weit oben, um nie mehr nach ihnen greifen zu müssen, die von Gohr geschenkten Pfeile. Müha trägt den Mahlstein, einen Frauengegenstand, den Mahlstein mit seinem hohlen Schoß. Sie sind mit Werkzeug bepackt: kein Feuerstein bei uns, das war Gohr aufgefallen. Auch ausreichend Nahrung haben sie mitgenommen, um keine Zeit zu verlieren und sich möglichst wenig mit Feuermachen in Gefahr zu bringen. Gohr trägt über den Oberkörper eingerollt sein Lederseil, quer darüber hängt der Bogen über der anderen Schulter. Das feste Geflecht war dazu gedacht, auf den Stämmen, die er in der Strömung hatte driften sehen, Müa an der Taille und auch Suwau anzubinden. Und er würde es benutzen, doch sie brauchten noch Zeit, die durch von angestauten Bäumen verengten Flussarme zu finden. Weniger Wasser als auf seinem Hin- oder Rückweg – und nicht nur die den Blumen abhandengekommenen Blütenblätter – beweist mir, dass sie im Sommer, womöglich sogar im ausgehenden Sommer hier waren. Für Gohr ist das Abenteuer auf dieser zum dritten Mal zurückgelegten Wegstrecke nicht dasselbe. Der ausgewählte Ort scheint nun weniger entlegen, er kennt seinen Geruch. Zuvor schien das, wonach er suchte, beweglich, hinter Nebeln versteckt, weit hinter den auf dem Horizont ruhenden Wolken, und der nicht vorgezeichnete Zufallsweg dorthin war ein tastender. Ein Stück weiter rechts oder weiter links, und der Ort, den er als bewohnbar ersehnte, blieb unauffindbar. Da ich wusste, dass er hierher kam, habe ich ihn eintreffen lassen, wie von einer

Notwendigkeit geleitet, die ich heute selbst verspüre, um Bericht abzulegen; in Wirklichkeit war jenes »Hier« ihm unbekannt, und selbst dass es irgendwo einen Ort gäbe, an den er zurückkehren wollte, wurde womöglich erwartet, blieb aber ungewiss. Seitdem er dort weggegangen war, ohne eine Spur seines Aufenthalts zu hinterlassen oder nur eine flüchtige, seinen Geruch unter dem schützenden Baum, hofft er, der Landstrich möge nicht das Verlangen anderer Reisender erweckt haben. Das Abenteuer, Gohrs ganzer Stolz auf dieser zweiten Reise, besteht darin, dass er sich für die beiden Frauen verantwortlich fühlt. Suwau trägt die zwei besten Tongefäße, die sie im Feuer getrocknet hat, aber in ihrem Bauch auch ein Junges, das auszubeulen beginnt. Er will, vor allem ihretwegen, ungute Begegnungen vermeiden. Das heimliche Abenteuer, es will erahnt werden, ist sein Warten: Ob sich der Hügel, die beiden kleinen Täler wohl sanft in Müas Blick fügen werden. Dann erst sind sie da.

So geschmeidig und still, ihr Gehen, dass er sich gelegentlich umdreht und vergewissert, dass die anderen nachkommen, wenn das leichte Rascheln der Blätter mit Beinen und Füßen ihn hindert, das kaum merkliche Streifen derselben Blätter an den Armen Beinen Müas hinter sich zu hören. Die drei, die ihre Schritte auf die Stängel und Zweige setzen, die er niedergedrückt hat, haben nicht dieselbe Sorge wie er, zweifeln nicht am Ziel, gehen einfach, wo er gegangen ist, bleiben stehen, wenn er bedeutet, erst müsse geprüft werden. Da er nun weiß, welchen Landstrich er sucht, kann die Strecke für Gohr nicht mehr dem Zufall gehorchen, und wenn er einen Orientierungspunkt seiner ersten Reise erreicht, scheint es ihm, als hätten die Ahnen, die zusammen mit den Fellen für den nächsten Winter in seiner Tasche stecken, ihm geholfen, unter dem aufgespannten Geflecht der Pflanzen und Bäume seinen eigenen, nicht ausgetretenen Weg wiederzufinden, während seine Begleiter, die ihn zufrieden die richtige Richtung murmeln hören, meinen, es falle ihrem Führer leicht, einen bestimmten Felsen wiederzuerkennen oder, ein Stück weiter, den eigentümlichen Fuß eines Baumes. Dabei reicht schon der an den Blättern zerrende Wind, um die Landschaft zu verändern. Gohr begnügt sich nicht damit, sie zu führen: An jeder Biegung oder Verzweigung, vor jeder Auffälligkeit von Stein oder Rinde erklärt er, versucht sie mit dem Ort vertraut zu machen, aus der Form eines Stammes, eines großen Kiesels einen Erinnerungsknoten zu knüpfen. Er lehrt sie, einen Weg, der nur ihrem Gedächtnis eingeschrieben ist, auch umgekehrt zu lesen. Er wiederholt, dass man mit dem Wasser nicht kämpfen, sondern seine Strömung beobachten und nutzen müsse. Gohr will, dass die Frauen alleine zurückkehren können, falls Pek und er sich den Bauch der Länge von oben nach unten von einer Bärenklaue aufschlitzen lassen oder von unten nach oben durch den Dolch, der beim Hirsch direkt über dem Auge sitzt. Eben aufgrund der Tatsache, dass sie zu viert sind, erscheint Gohr ihre Sicherheit entsprechend ungewisser als die seine, als er alleine durch Blatt und Rinde geschlüpft war. Doch im Falle eines Angriffs würden sie einander Beistand leisten, Pek ist mit bloßen Händen stark, zumal wenn er mit einem Knüttel bewaffnet ist. Indem er sich listig umwendet, glaubt Gohr auch, die Raupe, die sie zu viert bilden, mit schützenden Augen an den Seiten auszustatten. Dass ein wütendes, verletztes oder seine Jungen suchendes Tier unvermittelt angreift, kommt sehr selten vor, von den Tieren droht keine Gefahr: Durch Berichte, Familienerinnerungen und die Erfahrung eines jeden Jägers ist ihnen das Wesen der verschiedenen Arten recht vertraut. Gefahr kann nur von den Menschen mit ihren vielfältigen Grimassen drohen. Da ihre Sitten so unbekannt sind wie ihre Gebietsgrenzen, ist es besser, ihnen aus dem Weg zu gehen, sich selbst vor dem Einzelnen in Acht zu nehmen, der in wenigen Augenblicken einen ganzen Stamm mit zurückbringen kann. So vermeiden sie entschieden schon gebahnte Wege und den kleinsten Fußabdruck im Schlamm. Sie wissen nicht, ob sie gesehen, beobachtet wurden, entfernen sich selbst aber lautlos, sobald sie eine menschliche Stimme hören oder die Bewegung eines Körpers zwischen den Blättern wahrnehmen, ohne zu wissen, ob Mann oder Frau. Kopf- und Körperhaar, Leder und Felle mischen sich unter Moos, Flechten, Stängeln von Pflanzen in Samenständen, verschmelzen mit den Schattierungen der Rinde: Sie verschwinden. Auch das Schlafengehen bringt sie in Verlegenheit; unmöglich, einen Baum, selbst alt und gespalten, mit vier Plätzen zu finden oder zwei benachbarte Bäume mit Ästen, die zum Ausstrecken breit genug wären. So haben sie beschlossen, am Boden zu bleiben, gedrängter Haufen unter dunklem Gestrüpp, das sie notfalls mit geräuschlos abgebrochenen Zweigen verstärken. Wenn die Stelle nicht sicher scheint, wacht einer von ihnen - keine Lust, unter einem Netz aufzuwachen. Sie wechseln einander ab, doch eher die Männer, während die Mädchen hingegossen und zerzaust am spärlichen Haar ihrer beschützenden Brust schlafen. Einmal drang der Mond mit einem dünnen Strahl durch das Rindengeflecht, legte sich auf Müas Wange, und Gohr sah die schwarzen Wimpern aufgereiht am Rand der gebräunten Haut. Damit jene Ruhe Nacht für Nacht anhält, erforscht seine Wachsamkeit die winzigen Ereignisse, die auf Boden oder Bäumen die glatte Oberfläche der Stille flüchtig in der Luft kräuseln.

Der Fluss, den sie hinaufwandern, geradewegs auf den Himmelsstrich zu, durch den keine Sonne dringt, ist noch immer vor reißend. Das dunkle, schaumbärtige Wasser wirbelt um kleine Kaskaden, die dem Gelände - Felsen, Baumstämme - zu verdanken sind, das ebenjenes Wasser verwüstet hat. Es fließt zwar nicht so üppig und hoch wie auf seiner ersten Reise, doch Gohr fragt sich nicht, ob die zufällig angeordneten umgestürzten Bäume, die manchmal zu einer sträucherreichen Insel führen, vielleicht eine Möglichkeit böten, die breite Flut zu überqueren, denn er will unbedingt an derselben Stelle übersetzen wie damals, falls die Brücke noch an Ort und Stelle ist. Mit der Zeit müssen sie langsamer gehen, um nicht plötzlich im Lager der Fischer aufzutauchen: Würden sie bemerkt, müssten sie sofort einen weiten Bogen schlagen und könnten nicht dort überqueren, wo Gohr seine Anhaltspunkte hat. Er möchte auch nicht im Dunkeln ankommen und muss die Brücke zuerst prüfen, bevor er die anderen nachholt. Als er näherzukommen meint, lässt er sie zurück, geht alleine weiter und gibt ihnen dann einen Wink. Schließlich heißt er sie anhalten und geht seinerseits so leichtfüßig wie möglich: nicht bemerkt werden, dabei nicht vergessen, dass ein Späher, der sieht, wie er sich versteckt, unmittelbar eine böse Absicht vermuten würde. Er schaut auf den Boden, auf trockener Erde keine Spur, geht dicht am Ufer, streckt dann hockend eine Hand ins Wasser: Seine Augen unter den Gräsern, dem Erlenlaub, mustern die unveränderte Brücke. Der Fluss, kaskadenreich, aber weniger breit, hat nicht die Kraft, zwei riesige Bäume zu bewegen, die jeweils einen Arm oder sogar zwei tief in sein Bett gegraben haben. Sie sind noch da, die Stämme mit dem alten Moos, die dicken, unnötig hochgereckten Äste, er erinnert sich ein wenig an den Eichhörnchenweg. Er entfernt sich wieder, und alle vier warten, unter Gestrüpp gekauert, bis die Nacht zwischen die Blätter schlüpft und die Lücken schließt. Nun etwas näher, sehen sie die Flamme, dort wohnen die Fischer. Ohne sich zu rühren, sehen sie den Schein des Feuers aufsteigen und an den Bäumen emporzittern. Schließlich wird er schwächer, sinkt aus den Baumkronen, dort drüben legt also niemand mehr Holz ins

Feuer. Sie horchen, nichts trübt die unterirdischen Rufe der Kröten, manchmal nur eine abtauchende Schleie. Sie sind zum Überqueren bereit, kaum mit dem beschäftigt, was mir soeben erst auffällt: Pek hält eine große Hündin fest mit der Faust. Gohr, der den Weg kennt, überquert zuerst, holt dann Müa nach, nimmt ihr die Tasche ab, die ihr das Gleichgewicht raubt, hilft dann seiner Schwester und trägt auch deren Tasche, auf dass sie nicht in den nächtlichen Fluss falle. Pek folgt ihnen dicht auf den Fersen, lässt die Hündin an einem kurzen, in einem Halsband auslaufenden Riemen vor sich herlaufen, um sie zu beruhigen, falls ihre Krallen an der Rinde abrutschen, um sie aus dem Wasser ziehen zu können, falls sie hineinfallen sollte. Für die unbequeme Umgehung eines dicken Astes nimmt er sie unter den Arm. Die Schmächtige zittert ein wenig, aber ihr Vertrauen in die beiden Männer ist grenzenlos. Kaab nenne ich sie, denn in der, denn in der Linguistik glaubt man in Anbetracht all der vom Indogermanischen abstammenden Sprachen, dass es in jener vermeintlichen Ursprache, von der man allein aufgrund ihrer lautlichen Spuren eine Vorstellung hat, eine entwicklungsfähige Form *k'wo(n)ō´*, *Kuen* oder *Kun* gegeben haben muss, um den Hund zu bezeichnen. Und diese Form interessiert mich, zumal auch unsere (derbe und eher scherzhaft gebrauchte) Bezeichnung *Köter* eine Lautnachahmung zu sein scheint, die ein Schallwort auf der Grundlage von *kau-* vermuten lässt (ähnlich die erste Silbe im lateinischen *canis*). Lange war ich davon ausgegangen, dass sie wohl eine Hündin mitnähmen, danach habe ich es wahrscheinlich vergessen. Erst jetzt, kurz vor der nächtlichen Überquerung, ihre Gesten kaum vom Glanz der Sterne beschienen, habe ich die Hündin bei ihnen gesehen. Ich kann sogar sagen, dass sie deshalb ausgesucht haben, weil sie nicht bellt. Aber ob zum Schweigen dressiert oder tierische Stummheit, die bemerkt und dann benutzt wurde ... unmöglich zu wissen. Wildererhund, hieß es bei uns. Mit knapp sechzehn betätigte ich mich gelegentlich als Treiber für einen dubiosen Dorfbewohner (sein Charakter bescherte mir ein bisschen Ablenkung), und sein Hund, ein rötlicher Mischling, bellte nie, wenn er auf verbotenes Gelände geschickt wurde.

Die schlichte Vorsicht verlangt, dass sie nach dem Überqueren des Flusses das bewohnte Gebiet hinter sich lassen, obgleich die Fischer zu schlafen schienen, doch Dunkelheit und Müdigkeit treiben sie selbst rasch unter den Schutz eines großen Baumes mit tiefen Zweigen. Gohr, der wusste, dass er noch vor den Vogelrufen, die den Tag verkünden, wach wäre, trug weiterhin Müas Schlaf und beschützte Suwau. Seine Sorge: Er will unbedingt an jenen Ort zurück, an dem er gewesen ist, der ihn, glaubt er, erwählt hatte, so wie er selbst ihn auserkoren hatte. Außerdem fragt er sich, ob er ihn unberührt vorfinden wird oder ob sich womöglich eine Nomadengruppe dort angesiedelt hat, denn er weiß, dass es ein guter Ort ist. In der kurzen Morgendämmerung, die sich rasch verflüchtigt und vergeht, sobald die Sonne sich von den Zweigen und Dornen des Horizonts losreißt und erste schimmernde Strahlen durch die Blätter schickt, sind sie schon unterwegs; langsam jedoch, als habe Gohr, jetzt, so kurz vor dem Ziel, Angst anzukommen. Hinter ihm, denn nun nähern sie sich wirklich dem versprochenen Land, fahnden die Blicke nach Einzelheiten, Müa nach der Auszackung der Blätter, Pek nach den kaum merklichen Kratzern, die Krallen oder Hörner auf den Rinden hinterlassen. Gohr sucht, was er fürchtet: einen menschlichen Fußabdruck, einen mit Feuerstein gekappten Ast, einen benutzten Weg, eine Falle ... Keine Spur eines Herumstreuners. Doch Gohr ist noch nicht beruhigt, bleibt angespannt, versucht zu erkennen, was er zweimal in einer jeweils anderen Richtung gesehen hat, er muss, da die Sonne in ihrem Rücken auf dem Sommerweg ist, von der Route abweichen. Die Blicke, die aufmerksam auf einen abgebrochenen Stängel, auf winzige zitternde Büschel ausgerissenen Fells fallen, prüfen den Umkreis der Baumstämme, graben sich in den Rand der Lücken, doch abermals entpuppen sich die fliehenden Formen als Rehe. Gehen, weitergehen, Gewicht auf dem Rücken, nachgebende Sandalen, Wasserstrudel, völlig durchnässte Tasche, Nächte in der Leere, dicht an den Boden gepresst, nur keine Erhebung verursachen ... so waren die Tage der Reise. Sicher freuen sich die Mädchen und Pek, dass sie nun dem Ende zugeht, doch sie geben sich ernst kurz vor dem Land, von dem sie sich ein so eindringliches Bild zu machen versuchten, und ich sehe, wie sie langsamer werden. Ich könnte auch befürchten, dass dies meine eigene Ungewissheit widerspiegelt, da ich fast den Punkt erreicht habe, an dem sich ein anderer Rhythmus aufdrängt. Ich versuche, wie die drei, unsicher meine Schritte in die von Gohr zu setzen, und nachts, sobald das Licht gelöscht ist, geselle ich mich in meinem Bett zu ihnen. Die mit einem Laken unterlegte Decke weit über Schulter und Nacken gezogen, strecke ich Arme und Beine aus, finde die richtige Position für meinen Kopf am Kissenrand, und aus einer Wirrnis von Schlaf und Sträuchern schälen sich sogleich der un-gelegene Ort, die ungewisse Zeit, in der ich ihre Gegenwart spüre. Dank dieser regelmäßigen kurzen Nähe kann ich ausgiebig ruhen, während sie ungesehen weiter laufen oder, Haufen versteckter Körper unter Zweigen, schlafen, einfach nur atmen. Bald werde ich den Bericht sesshaft machen, unter die Sätze eine längere Dauer gleiten lassen, sie zu Gehör bringen, ohne sie auszusprechen. Sobald sie oben auf einem Hügel ankommen, legen sie sich flach hin, um den Abhang zu begutachten und den Talgrund, wenn das Auge so weit reicht. Sobald sie auf ein baumloses Gelände stoßen – Schneise, die ein Sturm in den Wald gerissen hat, Boden, so schlammig oder lehmhaltig, dass die Bäume sich dort nicht zu wurzeln beeilen –, ducken sie sich zuerst, kriechen beobachtend, tasten sich vorsichtig voran, damit sich die Blätter hinter ihnen nicht über einem Zweifel schließen. Mit ihrer großen Tasche auf dem Rücken: Schnecken! beschreibt Suwau, und damit das lächelnde Wort nicht völlig in der Stille ertrinkt, formt Pek auf die Ellbogen gestützt seine Zeigefinger zu Fühlern. Vielleicht beweist das Bild ihre plötzliche Langsamkeit. Vom Weg abzukommen, um zu fliehen, und sei es vor einem flüchtig wahrgenommenen Jäger, brächte sie um die Orientierung, die Gohr zu wahren versucht, damit ihre Route sie genau an den Ort führt, den er kennt (und an dem er mich gewissermaßen zur Welt gebracht hat, denn ohne ihn wären diese Morgen Land womöglich nicht vermenschlicht worden; nebenan ist der Wald Wald geblieben, also weder Höfe noch mit profilierten alten Eichenbrettern und gespanntem Tuch ausgekleidete Steinhäuser). Ist es Zufall oder die besondere Wildnis der Gegend, wollen Gohrs Vorfahren in seiner Tasche möglichst schnell wieder nach draußen? Sie treffen nur auf Tiere, recht zahlreich in der Morgendämmerung, und Gohr glaubt nun, ein kleines Tal wiederzuerkennen. Er atmtet auf: fast da, zeigt mit der Hand, dass man die Eintiefung überqueren müsse, es gleich dahinter sei. Das Glänzen seiner Augen verheißt kurze Entfernung. Ein Bedenken jedoch: Kann ich davon ausgehen, dass er, ohne sich zu verlaufen, in dem Dickicht aus einander überwuchernden Bäumen Büschen Pflanzen einen kleinen Ort wiederfindet, dessen Reiz mehr als verschwiegen ist? Wenn ich die Sache gut überdenke, halte ich seine Rückkehr für wahrscheinlich, da er sich anhand seiner Sinne orientiert, die ihm die Jäger der Familie zu nutzen beigebracht haben. Und doch zweifle ich, ob er sich nicht verirrt hat, ob er nicht schon mehrfach vorzeitig anzukommen meinte, und schließlich, wie viel Zeit sie die Strecke vom Fluss bis hierher gekostet hat. Eines ist sicher: Er hat es geschafft, und das setzt den Augenbllick kurz vor ihrer Ankunft voraus. Sei es ein aufrechter, vom Blitz getroffener Baum, sei es ein auffällig rindenloser Baum, der sich weiß, wie nackt, zwischen den grünen erhebt; es gibt zwingend ein Zeichen, das er nicht vergessen konnte. Sie haben verschiedene Fluren durchquert, die unter dem Namen Écherbay und später Chevrus eingetragen sind, stehen nun vor jenem kaum erkennbaren Tal, heute eine muldenförmige Wiese, durch die sich der Bach Pihardais schlängelt. Noch ein dicht bewachsenes Stück zu überqueren, das drei großen, im 11. Jahrhundert, vielleicht auch schon früher, urbar gemachten Feldern entspricht. Plötzlich, abrupter und kurzer Abhang, die schattige, immer noch bewaldete Flanke eines anderen, kaum erkennbaren Tals, in dem ich im Winter meine Maine-Anjou-Kühe halte, obwohl sie sich beim Durchqueren des Baches nicht gerne die Füße nass machen, aber dort finden sie Schutz vor heftigen Winden. Danach der Hügel. Und noch weiter dahinter das andere Tal von Grise Haie. Gohr zeigt, und sie lachen. Er dreht sich, dreht sich um, zeigt mit dem Arm auf das Land, das sich als Pflanzendickicht darbietet, die Mädchen lachen, Pek und Gohr ebenfalls. Kleine Eintiefung, die wir gerade durchquert haben, hier der Hügel und dort das andere Tal, so friedlich, dass sie lachen. Ein Morgen. Nach dem Julianischen Kalender, den Cäsar uns später verordnet hat, muss Anfang August sein. Er, Gohr, lacht vor allem mit den Augen Müas und lauscht ihrem Atem.

Blut pisst aus dem Loch, in dem noch die Sagaje zittert, losgelassen, um die Beine zu halten, mit einem Knie die Schulter auf den Boden drücken, schnell legen jetzt zwei weitere Hände Leder um den Wildschweinkopf und pressen, ein Atmen, Keuchen aus dem Loch, das Blasen wirft, ein Schrei, die Augen gen Himmel, jener Schrei, den die letzten, aus dem ganzen Körper versammelten Kräfte noch lange brüllen, röchelt im Blut, grollt und erstirbt im Geheimnis der gewaltsam verschlossenen Schnauze, das Tier hört ein anhaltendes Brüllen, das in seinem Schädel dröhnt, es ist sein eigenes, doch unten am Baum, direkt über der Erde, steigt fast nichts empor zu den Blättern. Das Leben, das im Blut schwimmt wie der Fisch im Fluss, entweicht durch das Loch, als die glühende Sagaje, von einem Strahl gefolgt, herausgerissen wird, während sie es hindern, das Maul aufzureißen, die Zunge rauszustrecken, damit sein Gebrüll nicht den ganzen Wald erfüllt. Das kleine Auge das andere neben den trockenen Blättern zerquetscht, ein einziges kleines Auge, das obere, sieht, als sei es der Spiegel eines Tümpelwassers, wie sie sich herabbeugen, über ihm bewegen, behaarte Gesichter, vorbeiziehende Augen, gemeinsam hin- und herwandernde glänzende Augen, sieht, wie sich mitten im Haar ein Mund öffnet, Zähne; doch unmöglich zu wissen, ob es die vorgebrachten Wörter versteht, ja hört, oder ob die Bewegungen des Loches zwischen Schnurrbärten und Bart stumm bleiben. Schon von seinem Geruch durchdrungen und die Hände blutverschmiert, reden sie – meinen sie, gehört zu werden? –, jedoch nicht so grausam wie unser Knecht, der mit dem Messer in der Hand das Schwein aus dem Koben auf ein Bündel Stroh zerrte und »*Du werscht ogleich verrecke!*« rief, als Antwort auf seine spitzen Schreie, ich dachte bei mir: Oje, falls es ihn versteht, wird es regelrecht auferstehen, sie womöglich töten wollen, aber nein, sie achten ihn, den Sohn der Wildsau, das Männchen, das Säue mit seidigen Flanken besteigt, sagen es ihm rasch, bevor die Seele unvermittelt entweicht und das Auge starr und den Körper schwer zurücklässt. Können nun die graue Schnauze aufbinden, die sich nicht mal öffnet. Rasch heben Gohr und Pek, ihre Sagajen unter der rutschenden Masse, ihre Trage hoch und laufen los. Pek ist mit Gohrs Entscheidung einverstanden: nicht im eigenen Tal jagen, auch im anderen nicht, auch nicht auf dem Hügel, sondern weiter weg. Zwischen dem einen vorn und dem zweiten hinten hängt das schwere Tier über den Stöcken. Sie beeilen sich, ihr erstes Wildschwein zurückzubringen. Ich habe sie im Wald gesehen, es musste 44 nach dem Krieg sein, aber sie waren alt, der eine hatte seinen Stock dabei, der andere einen Knüttel geschnitzt, sie trugen, sagten sie, ein vor ihren Füßen verendetes Tier, das dampfende Loch oben. Pek und Gohr sind sehr jung, fast rennen sie, trotz der Masse, die, struppig und prall, bestimmt herabgleiten und ihre Beine nochmals auf dem Boden erproben will. Haben es eilig, vor den Augen der Frauen das Fleisch zu schneiden.

Unter dem Baum das Loch. Der einzige Beweis! Gohr bemerkte es in dem Augenblick, als sie es unter dem herabgestürzten Stamm betraten: ein wirklicher Beweis. Man war ihm vertrauensvoll gefolgt. Es genügte zu schnuppern, um zu wissen, dass kein Bär gehaust hatte. Die Taschen in die Aushöhlung gelegt, unter den herbeigetragenen festgedrückten Zweigen auf jeder Seite ein Paar, während der liegende Eichenstamm als tragender Balken dient. In den Taschen Felle und Werkzeug. Wie konnten sie, so bepackt, die Flüsse überqueren? Daran denke ich, wenn ich gelegentlich die Eisenbrücke über die Mayenne nehme. Vermutlich verteilte sich das Wasser zwischen den Felsen, und die immer im Winter von den Ufern gerissenen Bäume, behaart mit verwelkten, festhaftenden und herabhängenden Gräsern, bildeten wohl eine gefährliche Brücke über die Hauptströmung. Die kleine Landzunge hingegen, auf der die Fischer wohnen, deutet an dieser Stelle auf eine Einbuchtung der Mayenne; hinter der Biegung nähern sich die Ufer wieder einander an, bis sie sich durch zwei gegenüberliegende verhakte Bäume, deren untere Äste die gewaltige Flut spalten, verbinden lassen. Letztendlich hat sie das Gewicht von Fellen, Werkzeug und Mahlstein nicht zum Straucheln gebracht, denn sie sind angekommen. Das körnige, granithaltige und rötliche Gestein färbt sich manchmal durch Oxydation zwischen den Schichten violett, doch keine Spur von hartem Stein oder Feuerstein, weder im dunklen und weichen Humus, der den umstehenden Pflanzen zugutekommt, noch an den Geländebrüchen und -spalten, wo sich der rosarote Sockel aus lehmigem Sand zeigt. Schwere Klingen haben sie dabei, brauchen aber zum Bestielen bereits geeignete Beile, die Stechpalme und Weißdorn, bekannt für ihre Bruchfestigkeit, zuschneiden können. Pek und Gohr haben alles bedacht, die Handbeile warten in ihrem Futteral aus Hirschgeweih. Mit ihnen fertigen sie die Stiele für die größeren Klingen, die, sobald sie bestielt sind, zum Herstellen der Pfosten dienen: schneiden, entrinden und trocknen. Wie wir, wenn wir einen Unterstand für das Vieh auf einem Stück Wiese bauten, damit es in Regen- oder Schneenächten sein Heu im Trockenen fraß. Die Spitze der Pfosten wurde mit dem Handbeil gehauen, während die linke Hand den auf einen flachen Holzklotz, fast auf den Boden gestellten Pfosten hielt und drehte. Zum Einschlagen zwei Techniken: Entweder schlägt Pek mit einem schweren Stein und riskiert, das Holz zu zersplittern, oder sie schnitzen sich einen großen Holzhammer zurecht, ein Stück Stamm, aus dem ein Ast wächst, der als Stiel dient. Sie können jedoch auch ohne zu schlagen in der Erde graben, ungefähr im Durchmesser des Pfostens, und ihn ungeschärft bis zur entsprechenden Tiefe einlassen. So zumindest verfuhren wir für unsere Unterstände und spitzten nur die Zaunpfähle an. Danach füllen sie das Loch mit Steinen und Erde auf, auch wir wussten uns bestimmt nicht besser zu helfen als sie. Die Stangen werden meist direkt vor Ort geschlagen, junge Bäume, Schösslinge eher, die aus dem Stumpf der umgestürzten Bäume wachsen, kein bisschen Holz wird vergeudet: Die beiden Männer sägen, ordnen, schichten, Knüttel und Zweige, obgleich voller Blätter, später nützlich, um das Feuer in Gang zu halten. Flechten färben ihre Hände grün, Moosfasern verfangen sich in ihrem kurzen Bart, sie lassen die Verzweigungen zwischen ihren Armen und unter den Füßen knacken, tragen die Pfosten über der Schulter, der Pflanzensaft unter der aufgerissenen Rinde klebt ihnen an den Handflächen. Pek und Gohr knien auf dem Boden, die Arme in der Erde bis zu den Schultern, um tief in dem Loch zu graben, mit einem großen Holzsplitter die duftende Erde aufzuwerfen.

Zwischen den Gräsern, den Pflanzen stöbern zwei Hände, drei oder vier, gebräunt und rege, huschen wie Feldmäuse zwischen die Stängel oder reißen sie aus, werfen sie zur Seite, mit Ausnahme der Minze. Die Arme strecken sich, die Hände, die zwischen den Pflanzen wählen, berühren das strömende Gewässer, reißen die Stängel aus, die emporwachsen oder über die kleinen Sand- und Erdbänke kriechen, die sich im Sommer im Bachlauf ablagern. Die geteilten Rhizome der Schwertlilien schichten sie gesondert auf. Ich meine an ihren so jungen Knien die zarte, gespannte, glänzende Haut zu sehen, denke mir sogar, dass Sonne und Wasser hüpfende Reflexe auf die Innenseite ihrer Oberschenkel zeichnen, aber ich höre nicht, was sie erzählen, kenne ihre Sprache nicht; das feine Geräusch des Wassers, das sie durch ihre eintauchenden Hände aufwirbeln, und das eingetiefte Bachbett, in dem sie, das Haar zwischen den Binsen und rötlichen Gräsersamen, fast verschwinden, dämpfen ihre Worte, frische Lautverknüpfungen, hin und wieder ein Lachen. Die Hände färben sich grau, wenn sie die Schwertlilienrhizome jäten und in den Korb werfen. Der verlangsamte Sommerbach deponiert in einer Biegung oder an einem Stein Iriswurzeln, Sand und Schlamm, die er mit sich führt, bis eine Insel entsteht, auf der verschiedene Pflanzen wachsen, von der Strömung umspült, die an die Ufer prallt und sie abschleift. Suwau und Müa – Lachsprenkel, die die Männer von Weitem hören, ein Klang wie manchmal im Licht glänzende Spritzer – Suwau und Müa putzen den Bach stromaufwärts, sodass das Wasser vor ihnen immer sauber und der Bach hübsch zurechtgemacht ist: Sobald das Bett freigeräumt ist, spült das Wasser flugs die Erde mit und lagert Sand ab, winzige, glimmergetüpfelte Strände; aufgehäufte Steine bewirken ein kleines Gefälle und dieses eine Aushöhlung, in der sich die Elritzen wohlfühlen. Sie pressen ausgerissene Erde Wurzeln Klumpen auf das Ufer, klopfen sie mit der Faust fest, spülen ihre Finger an der Oberfläche des fortstürzenden Wassers. Sie pflücken Kresse, brechen über ihren weißen Wurzeln den knackenden Stängel, ohne den Fuß zu stören, der so wieder Blätter treiben wird, ziehen jedoch fest an dem Packen Binsen Schwertlilien Knotenblütigem Sellerie Schlangen-Knöterich, liefern den Schwemmboden ungehemmt dem vorbeifließenden Wasser aus, das den weichen Schlamm mitreißt, sehen unterdessen, wie sich der kaum aufgewirbelte rötliche Sand fast Korn für Korn wieder ablagert. Ihr Mund öffnet sich über dem Wasser, sie lassen sich mit der Hand von der Schulter bis zum Handgelenk gegenseitig frisches Wasser über die Arme laufen, stehen barfuß im Bach, leicht bekleidet, denn es ist Sommer, das spärliche Wasser sprudelt zwischen den Steinen, kräuselt sich unter den eintauchenden Fingern. Kein Spiegel ist glatt genug, um ein klares Bild von ihnen zu erhaschen, und wenn ich, sehr viel später, an der tiefsten Stelle des Tals, an der noch immer der Bach fließt (er könnte anderswo nicht fließen), im Flussbett ausgestreckt, direkt neben meinen Ohren fotografierte, wie die Libellen ihre papiernen Flügel aneinanderstießen, fotografierte ich auch das erstaunliche unaufhörliche bisweilen von einer nur flüchtigen Halbblase gekrönte Sprudeln des Wassers und wusste nicht, dass sie fehlten: gebeugte Beine, geneigter Hals, Gesicht zwischen Sprechen und Lachen ... Als erwartete ich vom Wasser eine Wiederkehr, die mir die Spiegelungen zutrüge und zurückgäbe, befragte ich die schmale und quirlige Fläche Jahr für Jahr aufs Neue.

Runder Mond über ineinander verknäulten Baumwipfeln. Beim nächtlichen Gang längs durch den Wald, links das niedrige, vom Astwerk verschluckte Gestirn, sah ich plötzlich mit ihren Augen, denn genau das sehen sie: Vollmond über den Eichen, Buchen, das schattige Dickicht aus Birken Faulbäumen Haselsträuchern Wasserahorn Hagebuchen, darunter Farn, noch weiter drunter Moos, hier hat sich nichts verändert: Wald. An der Oberfläche eines dunklen Wirrwarrs das undeutliche Schimmern der Blätter. Vier, eine winzige, dichtgedrängte Gruppe, ihre Augen vollmondglänzend. Bäume überall, außer in den sumpfigen Tälern. Sie schlafen im Schutz des Stammes, der im Herabstürzen die Erde umgraben wollte und über den hochgereckten Wurzeln eine große Kruste bildet. Sobald die Blässe des Himmels zu ihnen vordringt, lockern sie ihre Glieder, trennen sich die Körper paarweise, richten sich auf, woran mögen sie wohl nach dem Aufwachen nagen? Schon schneiden sie, brechen Äste ab, stutzen Baumschäfte, ritzen Rinde, die, klebt sie zu sehr, reißt, ziehen sie ab, Platten, die flach unter Steinen getrocknet, Streifen, die im Wasser gerottet werden wollen, sie spalten schlagen auf Buchenkeile, damit die Schäfte in dicke Bretter zersplittern. Zu zweit tragen sie die Stücke, jeder sein Ende, die Männer und die Frauen jeweils gemeinsam, oder aber paarweise. Sie versuchen, bei der Holzernte unterschiedliche Wege zu benutzen, um keine dauerhaften Spuren hin zum selben Ort zu hinterlassen. Erde aufwerfen, Gang und Kammer graben, von dort aus einen weiteren Gang, noch eine unterirdische Kammer, für eine mögliche Flucht mehrere Ausgänge planen, deren unauffällige, ungenutzte Mäuler hier und dort in ein Gestrüpp münden … so machen es die Füchse. Gohr und Pek, und mit ihnen Suwau und Müa, verstehen sich als eine Gattung, die von jeher Äste oder aber gespaltene Pfähle in die Erde rammt. Stücke, in deren äußerstes Ende eine Hohlkehle geritzt ist, um den abgeflachten Kopf des Gegenstücks aufzunehmen, so etwa die hohen Pfosten, die ihre Spitzen den Giebeln entgegenrecken, damit sie die Firststange tragen und die Dachkante. Holzstücke, die mithilfe eines geraden Stocks gemessen und ordnungsgemäß eingekerbt werden. Trotz ihrer aller Aufmerksamkeit für Durchmesser oder Länge des Schafts, für die sich lösenden Späne und für das herabsausende Werkzeug, streifen Blicke durch die Umgebung, um zu prüfen, dass sich nichts rührt hinter Blättern, Brombeergebüsch, Lianen, Efeuvorhängen … Sobald das Geräusch abbricht, lauschen die am Bartrand unter dem gestutzten Haar gleichwohl verborgenen Ohren zwischen den Hieben des geschliffenen, eindringenden Steins, ob die Luft nur von den Melodien der Vögel oder von dem säuselnden Laub dort oben erfüllt ist. Hinter dem schreinernden Bewusstsein, das den Handgriff ausführt oder einfach beobachtet, bleiben die Schutzinstinkte lebendig, auch wenn ihr gesamter Geruchssinn von dem so nahen Wohlgeruch des verwundeten Holzes und des Pflanzensafts beansprucht wird, ein je nach Sorte unterschiedlicher Geruch, mit dem sich fast ebenso intensiv der Schweiß mischt, den die Anstrengung aus den Körpern treibt. Gohr hat rasch begriffen, dass er sich, um der Witterung der Tiere oder eines Unbekannten besser zu entgehen, am Flussufer oder hier, im spärlichen, aber rasch erneuerten Wasser, oft und sorgfältig waschen musste. Ohne für feinere Nasen unsichtbar zu werden, schwächt er so zumindest seine Gegenwart ab. Müa wäscht sich wie ihre Mutter. Suwau und Pek ahmen sie nach, bespritzen einander mit Wasser. In den Stunden der zu heißen Sonne legen sie sich gemeinsam hin, schlafen beschattet vor dem erwählten Ort. Und bewundern ihn.

Der Pflanzensaft nutzt den Feuerstein ab, die nämliche Grassäure, die das verstählte Sensenblech bläulich färbte, wenn ich den Schnittern auf feuchtem Gelände und an Abhängen, wohin keine Pferdemähmaschine gelangte, ihre Mahlzeit brachte. Sie verleiht ihm im Laufe der Zeit – einer sehr langen Zeit – eine Politur, die noch immer sichtbar ist. Damals musste die Schneide sicher aufgeschärft werden, so wie ein Schnitter das Metall klingen ließ, während er, eine Gesäßbacke leicht auf den Quergriff gestützt, mit dem linken Arm der Klingenrundung folgend den Kreis schloss, in dem seine rechte Hand mit dem Stein drüber und drunter entlangschliff. Später gab es den tierischen Halbkiefer mit einem scharfen, in eine Kerbe geklemmten Feuerstein, ein Vorläufer der gezahnten Sicheln, mit denen die Landwirte bis zur Einführung der Pferdemähmaschine das Stroh des reifen Getreides schnitten. Gohr benutzt eine leicht geschwungene Klinge, die gemessen an den geraden und ebenmäßigen Klingenabschlägen aus dem Feuersteinkern eher zweitklassig war und später als Veredelungsmesser verwendet wurde: gekrümmte Spitze. Sein Großvater hat daran eine Art Griff befestigt, angeleimtes Pflanzengewinde, damit der Stein die Haut nicht ritzt, und Gohr – damals acht, zehn Jahre vielleicht – begleitet Hö beim Grasschneiden. Ich nenne ihn Hö, weil ich seinen Namen nicht kenne, es ist dieser von Gohr wiederholte Laut, der damals den Großvater bezeichnet. Immer wenn er Gräser schneidet, Büschel aus Stängeln, die er mit der Linken hält und biegt, die scharfe Klinge in der Rechten, vergisst Gohr nicht, Hö wieder lebendig werden zu lassen. Auf einen sonnigen Hang gelegt, trocknet das Gras in drei oder vier Tagen, besser als im sumpfigen Wiesengrund. Suwau und Müa tragen es armweise in notdürftig mit einem Lianenstück verknoteten Packen weg. Sobald die Idee des Heus geboren ist, gebietet mir mein Sinn für die materiellen Dinge sogleich, dass es einen Unterstand braucht, und mir geht die Reihenfolge – Heu ernten, eine Scheune bauen – nicht mehr aus dem Kopf. Auch umkehren kann ich sie, denn sobald das Gras trocken ist, muss es geschützt werden, noch vor dem ersten Gewitter. Und so vernachlässigen Gohr und Pek das Haus für jenen Anbau mit seinen wie bei allen Heuböden durchlüfteten Seiten; doch zunächst einmal, sonst verdirbt das Geerntete, die äußerst schwer zu bewerkstelligende wasserdichte Bedachung. Hö sagte nicht, ob auch er diese Technik von einem Vorfahren hatte. Er zeigte Gohr, und der Weiler billigte es, dass die sommerliche Voraussicht winters, besonders bei Schnee, die Jagd erleichterte: Denn wenn im Wald eine Futterraufe aufgestellt wird, fressen die Hirsche daraus und gewöhnen sich daran. Wenn er in dieser fortgeschrittenen Jahreszeit den kühlen Ort aufsucht, den schon seit Monden keine Zähne von Weidefressern mehr bearbeitet haben, hört Gohr die belegte Stimme Hös. Mit der linken Hand packt er das Gras, dreht das Handgelenk, um die Stängel zu straffen – zwei Gebückte, Pek und er, fast nackt außer der kurzen Lederhose, die das aufrichtbare Glied samt seiner Vorräte vor Dornen oder stechenden Insekten schützt, und außer ihren Sandalen, denn eine Fußverletzung hindert am Jagen und notfalls am Flüchten –, während die Rechte, direkt über dem Boden, das Gewinde an seiner zartesten Stelle kappt.

Wir tranken Kaffee und aßen gemeinsam von dem Kuchen, den die Enkelin gerade gebacken hatte, als sie aus einer alten Keksdose wie denen von Lefèvre-Utile, die mir vor dem Krieg so vertraut waren, mit ihrem blau-grünen Papier, verziert mit einem fliegenden Engel und Ährengarben, die Beile hervorholten. Eine Woche zuvor hatte ich zufällig bei einem Gespräch gehört, dass sie in Grise Haie – jetzt wirtschaftet dort ein Neffe von Léandre – mehrere polierte Beile gefunden hatten. Da mich seit genau einem Jahr und sieben Monaten die Idee verfolgte, dieses Abenteuer zu erzählen, das sich mir in verstörenden Bruchstücken darbot und mir Zugang zu unvermuteten Schubladen meines Gedächtnisses zu eröffnen schien, bat ich sie sehen zu dürfen. Auch anfassen wollte ich. Die Familie öffnete mir ihre Dose: vier Beile in Tüchern. Ein rundliches aus Grünstein. Ein langes aus schönem hellen Feuerstein. Eins mit einem runden und glatten Stielloch und stark beschädigter Schneide. Schließlich ein kleineres, Feuerstein in der üblichen Qualität. Ich wog das Material in der Hand, strich mit dem Daumen über die Politur. Herrlich! Und wo haben Sie sie gefunden? In der Nähe der Quelle die ersten beiden, als wir die Hecken des kleinen eingeschlossenen Feldes niedergerissen haben, und die beiden anderen in dem Feld darüber ... die Quelle jetzt bis zum Bachbett mit einem Stück Rohr kanalisiert, aber »*intérissab'*«, versicherte man mir. So erfuhr ich, wo sie gelebt hatten: auf dem kleinen Südhang, eine Trinkquelle vor der Tür und ein Stück weiter unterhalb der Bach. Aber ich erfuhr auch, ohne ihn gesucht zu haben, den Grund für mein Ausharren an diesem Ort. Als Kind konnte ich nicht verstehen, dass wir ihre unwahrscheinlichen Schatten durch eine Lücke in den Zweigen zu sehen hofften. Sehr viel später, als ich selber oft dort hinging und schaute, und je nach der Körnung, die die Jahreszeiten dem Bild verliehen, fotografierte, erklärte ich mir meine Treue zu dieser Spreizung des Geländes einzig aus dem heimlichen Spiel der Formen, Spalt in der Mitte, wo kein Wasser zu sehen ist, dafür aber Büschel von Majoran, allüberall sanfter Grasflaum, in dem nur eine leichte Eintiefung an der Flanke den Ort der Quelle verrät. In der folgenden Nacht war mein ganzer Schlaf erfüllt, auf angenehme Weise verstört von dem wiederholten Bemühen, meine Entdeckung zu lokalisieren: mitten auf dem heutigen Gelände – plattgemachte Hecken, Böschungen – der Blick über den unüberwindlichen Zaun der Loiseaus in das Tal von Grise Haie. An den Pfählen endet der Acker, direkt dahinter fällt das

Gelände ab, steiler abgegraster Abhang, unten der Bach; die regelmäßig gepflegte Ader entfernt sich, doch auf einer flachen, mit dem nämlichen Gras besamteten Brücke spiegelt sich in einem von der Quelle gefüllten rechteckigen Trog der Himmel. Auf dem anderen, gegenüberliegenden Abhang, den ich mit dem Blick umfasse oder an dem ich entlanglaufe, um mit den Beinen den Kataster zu vermessen, liegt der Ort, an dem sie wohnen und der besonders günstig der Sonne ausgesetzt ist, denn das Gelände »hängt nach Süden«, wie es heißt. Ein Stück weiter oben auf dem kurzen Hang buckelt sich – weitläufig, weil die früheren Hecken zerstört wurden – ein meist mit Mais besätes Feld, das bis zu den Schieferdächern dort drüben reicht, die zu Grise Haie gehören: In dieser für den Ackerbau umgegrabenen Erde wurden zwei Beile gefunden. Bei der Wanderung durch meine nächtlichen Gedanken legte ich mein ganzes Wesen auf die Unebenheiten des vertrauten Gebiets, und versuchte – immer wieder musste ich von vorne beginnen –, mich mit der Erinnerung und mit dem Empfinden an den genauen Ort ihrer Behausung und zugleich in den von mir bewohnten Entwurf einer Erzählung zu versetzen. Ich erwachte voller Dankbarkeit für die Männer, die jene Beile aus der Erde geborgen und in ihre Tasche gesteckt hatten, für die Frau, die sie in eine Weißblechdose gelegt hatte, für die gesamte, um die Wachstuchdecke versammelte Familie, die sie mich hatte anfassen lassen.

Abgezogen, entrindet, damit sie schneller trocknet, wird sie jetzt eingesetzt, die Mädchen schauen hoch – feierliche Freude –, Gohr und Pek, jeder an seinem Giebel oben auf der Leiter, befestigen die Firststange. Der grimmige Wind, Gohr hat ihn immer von Westen kommen sehen, wird sie nicht frontal, sondern nur auf einer Seite treffen können, eine Vorsichtsmaßnahme, die dem Gelände entspricht. Und die Setzschwellen, waagerechte Balken, die das Dach abstützen, sind an allen vier Ecken mit Lederriemen an eingekerbte Pfosten gebunden: So bleibt die Bedachung entsprechend elastisch. Männer und Frauen, seit Monden dem väterlichen und mütterlichen Blick des Stammes entzogen, wo sie sich gerade erst erwachsen gefühlt hatten – und nun beweist das aufragende Dach, dass sie keine einfachen Reisenden sind: Sie gründen ein Dorf. Zwischen Firststange und Setzschwellen dienen leichte Stäbe als Sparren, festgebunden mit Rindenbast von Linde, Weide oder sogar Eiche, den Suwau und Müa gerottet entzerrt und zu Schnüren gewunden haben. Quer über die Sparren sind der Länge nach in regelmäßigen Abständen schmale Knüttel befestigt, Dachlatten, sagten wir, wenn ich im Geruch des neuen Gebälks über den Ställen den Zimmerleuten auf ihren Leitern zusah. Doch eingerammte Pfähle, entrindete, eingeritzte, überkreuzte und fest miteinander verbundene Zweige sind kaum der Rede wert: Wirklich schwierig ist die wasserdichte Bedachung. Die Rinden brechen, weil sie ihre frühlingshafte Geschmeidigkeit verloren haben, sind bloß noch für die Scheunen gut. Ich bezweifle stark, dass sie mit Schilf decken konnten: Zum nächsten Teich müssten sie mindestens einen halben Tag durch den Wald gehen, allein Hin- und Rückweg, und das reglose, vogelschnatternde Wasser haben sie vermutlich noch nicht entdeckt. Es bleibt noch eine Lösung, die jedoch recht viel Arbeit erfordert. Im Sumpf beider Täler gibt es eine Menge Binsen, ein Material, das sie kennen. Geschnitten, angetrocknet – die grüne Farbe verschwindet – werden die faustdick geflochtenen Halme von einem Pflanzenband gehalten, so wie die Ackerwinde den Stängel umschlingt. Das Gewerk wird durch das Spleißen der Binsenpäckchen auf die gewünschte Länge gebracht, bevor die parallel angeordneten Zöpfe mit einer elastischen Brombeerrinde aneinandergenäht werden. Da sich diese Tradition erhalten hat, haben wir früher – ob aus Weizen-, Haferstroh oder Brombeerrinde – so unsere *Manden* angefertigt, runde henkellose Körbe mit flachem Boden, die in der Armbeuge gehalten wurden, um die Eier einzusammeln oder den Hühnern Körner zu streuen. Seit ihrer Kindheit an gemeinsame Arbeit gewöhnt, sind sie dieses Mal nur vier, um eilig zu bauen, hören außerdem nicht auf, zu fischen, Fallen zu stellen, Pfeilschäfte vorzubereiten, in der Umgebung nach essbaren Pflanzen zu suchen, und Gohr will nicht, dass Müa und Suwau wie die Frauen im Weiler alleine aufbrechen, um Pflanzen Beeren Wurzeln zu suchen: ungewiss, ob nicht doch Gefahr lauert! Gohr und Müa, Suwau und Pek sind wie Meisenpaare, die einander unaufhörlich leise Appelle und Antworten schicken, wenn sie sich in dem raupendurchpickten Laub aus den Augen verlieren. Sie tun es jedoch weder singend noch rufend, sondern mit unzähligen kurzen Blicken im Laufe des Tages. Da jeder junge Verliebte die Liebe zu erfinden meint, glauben sie vermutlich, darin die ersten zu sein ... doch die Archäologie der Gefühle bleibt träumerisch. Eines ist sicher: Gohr weiß weder von meiner Existenz, noch stellt er sie sich vor, und ich bin der Einzige, der sich unsere behutsame Annäherung ausmalt.

Eine Art Wald, hier spärlich, dort dunkel im Sträuchergeflecht unter den hohen Samenbäumen, wo unsere Felder Wiesen Wege angelegt sind, unterteilt von Hecken, jenen uralten Böschungen, die mit der Schaufel aufgehäuft, hochgezogen, festgeklopft wurden und die als Einzige noch Büsche Dickicht und Bäume tragen, als seien sie die Überbleibsel, genauer, eine Erinnerung des Waldes. Die Fingerhüte indes stehen an offenen Stellen, die Stürme verursacht haben, indem sie eine schwere Baumkrone zum Einsturz brachten, starkes, splitterndes Holz, Zweige, die alle niedrigeren Blätter und Stöckchen peitschen und spalten. Bewacht von den grünenden Rispen verdorrt der Baum und zersetzt sich langsam durch

Regen, Schimmel und bohrende Insekten. Überall sonst, zwischen den Stämmen, unter den Blättern – ein jedes fängt straffgespannt für sich das Licht auf – herrscht Schatten. Sie dort haben beinahe die Farbe der Hirsche: gebräunte Haut, Kopf- und Körperhaar leicht rötlich, abgetragene lederne Kleider. Durch die reglose, grüne Luft, still mit Ausnahme eines gelegentlichen Maunzens oder eines brechenden Asts, gleiten Mäuseadler, Habichte und Wespenbussarde. Die Schwingen des Bussards eignen sich zum Fiedern von Pfeilen, aber verzehrt werden sie nicht, die Raubvögel, auch Wolf oder Fuchs nicht, die selbst Fleisch oder gar Aas fressen, wenn sie nichts gefangen haben. Rebhühner und Wachteln, die weniger fliegen als laufen und deshalb eine so zarte Brust haben, die auch nicht singen, nur einander rufen, um sich vor ihrer Vernichtung durch Gewehr oder Vergiftung zusammenzuscharen, waren schreckhafte Gäste in unserem Getreide – oder Ackerfutteranbau (so verbarg sich etwa in dem wegen seiner Samenkörner noch stehenden grauen Klee oft ein Schwarm Rebhühner). Sie jedoch begegnen diesem Federvieh nicht, ahnen nicht einmal von seiner Existenz, denn seit unvordenklicher Zeit folgte es der Tundra Richtung Norden, laufend vermutlich oder aber mit kleinen schweren, sprungartigen Flügen, je mehr die Bäume an Boden gewannen (erst im Mittelalter kehrten sie zurück, um in unseren Feldern zu picken, die von Pflug, Hacke und gekrümmten Rücken bestellt wurden). Im Wald frohlocken die Sänger, Ringel- und Turteltauben, Drosseln und Amseln, ganz abgesehen vom schwer nahbaren Kuckuck. Sie gurren und pfeifen, die Vögel, die Gohr und Pek mit einem Pfeil durchbohren, mit stumpfer Spitze treffen, in den Netzen fangen: fröhliches, gesangspendendes Männchen oder sangloses, aufs Rufen beschränktes Weibchen, das stillschweigend im Nest seine Eier legt, aus denen weitere Sänger schlüpfen ... Ohne genau zu wissen warum, vermag ich mir doch kaum vorzustellen, dass sie die Vögel, denen sie lauschen, gleichgültig töten. Singdrossel, schwarze Amsel sind kaum nachzuahmen, aber manche Vögel schon, und sei es nur annäherungsweise beim Ausprobieren ihrer Laute oder beim Versuch aus größerer Nähe, wenn sie lebendig gehalten und teils wieder freigelassen werden, mit ihnen zu sprechen, ein wenig Anerkennung finden, die Sprache des anderen annehmen – wenn auch für ein musikalisches Gehör recht schlecht! Und sie selbst, welche Sprache benutzen sie, haben sie nachahmend erlernt, damals, als sie sich in die Felle der mütterlichen Hütte schmiegten und über die mit geschmolzenem Fett angereicherte Erde zwischen Tür und Feuerstelle robbten? Auch wir sprachen fließend mit unseren Percheronstuten, auch mit den Kühen und Hunden, die so tun, als verstünden sie oder als verstünden sie nicht, je nachdem. Eines Nachts kamen mir im Halbschlaf zwei kurze Sätze: *a etsele I hir, aet seler ue t'som*, die ich als Verse mit gereimten Anfängen vernahm. Die unverstandene Nachricht ließ mich ganz erwachen, ich stand auf, um sie zu notieren. War es – graues und laues Ende der Nacht – das unvermittelte Aufleben einer Ursprache, die ich verkenne und die mein Gehirn, endlich befreit von den mittransportierten Dummheiten und fußläuferischen Gedanken, aussendet, ohne dass ich sie selbst klar erfasse? So kam mir der Gedanke, dass die Sprache von Gohr, Pek und Suwau, die Müa zum Spielen mit den Gleichaltrigen erlernt hatte, womöglich nicht verloren, sondern nur tief verschüttet war, und ich nahm beim Schreiben, auch ohne sie zu übersetzen, ihre Laute wahr.

Der Ort so nah. Ich bleibe dort stehen, bei unseren Nachbarn. Oder aber schaue von der Birnbaumwiese aus, den Zaun an meinen Oberschenkeln – dicke krumme Pfähle, drei Reihen Stacheldraht –, weder untendrunter hindurch, bäuchlings auf dem Gras, noch mit gespreizten Beinen einfach drüber hinweg, es reicht der

Blick, um sich auf den sanften Abhang gegenüber zu schwingen bis zu der Stelle, die ich so im Gedächtnis bewahre, wie sie vor dem Umgraben durch die Maschine gewesen. Kein Traum, ich halte den Beweis in der Hand, polierte Beile, alte Zähne der Menschheit, und es gefällt mir, dass sie beim Pflügen und Wenden der Erde gefunden wurden, der nutzbaren Humusdecke, der ich mich so innig verbunden fühle. Dort drüben bewegen sich Arme, aber wenn ich zu veranschaulichen versuche, wie ihre Handgriffe die einzelnen Holzstücke zusammensetzen, stelle ich fest, dass Pek und Gohr kaum über ihre Behausung sprechen, die sie wie die ihrer Kindheit gestalten. Auch wenn durch ausgiebiges Studium der Überreste das Alter der Materialien, die Art und die Abmessungen des Baumes sowie die Jahreszeit des Fällens bestimmt werden können, stellt uns die Archäologie einen nur schemenhaften Bau vor Augen. Ich könnte mich hier auf die Andeutung ihres Bauens beschränken, bin aber gleichfalls versucht, ihnen ein ganzes Haus zu schreiben, Sätze geflochten wie Zweige, geknotet wie Lederriemen, in die erdige Vergangenheit gegrabene Wörter … Ich möchte den Finger in die von ihnen gewollten Einkerbungen legen, ja in die Spur ihres Denkens. (Gleichzeitig – ist es Zufall? – habe ich aus den Kommodenschubladen und Schrankregalen die Gegenstände hervorgeholt, die meine Mutter aufbewahrte, angefangen bei einer unvollendeten Stickerei, in der die Nadel, im Begriff einen Pilz zu sticken, dann aber niemals wieder herausgezogen, vor sich hin rostet – darunter die Vorzeichnung einer schlafenden Elfe –, bis hin zu winzigen, zum Bebildern von Märchen aufgeklebten Tapetenschnipseln … Es war zu jener Zeit, da wir dem Fuchs am Teich auflauerten und in die hohle Esskastanie stiegen. Für den Augenblick einer Fotografie baute ich all diese Dinge auf, die seit über einem halben Jahrhundert keinen Dienst mehr taten, und staunte über ihre Fähigkeit, in der unvollkommenen Illusion einer wiedergefundenen Gegenwart die Lippen an die Wunde zu führen.) Ich suche für die Schilderung ihrer gemeinsamen Tätigkeiten nach kraftvollen und nüchternen Wörtern, die ihren Bewegungen entsprechen, doch auf dem Land wird nicht beschrieben, alle scheinen von jeher zu wissen, was sie zu tun haben. Gohr oder Pek, Suwau und Müa, blutjungen Frauen, die ständig mitwirken, kann ich also keine Wendungen entlehnen, um ihre Anstrengung zu zeigen, das Atmen, das Spiel der Muskeln, die Geschicklichkeit jeder Hand, die Ausrufe, das dumpfe und matte Geräusch der Stechpalmknüppel, als Gohr und Pek auf die um die Pfähle geschlungenen Zweige schlugen, um vor dem Aufsetzen des Daches die Seiten zu verschließen. Was es braucht, sind gut eingeritzte Kerben. So teilt nun ein Querbalken die Längsseite, auf ihr und auf einem ähnlichen Stück am östlichen Giebel liegen aus gespaltenen Knütteln gewonnene Latten, die dicht aneinander einen groben Speicherboden bilden. Die Haushälfte, die unter diesem Speicher liegt, ist dunkel, da die Tür sich in der anderen Hälfte befindet, sie wird als Nachtlager dienen. Doch der eigentliche Luxus, der ganze Stolz ihres Geburtsdorfes, ist die Tatsache, dass sie schon lange nicht mehr auf der bloßen Erde schlafen, von der aus dem Boden steigenden Feuchtigkeit nur durch einen Armvoll Farn getrennt, wie Wildschweine, die ihr Lager aus abgerissenen Zweigen bauen. Gohr und Pek rammen hier und dort Pflöcke in den leicht begradigten Boden (der Bau entsteht an einem sanften Abhang), passen oben auf die Pflöcke Querbalken ein und legen auf diese ebenmäßige, aus geraden Baumstämmen gewonnene Bretter. Als der Holzboden verlegt ist, knorrig wahrscheinlich, aber einigermaßen dicht, fordert Gohr Müa auf, die kleine Leiter bis zur Tür hinaufzuklettern – die wiederum höher liegt als der Boden, denn streunende Tiere sind möglichst fernzuhalten –, Müa steckt den Kopf ins Innere, und als sie herunterkommt, liest Gohr aus ihren Augen das schläfrige Gemenge ihrer Körper, sein Bein zwischen ihren Beinen, sein Bauch an ihrem Rücken, sein Arm zwischen ihren Armen, sein Mund auf ihrem Haar in Wind- und langen Regennächten. Endlich erlaubt Gohr mir, ein Mädchen mit in die Hütten zu bringen, die ich mir, als Kind immer alleine, ausdachte, ja, sogar auf meine Kammer, in die ich als junger Mann kletterte, indem ich hin und wieder am Rosenstock hängenblieb; und vor dem zum Nachthimmel hin offenen Fenster legte ich mich zur Ruhe, schmerzlich eine gleichgesinnte Seele ersehnend.

Ein Gewitter Ende August bringt mich auf die Gewitter, die sie auszuhalten haben, und ich frage mich gleich, mit welchen Mitteln sie sich schützen mochten. Wohl mit den erlernten, und wahrscheinlich mit anderen, die Gohr und Pek unter dem Eindruck der Bedrohung ersonnen haben. Unter dem anfangs lauen Regen ziehen sie sich aus, reiben sich mit Asche aus der Feuerstelle ab, die wie grauer Schlamm herabrinnt, rubbeln sich gegenseitig ab mit einer Handvoll feinem Sand aus dem Bach, trinken den Regen, lachen. Sobald die Tropfen auf die Erde prasseln, verkriecht sich Kaab, die Hündin, unter den neuen Holzboden, wenn ihre Gebieter sich mit einem Blick ihrer Gegenwart vergewissern wollen, reckt sie ein wenig den Hals, wagt aber nicht mit dem Schwanz zu wedeln. Bei jedem der lilafarbenen Blitze legt Suwau die ausgebreiteten Hände auf ihren runden Bauch: das Kleine vor dem nächsten Donnerschlag schützen. Laut rufend rennen sie von der Feuerstelle zum Bach und wieder zurück, denn es wäre jetzt sehr unklug, das Feuer unter dem Himmelswasser ersterben zu lassen. Die einfachen beweglichen Windfänge aus geflochtenen Ästen, wie die aus Ginster, mit denen der Köhler noch vor zwanzig Jahren seinen Ofen im benachbarten Wald schützte, reichen wohl nicht, taugen nur an Tagen mit schwachem Wind. Damit die Stürme keinen Brand über das entstehende Haus tragen, befindet sich die Feuerstelle – vorerst die einzige – im Freien, in zehn Schritt Entfernung auf jener Seite, von der sie noch keinen Wind haben nahen hören, im Südosten also. Dort, glaube ich, haben Gohr und Pek gegen die vorherrschenden Winde einen mindestens zwei Schritte breiten festen Schutz angebracht, aus Pfosten mit grüner Rinde, die mit ebenfalls grünen Zweigen umwickelt sind, sodass sie kaum Feuer fangen. Noch braucht es Seitenwände, und vor allem einen Deckel: Kein Feuer unter freiem Himmel hält einem Gewitterregen stand. Die von den Flammen ferngehaltene Vorrichtung ist engmaschig und lässt nur vereinzelte Tropfen durch, die auf das Feuer spucken, es aber nicht löschen. Das Feuer im Regen zu erhalten, setzt trockenes, gleichfalls geschütztes Holz voraus: Ein Holzschuppen in der Nähe des Hauses musste also ihr oberstes Anliegen sein. Bis das von den Männern gefällte Holz trocken war, hatten Müa und Suwau ihn sicherlich mit Totholz gefüllt. Die nötige Menge, sogar durch das Aussortieren von nicht verrottenden Hölzern, denn stehendes Totholz brennt nicht lange. Will er seinen Zweck erfüllen, muss der Schuppen zwangsläufig klein sein. Ich schließe daraus, dass sie wohl nicht nur die Zweige aus der Nähe des Feuers dorthin schleiften, sie mussten außerdem zersägen, brechen, aufschichten, und ich lächele angesichts dieser logisch abzuleitenden Tätigkeit, wenn ich an die vielen Regentage denke, die ich schon als Kind unter dem an die Mauer gelehnten Schieferdach verbrachte, und an die unzähligen Stunden, die ich in dem Verschlag, den ich tatsächlich Holzschuppen nenne, noch immer damit verbringe, das karrenweise im Hof ausgekippte Holz einzuräumen: je nach Baumsorte getrennt, Bündel, zu zersägende Äste, zu spaltende Holzscheite oder Baumstümpfe für den hinteren Teil des Kamins. Pek und Gohr achten unterdessen darauf, dass Suwau ihre Schultern bedeckt und am Feuer ihren gespannten Bauch trocknen lässt. Gohr reibt mit seinen zuvor angewärmten Handflächen über Müas Rücken. Alle vier drängen sich, notdürftig geschützt, dicht an die Feuerstelle und müssen vor allem den zunehmenden Regen hindern, die Glut zwischen ihren Händen zu ertränken. Denn nur dieses launische, gefährliche, plötzlich schwächliche Feuer mit seinem auf- und zuklappenden roten Maul verteidigt sie gegen die fast nachtschwarzen Wolken. Wenn das Gewitter endlich seine schweren Ausbrüche entleert oder weitergetragen, seine unzähligen Wasserpfeile verausgabt hat, werden sie die Feuerstelle vergrößern, sich wärmen, bis sie trocken sind, und sich oben auf dem strauchbewachsenen Hügel unter dem liegenden Stamm wieder schlafen legen. Obwohl fast fertig, kann das Haus noch nicht bewohnt werden: Mangelnde Achtung bringt Unglück. Im Wald rufen die Käuzchen mit ihrer durchdringenden Stimme manchmal ganz in ihrer Nähe. Gohr mag sie. Und wenn sie unsichtbar die Dunkelheit machtvoll zum Klingen bringen – lauter Ruf, gefolgt von einem zaghaften huh-huhuhu-huuuh – und dann aufs Neue anheben, weiß er, dass sich die schlafende Müa bei diesem Geräusch noch dichter an ihn schmiegt.

In der Hocke, kniend, barfuß und jedenfalls mit schlammverdreckten Beinen und Armen rühren Gohr und Pek die Erde mit Wasser an, das Suwau und Müa in an den Ecken zusammengehaltenen Fellen herbeitragen. Klebrige Erde, durch ausgehöhlte Feuchtstellen (wir nennen sie »Torf«) aus den Wiesen gewonnen. Sie begriffen nämlich, dass das Wasser deshalb langsamer in den Boden sickerte als anderswo, weil sich unter dem Gras in einer bestimmten Tiefe eine widerspenstige Schicht befand, die das Einsickern deutlich verzögerte. Sie gruben, befreiten diese Erde von den Wurzeln und transportierten sie häufchenweise auf Tragen, einer vorne, einer hinten. Sie suchten nach möglichst zähem trockenen Gras, pflückten es und hackten es in längliche Stücke – diese zahllosen Tätigkeiten füllen seit Langem ihre Tage –, vermischen es jetzt mit der Erde, die unter dem von den Mädchen ausgegossenen Wasser geknetet wird, um die Mischung sämig und vor allem geschmeidig zu machen. Die Spritzer erreichen ihren gestutzten Bart, beschmutzen die nackten Oberkörper, klettern an den Armen hoch. Sie beeilen sich, die fertige Masse, vermutlich wieder auf einer Trage, ins Haus zu bringen, und machen sich drinnen sofort daran, den Schlamm auf das als Wand dienende dichte Flechtwerk zu spachteln. Brächte man einen solchen Verputz auf den Außenseiten an, würde er vom Regen abgenutzt, im Inneren trocknet er jedoch, haftet durch das Gras und verschließt ihre kleine Behausung gegen Kälte, Wind und Feuchtigkeit. Diese Technik geriet auch später nicht in Vergessenheit. In dem Haus aus dem 18. Jahrhundert, in dem ich geboren wurde, sind die Wände innen mit einem auf den körnigen Stein gepressten lehmhaltigen Schlamm verkleidet, der die Feuchtigkeit aufsaugen soll, damit sie die Holzvertäfelung vor dem Stein nicht angreift. Die Innenwände bestehen aus *Strohlehm*, ein Gemisch aus Erde und Gräsern zwischen den Esskastanienlatten, während die Wandbespannungen und Holztäfelungen, die sie verkleiden, ohne Berührungspunkt davor angebracht sind. In den dunklen Zwischenraum schlüpfen Fledermäuse. Um den Schlamm an das Flechtwerk zu werfen und ihn grob zu glätten, benutzen sie alle vier flache Holzsplitter, die sich mit einem zum Griff verdünnten Ende leichter handhaben lassen. Bei jeder neuen Wand wird unten begonnen, damit sich der Putz jeweils über den bereits aufgetragenen legt. Die Frauen, die einen Mondkalender führen, wie sie es im Dorf seit je gesehen haben – vielleicht mit Kerben auf einem Haselstock, wie es die Bäckerin früher mit den an einer Schnur aufgereihten Baguettebroten für die Höfe machte, die das Mehl lieferten? –, die Frauen wissen, dass es an der Zeit ist, das Haus fertigzustellen: Suwaus Bauch senkt sich. Gemeinsam haben sie Adlerfarn geschnitten, die Stiele gekappt und zum Trocknen ausgelegt, um den Teil des Holzbodens auszupolstern, der für ihr Zimmer gedacht ist. Nachdem die Arbeit an der Bedachung vollbracht ist, wird eine der beiden Leitern auf die Höhe des kleinen Holzbodens unter dem Dach zurechtgesägt und ins Haus eingepasst: die Speicherleiter, die andere hängt an zwei Holzhaken an der Hinterwand (diese Anordnung war früher sehr verbreitet, die Höfe trugen so ihre lange Leiter auf dem Rücken). Gewiss war das Bauen langsam und schwierig, vor allem mit dem spärlichen mitgebrachten Werkzeug, dessen Klingen sich verbrauchten. Bei ihren vielen Verpflichtungen sehe ich sie kaum ruhen. Was essen sie außer dem Fleisch? Würzen sie mit wildem Knoblauch, der später Bärlauch genannt wurde? Im Spätsommer können sie wohl Brombeeren pflücken, doch nur am Waldrand, denn die Brombeersträucher, die über unsere Hecken wuchern, gedeihen nur im Licht. Ich bin wie ein Verwandter, ein Freund ohne Neuigkeiten, der sich ständig fragt, was sie wohl gerade machen und ob es ihnen gutgeht. In den Stunden, in denen sie sitzen, den Stunden, in denen die kurze Zeit ihres Lebens sanft verstreicht, zerstoßen die Frauen Körner, kleine Dinge, Mandeln aus Vogelkirschkernen, um vier nahrhafte Teigportionen herzustellen. Gohr präpariert Fallen, Schnüre und Sprenkel, legt sie am Abend aus und leert sie morgens (ob die Tiere, die heute nur nachts unterwegs sind, damals schon ebenso vorsichtig waren?). Pek wiederum flicht dünne Äste, schützt sie vor der Sonne, damit sie frisch bleiben, ahmt die Rippen der Blätter nach, schafft mithilfe von Verstäbungen Leerräume, die er anschließend füllt. Das Oval zwischen seinen Händen, ganz aus entrindetem Faulbaumholz und mit einer deutlichen Eintiefung, gedreht gewendet und ausgebessert, wobei die Handflächen prüfen, ob der Boden schön glatt und eben ist, scheint zu lang für einen Korb: eine Wiege!

Durch das Lärmen, das dichte Gedränge all dessen, was über die drei geschichtlichen Jahrtausende, die Fülle an Einzelheiten, bekannt ist, versuche ich mir einen Weg zu bahnen bis hin zu der ungewissen, undatierten und wortkargen Zeit, von der uns so wenig überliefert ist. Steine, Knochen, trübe Asche, zersprungene Gefäße ... das, was bleibt von der Anwesenheit des Menschen. Einige Moore gaben fern von hier Reste von Körben, Stücke von Webwaren, hölzerne Löffel aus ihrem dunklen Mark preis. Durchgrübe und durchsiebte ich die Erde bei unseren Nachbarn, auf halbem Hang in der Nähe der Quelle, fände ich dort vielleicht Knochensplitter oder Rückenwirbel des von ihnen verspeisten Wilds? Sicher nicht, die Erde hier ist säurehaltig und hat alles verdaut. Steine und Werkzeug sind bereits an die Oberfläche gequollen, ob noch andere darunter sind? Vielleicht Asche, die ungreifbare Spur der so lange im Freien erhaltenen Feuerstelle, Asche, die jetzt nicht mehr beim geringsten Luftzug hochwirbelt, sondern schwarz an der Erde haftet und unter der Lupe nur schwer zu erkennen wäre. Oder die festgetretenen kleinen Wege zwischen Haus, Quelle, Feuerstelle, Scheune und anderen Bauten, die sie später gewiss noch errichteten. Die Rinder trampeln enge staubige Pfade quer über die Weiden aus, direkt am Abhang der Wiese von Grise Haie: Sie ziehen es vor zu warten und laufen hintereinander auf der flachen abgenutzten Erde, die für ihre ungeschickten Klauen angenehmer ist. Womöglich liegt hier unter den Erdstürzen, dem aufgehäuften Humus, eine Spanne Boden, so wie er unter ihren Fuß- und Sandalensohlen war. Eine feine Schicht aus Nahrungsresten, zerquetschten Insekten, Holz- oder Knochenschnitzeln, in der während unzähliger Jahre und Jahrhunderte teils täglich festgestampften Erde. Doch diesem frühen Schlängeln solch geheimnisvoller Wege, auf denen nun die von Wurzeln und Maulwurfschaufeln durchzogene Erde lastet, folge ich womöglich mit geschlossenen Augen vor meinem

Papier besser als mit Hacke und Schaufel der Wiese zusetzend, um irgendwann auf Knien mit dem Pinsel eine verborgene Oberfläche auszugraben, in der Hoffnung, sie, geduldige Vermittlerin, möge meine Haut endlich mit der ihren in Berührung kommen lassen. Während ich im Gemüsegarten schreibe, setzen sich Schmetterlinge auf meinen Arm, auf das Papier, weiße, die wie Duftwicken ihre Flügel schließen, andere, die beide Schöße ihres dunkelbraunen samtigen Mantels – mit breiten feuerroten Spiegeln, weißen Flecken und sogar ein bisschen Blau – flach ausbreiten. Sie prüfen, ob ich den Stämmen des Pflaumenbaums gleiche, dem spärlichen Weinlaub, den Steinen der Mauer, wo sie sich in rascher Abfolge niederlassen, um sich von der Abendsonne bescheinen zu lassen. Jene unveränderliche Farbe der Schmetterlinge teile ich mit Gohr und den anderen, so nah sind sie mir über die hiesigen Dinge, und doch auf quälende Weise unbekannt. Früh verstorbene Vorfahren, die in einer alt gewordenen Zeit jung bleiben. Wie gerne würde ich sie denken, miteinander sprechen, den Klang ihrer Stimme hören. Ich kehre zurück zu den Jahren, die ihre Gegenwart waren, baue vor mir auf, was ihre Augen sehen – sanfter Abhang, Bach, Boden, der auf der anderen Seite Richtung Südosten ansteigt – und was ihre Hände berühren: verschiedene bearbeitete Steine, die bald verzehrten, noch brennenden Holzstücke des unentbehrlichen Feuers. Darüber kann ich, wenn die Luft blau ist, die Volten eines Bussardpärchens zeichnen, das anhebende Krächzen. Aber das Gesicht, das sie einander zeigen, das Gefühl, das die Augen demjenigen anvertrauen, der ganz aus der Nähe schaut? Allein in technischen Fragen – die des nackten Menschen im Regen –, auf die sie eine Antwort wussten, in bestimmten Gesten, die ich übernommen habe, kann ich zwar nicht bei ihnen, aber wenigstens ihren Gedanken nahe sein. Während all der Jahre, in denen mich die der Erde, der vordenklichen Nacht entrissene Erzählung aufsuchte, heimsuchte und vereinnahmte, bekam ich es mehrfach mit der Angst zu tun, plötzlich das ausgeprägte Bewusstsein, so sehr dort zu sein, dass ich hier nicht mehr sein konnte.

Nicht nur ein Knochen, Modar. Knochen, den die Zeit gelblich färbt, Gohr möchte ihn nicht so nennen, kennt von Kindheit an die Ehrerbietung für Modar, die Mutter. Vielfach abgeriebener, herumgetragener, abgenutzter Knochen, glänzend und poliert. Ein Kopf, denn es gibt zwei Augen, tief ausgehöhlte, beunruhigende Augen sogar. Ein zerfurchter Hals, auch dies eine Folge der Schabetechnik. Die Brüste Ausbuchtungen. Eingravierte Vorderarme auf dem Bauch scheinen von hinten zu kommen, nicht ineinander verschränkte Finger, eine Art Gürtel, und der untere Teil unförmig, eher spitz zulaufend. Die Mutter, im grenzenlosen Innern jenes uralten Knochens, steht für das Leben, aber nicht für das alltägliche Leben, das eigene, das der anderen, der eng oder flüchtig Verbundenen: Sie steht für das Ursprungskeuchen, das die ersten Menschen gebar. Ein winziger Rest dieses Impulses ist im Mund jedes zur Welt kommenden Kindes verblieben; hört man es schreien, kann man sich vorstellen, wie der erste Lebensatem gewesen sein mag, zu laut und gedehnt, um von denjenigen wahrgenommen zu werden, die ihm einbeschrieben waren, die in diesem Atem und mit seiner Hilfe Luft holten. Deshalb heißen sie »die Ahnen«. Sind fast immer zu zweit. Der zweite ist aus Holz. Vom Gebrauch ebenfalls wie gewachst, hartes Holz mit einem Knoten, der oft den Kopf bildet. Der lange Körper, kein Bauch wie Modar ihn hat, ist leicht, vermutlich nach vorn geneigt oder gekrümmt. Er muss P'tr heißen, fast Patr, rauer Klang, den unsere Buchstaben wiedergeben müssen. Als männliches Prinzip ist er Vater, mehr Beschützer als Erzeuger: Modar verleiht Leben, Patr ernährt und verteidigt, tritt mit seinem Körper dazwischen. Doch neben der Mutter, Quelle aller Leben, bedeutet der Vater auch Sterblichkeit, daher ist die Holzfigur abgenützt und beschädigt, wird häufiger ersetzt als der Knochen Modar. Nicht eindeutig als Mann geschnitzt, repräsentiert Patr alle Menschen zugleich an der Seite ihrer Erzeugerin. Die Ahnen sind mitgereist. Gohr und Suwau haben sie noch von ihrer Mutter, es sind die, die jene selbst als junge Frau in ihr neues Zuhause mitgebracht hatte. Die Ahnen warten unter der Eiche, solange es noch kein Haus gibt. Modar, ihre Augen, in deren Höhlen man vergeblich zu sehen versucht, was sie sieht, ihr für alle Zeiten fruchtbarer Bauch, und Patr, dürr, leicht gebeugt unter der Last des Daseins und bis auf die zähesten Fasern abgeschrappt, werden nun ins Haus gelassen. Gohr stellt sie in die kleinen Nischen an der üblichen Stelle: am Fuß des Mittelpfostens vor der Rückwand. Die vier jungen Leute ziehen sich zurück, die Ahnen müssen die erste Nacht alleine verbringen, damit sie das Haus als ihres empfinden, sich einrichten und es anschließend behüten. Unter dem mittleren Balken erste Vorräte für den Winter, zwei oder drei aufgehängte runde Körbe, die Pek und vielleicht die Mädchen geflochten haben, mit Haselnüssen, die an dieser Stelle den Nagetieren unzugänglich sind. Wegen ihrer hölzernen Schale – auf natürliche Weise oder mit leichter Hand von ihrem Hochblatt befreit, sobald sich als Anzeichen ihrer Reife ihr Hinterteil rötlich färbt – eignen sich die dem Keimen entzogenen Mandeln von allen Beeren am besten zum Aufbewahren. Bei seinem ersten Aufenthalt hatte Gohr die Fülle des Haselstrauchs zu schätzen gewusst (im Volksmund nennen wir ihn, der früher als *Frau Hasel* oder *Haselin* verehrt wurde, auch *Lämmerschwanz* oder *Märzennudel*). Die Haselnüsse bieten eine reichhaltige Nahrung, und das Feuer freut sich über die Schalen. Ob wegen des spärlich in den Früchten enthaltenen Mehls oder wegen ihrer vor Energie überbordenden Keimkraft: Sämtliche kleine Bohnensorten werden gesammelt, darunter die Wicken, Schmetterlingsblütler mit granatroten und dunkelblauen Blüten, die die Landwirte noch vor dreißig Jahren zusammen mit einem Getreide aussäten, damit sich die Zaun-Wicke – so ihr korrekter Name – auf die Gersten- und Haferstängel stützen konnte: Wenn die aufgeschossene Saat bis zum Knie reichte, wurde jeden Tag ein Karrenvoll abgemäht und an die Kühe im Stall verteilt. Ich hoffe, sie fanden noch weitere Schotenfrüchte, die ich selbst nicht kenne und die seither aus unserer Gegend verschwunden sind, denn sonst muss ihre Ernte sehr mager ausfallen. Die Größe der Körner verlangt ein engmaschiges Flechtwerk, doch das Enthülsen kann schwerlich von Hand stattfinden, ich sehe eher, wie die jungen Frauen die ganzen Pflanzen pflücken, sie in einem Fell herbeitragen und dann in ebendiesem Fell oder auf der Erde mit einem Stock dreschen. Das Dreschen auf dem Boden setzt eine gejätete, festgeklopfte, feuchte, abermals festgeklopfte und getrocknete Tenne voraus, damit sich möglichst wenig Staub unter die Körner mischt. Es scheint mir unvorstellbar, dass sie nach dem Kalender der jeweiligen Reifungen solche Vorräte nicht anlegten. War ich so damit beansprucht, den komplizierten Bau des Hauses zu beschreiben? Jedenfalls habe ich im rechten Moment die Knie der Mädchen in der Erde versäumt, ihre gesenkte Stirn, das immer wieder herabfallende und hochgesteckte Haar beim Auslesen der grauen Erbsen. Die Samen offenbaren die Pflanze, auch diese dort entstand aus einem Samen, mit einer Pflanze pro Jahr halte ich den nie abgerissenen Faden, der mich zu ihnen führt. Die Körbe hängen unter dem mittleren Balken. Die Tür steht offen. Die Ahnen können gehen, wenn es ihnen nicht gefällt. Die tiefschwarze Nacht erzittert vom Röhren eines Hirsches, tragisch klingen die Pausen.

Hinten hohe Eichen, so wie ich sie kannte – in denen Léandre einen Waldkauz verletzte, der stillschweigend staunend herabstürzte, sein großer Schnabel nur, um nach mir zu schnappen, denn von meinen Worten verstand er nichts –, vorne aber: die Luft, das Gras, die Binsen im kleinen Tal, Sonne. Sichtbar also das Haus für jemanden, der den Kopf aus den Zweigen stecken würde wie Gohr beim ersten Mal; auch der Holzschuppen und die Wege zwischen Feuerstelle, Quelle und Bach sind es. Zum Glück haben die vergangenen Monate keinen Eindringling in die Gegend geführt. Außen sind die Ritzen mit Moos ausgestopft (eine ähnliche Technik zum Abdichten der Banjas habe ich in den russischen Wäldern oder am Ufer kleiner Flüsse gefunden ... Gohr und Pek vollführen, ohne es zu wissen, die Gesten weit entfernter, sagenhaft anmutender Verwandter, die zu Fuß und über Generationen hinweg aus den Steppen oder der Taiga gekommen sind). Anschließend werden die Wände wie immer mit Schlamm verputzt, jedoch erst danach, um das Trocknen zu erleichtern. Ist sie erst einmal Regen Wind Schnee ausgesetzt und sind die zerdrückten Pflanzen nachgewachsen, wird die Hütte sich besser zwischen Erde, Blätter Rinden verstecken. Ihre Tür, größer als die eigentliche Öffnung, befindet sich innen. Von der Leiter aus wird sie vom Hinausgehenden senkrecht eingerastet und nachts von innen mit einer Sperre verstärkt (noch heute sagt man *die Tür versperren* für »den Riegel vorschieben«). Ein Deckenbalken, auf dem der Speicher ruht, teilt das Haus in zwei Hälften: rechts (auf der Ostseite) das Zimmer, gegenüber von der Tür der Feuerraum. Das Feuer wird nicht direkt auf dem Holzboden aufgeschichtet, in den dörflichen Behausungen ruht es immer auf einem Lehmaufsatz, der seinerseits auf dem Holz geformt wurde. Wahrscheinlich mitten im Raum, also auf der Hälfte des Hauses, damit es nicht an den Wänden hochzüngelt und die Bewohner sich drumherum scharen können. Für dieses Vorhaben mussten sie reinen oder nahezu reinen Lehm finden. Früher holten wir welchen nach dem Karpfenangeln, um die Spalten der Holzpalette zu verkitten, die – mit der Winde hochgezogen und wieder heruntergelassen – den Abfluss des Teichs abdichten sollte und nach ein paar Tagen im Trockenen ganz verbogen war. Der Maurer trieb auf dem Gelände einer Nachbargemeinde einen Schubkarren mit Lehm auf. Im Steinbruch der ehemaligen Ziegelei durfte damals jeder graben, und dort drüben gab es für die Arbeiten, die auf den Höfen für das Hochziehen einer Mauer oder das Anlegen einer Weidetränke anfielen, ein reichliches Lehmvorkommen. Wir nannten den Lehm »die schöne Blaue«. Die Frage, die ich mir stelle – wie sie damals eine dieser Lehmadern entdeckten –, wird ohne Antwort bleiben. Von dem Hügel zwischen beiden Tälern, wo später mein Geburtshaus entstand, muss man auf die Mittagssonne zugehen, zwei kleine Steigungen, zwischen denen ein weiterer Bach verläuft, ein sanfter Abhang gefolgt von einem langen Aufstieg (das alles in heute vier Kilometern), dann ein flaches Gelände: Dort, noch zwei- bis dreihundert Schritte weiter, wurden seit dem 18. Jahrhundert kleine Pflastersteine hergestellt. Schon lange vorher war beim Pflügen, beim Säubern der Gräben und Aufwerfen der Böschungen mit der Schaufel Lehm entdeckt worden. In meiner Kindheit zeigte sich auch an den Seiten der tiefsten Hohlwege vom Eisenoxyd gerötete lehmhaltige Erde. Bei ihrer Ankunft nicht der kleinste Abstich, aber wie ich sehe, führte ihre Route in etwa durch jenes enge Tongebiet, sie konnten also das Vorkommen am fehlenden Pflanzenwuchs oder an der Farbe des Geröllschutts bemerken, Reste – von einem Geländebeben wieder an die Oberfläche getrieben – des kargen, unter dem Gewicht des letzten Gletschers zermalmten Schlamms. Vielleicht macht Suwau auf etwas aufmerksam: Trotz ihres Bauchs, der ihr das Gehen erschwert, nimmt sie an der Erkundung teil. Sie erklärt – wie kann ich angedeutete Gesten zeigen? –, dass die Erde sie interessiert. Ja, sie wissen alle, dass sie schon als Kind am liebsten Kneten und Backen spielte. Auf keinen Fall will man sie alleine lassen. Ich weiß nicht, ob der Rohstoff, den sie bergen, trocken ist, rissig, in kleine Bröckchen und Krümel zerbröselt, oder ob er tiefer geborgen wurde, also feucht und klebrig ist. Jeder trägt über der Schulter ein bisschen Erde, mit der Hacke aus Hirschgeweih ausgegraben, dann in ein Fell geschnürt. Sie rühren sie mit dem Bachwasser an – so gesellt sich das Wasser zum Feuer, wie sie es von ihrem Vater gelernt haben –, stellen einen bläulichen Teig her, streichen ihn in der Raummitte aus, scharen sich um ihn und schlagen ihn mit geballten Fäusten, großer dicker Fladen mit leicht hochgezogenen Rändern. Wenn er trocken ist, wird Ogni oder Igni, das Feuer, ins Haus geladen. Acht Hände strecken sich nach seiner ersten Flamme, die zur Beständigkeit aufgefordert wird, genährt von den Fingern, die ihr Holz zutragen, unter der Asche gestreichelt von ihrem Atem, gespannte gerundete Münder.

Die Dauer, ich sagte es schon, scheint schwer einzuschätzen, ungewiss, aber es stellt sich noch ein anderes Problem: Ich weiß noch immer nicht, zu welchem Zeitpunkt ich Szenen ansetzen soll, die auftauchen, ohne dass ich sie habe erfinden wollen, die sich hinter meinen Augen festsetzen, unter dem Haar, das ich mit der linken Hand zurückstreiche, vielleicht weil sie früher – wage ich es auszusprechen? – auf diese Weise gelebt wurden und ihre ferne, verbrauchte und brüchige Wirklichkeit noch immer durch die Zeit irrt. Wenn es darum geht, zu reisen oder eine Hütte zu bauen, ist es leicht, die Abfolge der Handlungen zu schildern. Doch in jener Nacht überraschen mich Suwaus Schmerzen mehr, als sie ihre Angehörigen wundern, die wahrscheinlich spürten, dass sie bevorstanden. Ich hatte keine Gelegenheit zu zeigen, dass sie nun in der Kammer schlafen, nachdem sie die für den Winter vorgesehenen Felle auf eine trockene Farnschicht gebreitet haben. Tiefe Nacht, aber zwischen den Wolken und Bäumen fällt ein Licht in das kleine

Tal um das Haus: Suwau stürzte, sobald die Schmerzen heftiger wurden, bei geöffneter Tür die drei, vier Sprossen der Leiter hinab, gelangte nicht mehr um die Ecke, konnte nur noch die Oberschenkel öffnen, laufen lassen, aber auf die Erde, denn neben der Sorge, das Haus nicht zu verschmutzen, soll das Fruchtwasser, das wusste man im Dorf, in die Erde sickern. Sie geht wieder hoch und stützt sich auf Müa, die nachgekommen ist. Beide waren sie bei Geburten dabei, weggejagt, heimlich zurückgekehrt, den Kopf zwischen Erwachsenenfüßen, um es herauskommen zu sehen. Müa breitet eine der großen Tierhäute aus, die vor dem Regen schützen, um das Kind zu empfangen. Suwau versteht sich aufs Hecheln und Pressen, hecheln, nicht schreien, schlecht wäre es, bis tief in den Wald das werdende Leben zu verkünden. Die Männer sind aufgewacht und haben das Feuer angefacht, sich um die Lampen gekümmert. Zwei, drei Lampen bestimmt. Unser körniger brauner Stein mit seinen Glimmerplättchen lässt sich leicht aushöhlen, am schwierigsten ist es wohl, ihn nicht brechen zu lassen … endlich merke ich, dass es Lampen gibt. Jede hat eine kleine Ausbuchtung mit geschmolzenem, um einen Docht aus Pflanzenfasern verfestigten Fett; ich frage mich, welche Art so gut das Fett aufsaugt, von dem sich die Flamme nährt, vielleicht trockenes Wollkraut, dessen Vorzüge bei diesen Diensten lange geschätzt wurden. (So fand auch meine Geburt, da die noch junge Elektrifizierung des Hauses unter einem Gewitter zusammenbrach, im Schein von alten Petrollampen statt.) Stöckchen im Feuer, glimmende Lämpchen lassen die fast nackte, hervorlugende Kopfrundung sichtbar werden. Da Suwau den Eindruck hatte, es ginge nicht vorwärts, hängte sie sich stehend mit beiden Armen an den kräftigen Pek, um zu pressen, ihren Bauch zu schütteln, den Ankömmling zum Herauskommen zu drängen. Sinkt dann zu Boden, Müa nimmt den Kopf in Empfang, mit der anderen Hand eine Schulter, kleine Arme, es folgt der Rest, fast nichts mehr, aber männlich, ein bisschen Blut und die eingerissene Nachgeburt. Pek zertrennt mit einem Biss die Nabelschnur, die Müa mit einer dünnen, zwischen die Zähne geklemmten Sehne schnell abbindet. Gohr bringt Quellwasser, Suwau trinkt ein wenig, Müa benetzt ein Stück weiches Leder und säubert notdürftig das Neugeborene, Suwaus Oberschenkel. Pek entfernt sich mit der an den Ecken zusammengehaltenen Tierhaut, gräbt mit der Hacke und beiden Händen, von den Wurzeln behindert, ein Loch, das tief genug ist, um die Nachgeburt einzugraben, sie gewiss mit einer mir unbekannten Formel zu bestatten. Er klopft und trampelt, legt das Fell, von einem Stein beschwert, zum Einweichen in die Strömung des Baches. Ist es Suwau selbst oder Müa, die das Neugeborene der Mutter auf den Bauch gelegt hat? Als Pek die Kammer betritt, schlafen Suwau und Müa. Genug Holz im Feuer, Gohr gibt ihm ein kurzes Zeichen, sie lächeln sich an, Pek löscht auch die letzte Lampe. In der Morgendämmerung hört Müa das Saugen des trinkenden Neugeborenen. Gohr und Pek sind bei der Jagd. Suwau sieht das Licht der Tagesfrühe, das Viereck der Tür, in den wachen Augen ihres Sohnes glänzen.

Sie sind ohne die Hündin aufgebrochen, Kaab wacht über die Frauen. Haben ihren großen Bogen dabei, den fast mannshohen aus Stechpalmenholz. Dem Bach Richtung Osten folgend umgehen sie den Hügel, auf dem, sehr viel später, im 11. Jahrhundert, Kirche und Dorf erbaut wurden und vorher möglicherweise gar nichts war. Von der anderen Seite ist, in fünf Kilometern Entfernung, nur die Braue des Waldes zu sehen (Rehböcke und Wildschweine kommen von einem Maisfeld zum anderen bis in die Nähe des Dorfes), die Hirschkühe lassen sie laufen. Die beiden Bögen gleichen sich, aber Pek und Gohr sind jeweils an den ihren gewohnt. Nur das vertraute Zusammenspiel zwischen Schütze und Bogen ist wirkungsvoll.

Sie halten sie in der Hand, würden sonst immer wieder gegen die Zweige stoßen. In der Mitte ein durch verknotete Pflanzenfasern verstärkter Griff, die sich verjüngenden Enden münden in einen umgekehrten Kopf, Kerbe für die Bogenschnur aus geflochtenen Sehnen. Das innen mit Stäben verstärkte Leder der quer über den Rücken gegurteten Köcher ist vom vielen Nass- und Trockenwerden ganz zerschrumpelt, dornenzerkratzt. An ihr linkes Handgelenk haben Pek und Gohr eine Armschutzplatte gebunden, Pek einen flachen durchlöcherten Knochen, Gohr ein dickes Leder: So bleibt ihr Handgelenk auch an der Innenseite geschützt, wenn es die von den Fingern der rechten Hand abgeschnellte Bogensehne abfängt. Sobald eine Amsel ihre Flucht verkündet, ein Eichelhäher seinen rauen Schrei ausstößt, eine zum Trinken herabgeflogene Ringeltaube mit den Flügeln schlägt, halten sie für ein paar Atemzüge in ihren Bewegungen inne, wissen, dass Rehbock, Hirsch oder Hirschkuh bei diesen Zeichen den Kopf heben, die Ohren spitzen, und so heißt es abwarten, bis sie wieder Blätter kauen, Rinde knabbern, Regenwasser lecken. Ihre Schritte sind unendlich geschmeidig und leise, sie verständigen sich mit kaum merklichen Gesten, pirschen sich an einen fünfjährigen Hirsch heran. In dem Moment, als der Stolze sich aufrichtet, durchbohrt Pek seinen Hals mit einem Pfeil und nutzt seine Überraschung, um das Tier in die Knie zu zwingen, Knüttelhieb gegen ein Vorderbein, und ihm die Kehle zu durchtrennen. Gohr steht direkt daneben, bereit zu helfen, aber er lässt Pek machen und dem Hirsch zuflüstern, er sterbe jetzt, damit seinerseits das Kind leben könne. Die Mutter wolle ernährt werden, damit es ihr nicht an Milch fehle. Würde man dem jungen Hirsch diese Ehrerbietungen, die Erklärung seines Opfers im Augenblick, da er die Augen schließt, vorenthalten, drohte seine Seele – geliehenes Stück Leben, das sich unsichtbar zwischen den Blättern fortstiehlt – ihnen auf dem Rückweg zu folgen und einen von ihnen zu peinigen, womöglich den Schwächsten, den gerade erst Geborenen. Es ist jedes Mal eine heikle Aufgabe, den schweren Hirsch zurückzubringen, zumal sich sein Geweih, wenn auch kaum verästelt, im Gestrüpp verfängt. Wenn sie zu zweit sind, legen sie ihn auf eine Holztrage, wollen ihn sich wegen seiner Parasiten, die unmittelbar vom Toten auf den Lebenden wechseln und dessen Blut suchen, nicht auf den Rücken laden. Es reicht nämlich kaum, sich in der Erde zu wälzen, mit Sand abzureiben, mit warmem Urin zu überschütten, im Rauch zu verschwinden, in den Fluss einzutauchen, Läuse und Zecken beißen sich fest und brüten im Haar. Die Haut des Hirschs, das Geweih, alles ist kostbar für sie. Sie hüten sich – nur sein Kleid nicht zerreißen –, das Tier mit einem Lanzenstich ins Herz zu töten. Wie nennen sie ihn? *Ker* oder ein ähnlicher Laut, denn das lateinische *cervus* hat sich erst später nach dem Spitznamen »Geweihträger« ausgebildet, damit das Wild, das mit seinem feinen Gehör möglicherweise seinen Namen erkennen würde, nicht vorzeitig flieht. Sie sind wieder da. Müa wäscht in der Strömung das Leder, das die Geburt aufgenommen hat, Suwau hält das Kind fest eingehüllt, Fell auf Haut, umkreist das Feuer im Freien oder kehrt ihm den Rücken zu, damit keine Rauchschwaden den Säugling belästigen. Gegenstand der Bewunderung ist an diesem Morgen nicht der Hirsch, den die Männer zurückbringen. Suwau wechselt mit Pek ein paar Worte, lacht und verkündet: Ouen soll er heißen! Dann sanft zum Schlafenden: Ouen!

Hörner heben sich, wenn Augen Ohren Witterung wachen, während andere Hörner sich senken, während Schnauzen das Gras absuchen oder die Stirn sich drohend gebärdet; Hörner nebeneinander, wenn die Flanken sich berühren, sich gar überkreuzen, sobald ihr Atem gemeinsam über das Wasser streift; Hörner, die sich aufrichten, wenn, nach langer Überlegung, die Schulter endlich nicht mehr an die Hüfte stößt und der Auerochse mit hohem Rücken eine Auerkuh besteigt. Seit seiner Rückkehr versäumt Gohr es nie, dem Weg der Rinder zu folgen. Wahrscheinlich weil er sie unten in seinem Heimatdorf mit seinem Vater und den Jägern schon beobachtet hatte, weiß er, was ich gerade erst lerne: Der Auerochse grast seine Wiese ab. Die Herde umfasst zu diesem Zeitpunkt fünf Kühe, ihre Kälber, vier Jungtiere aus dem Vorjahr, fast dreimal die Finger einer Hand, so die von Gohr überprüfte Zahl. Wenn sie nicht in einem der beiden Täler grasen, sucht Gohr, findet sie nicht immer, doch dann sind sie wieder da, durchqueren zwischen Tälern das Dunkel des Waldes, selbst gefolgt von einer Herde aus Fliegen und Bremsen, weitere Hufe vermischen den Kuhmist mit der aufgeschürften Erde, am Abhang schlitternde Klauen. Da alle Kühe seit dem Spätsommer gedeckt sind, begleiten die Männchen sie nicht mehr, bleiben unter sich im Dickicht aus Binsen Weiden Bärenklau Sauerampfer hohen Gräsern auf der Talseite mit ihren flachen torfhaltigen Hängen, bewässert von Quellen, die sich auf den in der Mitte liegenden Bach zugraben. Auch sie überwacht Gohr. Pek und er achten auf den Wind, vermeiden es, die guten Witterer mit ihrem Menschengeruch zu alarmieren, wissen, wer der Stärkste ist, der ihnen beim Besteigen aufgefallen ist. Die langen Hörner der Männchen haben eine schwarze scharfe nach vorn weisende Spitze zum Aufspießen und Fortschleudern von allem, was so dreist wäre, ihnen in die Quere zu kommen. Die der Kühe, nur geringfügig kürzer, haben eher die Form einer Leier, wenn ich das Bild eines Instruments bemühen darf, das die Griechen uns später zeigten und dessen Rundungen nurmehr auf dem Kopf der Aubrac-Kühe zu sehen sind. Die Vier-Monats-Kälber weichen ein wenig zurück, ihre Mutter misstraut dem Wolf, ist bereit, sie mit schwingender Kehle und, je nach Entfernung, mit geschlossenem oder offenem Maul zurückzurufen. Von einem Tal zum anderen bahnt sich die Herde einen Weg durch den Wald; wenn er, von der Mutterkuh geleitet, zurückkommt, bindet Gohr Kaab vor dem Haus an, gibt Müa und Suwau schnell ein Zeichen: Rufe oder Lachen dämpfen, sich langsamer bewegen, damit die noch immer wachsamen Auerochsen sich nicht an der Behausung stören, ihre Gewohnheit beibehalten und das Tal abgrasen oder durch den Bach waten. Manche meiner kräftigen Zuchtkühe lassen mich heute auf der Weide ihre geschmeidige Haut, ihr dunkelbraunes glänzendes Fell berühren, aber die meisten weichen zurück, sie verübeln uns die Kette um ihren Hals, wenn sie zum Kalben oder Spritzen in den Stall kommen, und dass wir sie alle mit gezücktem Stock am Querfeldeinlaufen gehindert haben, wenn es auf einem Abschnitt der kleinen Straße von einer Wiese zur nächsten ging. Die mit Gohrs Gebiet vertrauten Auerochsen wissen noch nichts über den Menschen, sehen ihn als Tier, und dennoch stelle ich wieder fest, dass unser aufrechter Gang den Rindern Furcht einflößt. Wenn ich mich hinhocke oder -setze, kommen sie näher, lecken sogar. Die senkrechte Erscheinung von Gohr und Pek zieht, sobald sie gehen, im großen Auge der Rinder einen Strich durch das Gelände, die Hörner geraten plötzlich in Unruhe und das Rückgrat der Kühe stellt sich zwischen Kalb und Gefahr. Ein Wolf kann nicht auf den Hinterbeinen stehen, aber der Bär zum Beispiel befreit seine Arme gern vom Gehen, um zu schauen, von oben zu beschnuppern, jedenfalls regt sich im weichen verworrenen Gestrüpp etwas, das keinen waagerechten Rücken hat wie sie, die Auerochsen, deren Wirbelkette parallel zum Boden verläuft, auch wenn der Kopf abrupt hochschnellen kann und sich die Hörner in den Himmel bohren. So arbeitet sich Gohr in der Hocke voran, oder mit gebeugtem Rücken baumelnden Armen, er will sich geduldet fühlen, will auch, dass die Auerochsen weiterhin das Gemisch aus hohlen Stängeln Disteln Sträuchern Rinden Schößlingen Knospen abweiden, damit die schmale Wiese nicht Wald wird, sondern sich vielmehr mit Süßgräsern, Blumen fürs Heu und lichtliebenden Gräsern überzieht. Unten an dem Stückchen Land, das der Loiseau-Nachfahre bestellt, »hohles Feld« genannt, weil es im Westen absinkt, befand sich früher ein breiter Graben, damit das Wasser aus dem Acker ablaufen konnte, der sich jetzt in einen von Brombeeren Spindelbäumen und Holunder geschützten Gang für Dachse und Füchse verwandelt hat. Von dort aus kann ich den Talgrund sehen, das Gras direkt hinter der Hecke. Seit ich mich von Kindheit an forschend über die Pflanzen beuge, schon über ein halbes Jahrhundert vor ihnen knie, bin ich einmal, zarte weiße Blüten und leichte, aus einem schuppigen Rhizom wachsende Blätter, ein einziges Mal, dort in dem Graben, auf Oxalis oder Sauerklee gestoßen. Blätter und Blüten des Oxalis klappen nachts zusammen, täuschen gar mit gesenktem Kopf eine Ruheposition vor, um ihr heimliches Gift besser zu verbergen. Mit diesem Schattengewächs hielt ich die letzte Spur des Urwalds in Händen.

Während der ungefähr zehn Jahre, die ich von meinem Projekt beseelt war, sah ich ihn, auch wenn aus meinen Notizen hervorging, dass die Hauptperson ein junger Mann war, tatsächlich nur schemenhaft: flackernde Lichter, ein schnell wieder hinter Böschung und Astwerk verschwindender Umriss. Als ich mit dem Schreiben begann und mich darin übte, von ihm zu sprechen, vermochte ich bestenfalls einen Blick auf ihn zu erhaschen: eher groß, schlank und wendig, gehend oder nicht, immer aber aufrecht. Ich habe sogar den Eindruck, dass die zittrigen Bilder, die ich mir von ihm machte, eben aufgrund jener Haltung mit dem Empfinden meines eigenen Körpers übereinzustimmen begannen, als ich früher kraftvoll und fast täglich dasselbe Gelände abschritt. Dann die Frage, ob ich ihm die Lebenskraft, einen Abglanz meiner eigenen jugendlichen Lebenskraft verlieh, obgleich Gohr bestimmt sehr viel kräftiger ist, als ich es war. Oder ob gar sein Geist – beglückt, fast wiedergeboren zu werden – in den Träumereien der letzten Jahre in mich geschlüpft war und unablässig auf eine Erzählung pochte. Diese Hypothese mag verwundern, erklärt aber die Euphorie, in die ich verfalle, sobald ich mir die Tatsachen erneut ins Gedächtnis rufe. Ich habe Handlungen angekündigt, und als ich sie beschreiben wollte, habe ich mich Gohr genähert. Er ist nicht mehr derjenige, der mir einst ein Zeichen gab; kein Handzeichen, sondern ein Zeichen seiner Anwesenheit, indem er auf ebenjenen Feldern erschien, über die auch ich in seinem Alter ging und auf denen ich später, je nach dem von den Jahreszeiten dargebotenen Wandel, Boden, Bäume, Zäune fotografierte. Ich sehe ihn mit Armen und Beinen immer in Bewegung, weil es Gesten sind, die ich kenne. Auf seinem Gesicht, das womöglich sein Wesen preisgeben würde, ist es schwieriger, Klarheit zu gewinnen. Schwierig gar, bärtige Gesichter in eine Landschaft einzufügen, in der niemand mehr einen Bart trägt. Von Weitem sehen Haar und Bart ein bisschen nach Rabennestern aus, dabei stutzen die jungen Männer ihre Bärte. Feine Feuersteinklingen, ebenso schmal wie durchsichtig, schneiden das Barthaar in kleinen, mit Daumen und Zeigefinger gezwirbelten Büscheln, die Arbeit wird nun, da Müa und Suwau sich ihrer annehmen, sorgfältiger ausgeführt. Keine Lust, sich mit einem Bart zu mühen wie manche der Großväter in ihrer Erinnerung. Doch Altwerden ist eine Seltenheit, denn hart sind die Winter, hart die Arbeiten, die Männer schonen sich nicht und verletzen sich oft. Als ich selbst noch jung war, beobachtete ich, wie verbraucht die Bauern, die das ganze Jahr über und selbst bei extremer Witterung draußen waren, oft schon in jungen Jahren wirkten, vom Waten in der Erde, vom Hantieren mit den Gerätschaften, vom Schwingen der Strohgabeln, vom Holzschleppen oder Säckeschultern, von Kuh- oder Pferdetritten. Sie hingegen müssen keine Futterrüben vor dem Frost aus dem Schlamm reißen, furchenweise das mit Dünger übersäte Land umgraben, Schweinekoben, Kuh- und Pferdeställe säubern, das Vieh füttern, unbedingt zweimal täglich melken oder Fuhre um Fuhre mit der Heugabel bearbeiten, wenn die Nase vor Hitze und Staub schon Blut pisst. Doch emsig sind sicher auch sie: Holz fällen, spalten, schichten, jagen, um zu leben, und sich um ihre anfällige Behausung kümmern, die sie zusammen mit ihrer Fellbekleidung vor Kälte, Schnee oder fortwährendem Regen schützt. Als Kind fädelte ich meine Langeweile um die Buchsbaumhecken im Gemüsegarten, die an meinen Bauch streiften, jetzt, wo es mir an Zeit fehlt, und seit Jahren schon, frage ich mich, wie sie, die um die nötigen Ernten und den Wintereinbruch wissen, all das so rasch bewältigen. Obgleich die Zweige im Spätsommer nicht so biegsam wie im Frühjahr sind, hat Pek, unterstützt von den in die Geheimnisse seiner Kunst eingeweihten Mädchen, bestimmt unzählige Körbe und flache Holzroste geflochten. So kraftvoll er Knüttel und dicke Knüppel schwingen mag, so geschickt und flink sind seine Finger beim Verflechten kleiner Stöckchen, die er gelegentlich entrindet oder je nach Holzsorte und Bestimmung einweicht. Gohr ist eher Jäger, aber ein Kleinwildjäger, wie ich selbst einer war: das Achten auf Einzelheiten, Stille, verschiedene Schliche. Sobald der Morgentau geschwunden ist, brechen alle vier auf – Suwau mit dem Säugling auf dem Rücken –, ausgerüstet mit Henkelkörben, um das Gepflückte darin abzulegen. Nachdem das Haus gebaut ist, sind ihre Tage sofern es nicht regnet, mit Sammeln ausgefüllt. Die letzten schwarzen Schoten mit ihren Samen oder Erbsen, doch vor allem die nach den Haselnüssen gereiften Äpfel, Birnen, kleine langstielige Früchte an dornigen Bäumen, die Vorfahren derer, die wir heute schütteln (unsere Erde eignet sich gut für Kernfrüchte). Ich habe im nahen Wald einen wilden Apfelbaum erspäht und kenne zwei dornige Birnbäume in den Hecken unserer Felder. In zwei Hälften geschnitten, werden Äpfel und Birnen auf den Rosten zum Trocknen ausgelegt und diese wiederum unter das Scheunendach gehängt; das Heu hat sich beim Trocknen zusammengezogen, und über dem aufgeschichteten Holz ist noch ein wenig Platz für sie. Das Trocknen in einer feuchten Gegend ist eine heikle, womöglich in der Sonne oder am Feuer begonnene Angelegenheit - doch nichts ist erwiesen, zumindest der herbe Geschmack würde dadurch etwas gemildert. Die trockenen Früchte können im Winter am Feuer geknabbert werden oder langsam im Mund zergehen. Ich selbst neige zu einem anderen Rezept: sie mit einem Stein zermalmen (ohne den für die Körner gedachten Mahlstein zu beschmutzen), bis sich mit etwas heißem Wasser in der Schüssel ein Teig herstellen lässt. Tatsächlich hat jeder sein Holzschälchen mitgebracht, und in den Ruhepausen schnitzt Pek schon die Schüssel des kleinen Ouen aus dem Knorren einer Esche. Seit Langem weiß man um den Vorzug der Knorren: schwer aushöhlbarer knolliger Boden, aus dem Geduld jedoch eine Schüssel formen kann, ohne dass die Fasern durchtrennt würden und das Baumstück Suppe oder Aufgüsse sebst zu trinken drohte. Rings um das Feuer sind sie zu viert an jenem Herbstabend, das Kind in seiner Weidenwiege, ich rieche nur schwach, was die Schüsseln enthalten, werde jedoch bald einschlafen, mit dem leisen Geräusch der hölzernen Löffel am Holz der Schüsseln.

Morgengrauen. Pek hat soeben die Tür eingeklinkt. Und sogar die Leiter weggezogen. Erst Gohr, dann Müa, Suwau mit der schlafenden kleinen Bürde auf dem Rücken, Pek schließlich, der sich umdreht, das Haus nicht ohne Hüter verlassen mag. Kaab läuft fröhlich an der kurzen Beinreihe Richtung Osten auf und ab. Sie gehen dem Bach nach, auf das Licht zu, die Sonne jedoch von Wolken bedeckt. Wissen aus Erfahrung, dass jeder Bach in einen Fluss gleitet. Folgen ihm unter den Bäumen, wo dunkle Wurzeln zum Trinken kommen, sich jedoch kein Fischlein regt. Hin und wieder finden sie ein kleines Tal wie ihres, Sumpfgebiet, in dem das Gehen beschwerlich ist (alle sind in ihre dicken Lederstiefel geschlüpft, denn selbst nass bleiben die Füße so vor Schnitten geschützt). Immer noch Osten, etwa vier oder fünf Kilometer – eine Meile, wird es im Mittelalter heißen – für sie, quer durchs Gestrüpp, etwa zwei Stunden Fußmarsch, dann ergießt sich der durch weitere Bächlein angeschwollene Bach in einen flachen Fluss, der ungefähr auf die Mittagssonne zufließt. In die Biegung gedrängt, schauen sie, wo sich das an ihrem Haus vorübergeflossene Wasser verliert. Gohr deutet mit dem Arm den Lauf des Gewässers an, die Richtung besagt: Dieser Fluss muss zu dem großen, dunklen und schnellen führen, den sie damals bei den Fischern mithilfe der Eichen überquert hatten. Dort werden sie vermutlich fündig. Der Ausflug war nicht geplant, aber eine Gewissheit drängt sich mir auf: Es fehlen Steine für das Werkzeug. Ich habe mir jedoch nichts vorzuwerfen, denn Gohr, der um den fehlenden Feuerstein wusste, hatte etliches Werkzeug in ihr Gepäck gesteckt, doch seitdem haben sie viel gebaut. Die nachgeschliffenen Klingen werden allmählich dicker. Um den Feuerstein für die feinen Schreinerarbeiten aufzusparen, müssen dringend mehrere große Werkzeuge angefertigt werden. Wo aber andere Steine finden, wenn nicht am Fluss, der sie anschwemmt? Ein entrindeter, auf die Felsen gestürzter Stamm bildet eine angenehm trockene Brücke: Sie überqueren die Ernée, ohne ihr einen Namen zu geben, und gehen am anderen Ufer bis zu ihrem Zusammenfluss mit dem Sturzbach. Von dort flussaufwärts bis dorthin, wo der Fluss in einer abrupten Biegung gefolgt von einer weiteren, sanfteren, Kieselsteine auf dem Ufer ablagert. Pek taucht die beiden bisher auf dem Rücken getragenen Reusen ins Wasser und bindet sie fest. Gemeinsam sammeln sie brauchbare Steine, seltenen Quarzfels und harten Sandstein. Pek führt ein Weidenstöckchen durch die Kiemen der Fische, die ins Netz gehen, und hofft, die Erklärung, die er ihnen gerade wassertonartig vorsingt, möge ihren Schmerz lindern. Bevor er die Reuse wieder eintaucht, schüttelt er sie mehrmals: Die Luft soll das Wispern, die Angst der gefangenen Fische verscheuchen, um andere Neugierige nicht zu verschrecken. Gohr und Pek sortieren die Steine, denken sich zu jedem seine Bestimmung, wählen einen Schlagstein aus. Den Männern die Steine, den Mädchen die Fische, doch auch Suwau und Müa haben ein paar glatte Flusskiesel zusammengetragen, die sich zum Erhitzen des Wassers besser eignen als die Steine aus dem Bach. Der Rückweg. Natürlich haben sie darauf geachtet, keine Fußabdrücke zu hinterlassen. Nur die Hündin hatte den Schlamm berührt, aber, sie lachen – ihr spitz zulaufender Fuß gleicht einer Wolfsspur. Gohr hat sich je zwei kugelförmige kleine Steine in die Tasche gesteckt ... ich könnte sagen, wie die flaumigen Pfirsiche, die im September in unseren Gärten fallen, sie aber haben keine Frucht dieser Größe. Ehrlich gesagt sehe ich nur das Auerochsenauge mit einem ähnlich runden Ausmaß, auch wenn nicht aller Tage ein Auerochsenkopf verzehrt und der Schädel mit dem Beil gespalten wird, um das mächtige Gehirn zu entnehmen. Gohr ist geschickt im Steinewerfen, aus acht bis zehn Schritt Entfernung trifft er, fast sicher, ein Kaninchen am Kopf. Eine mir sympathische Fähigkeit, denn auch ich habe mich in meiner Jugend, von Erfolgen beflügelt, ständig in dieser primitiven Praxis geübt. Es reicht ein aufgelesener Kieselstein, solange Form und Gewicht stimmen. Bolasteine sind etwas anderes, eine Wurfwaffe für die Jagd. Beide Kugeln sind mit genähtem Leder überzogen und werden mit ungefähr armlangen Riemen verbunden. Wer sich aufs Werfen versteht, schmeißt den Tieren die Steine zwischen die Beine: der Riemen verheddert sich, schnürt Beine aneinander und bringt zu Fall, was zu flüchten meinte. Gohr und Pek mögen dieses Spiel. An der Brücke angelangt, verstecken sie sich und warten. Gohr überquert alleine. Die Frauen halten Arme und Fische hoch, Pek lässt Kaab vor sich herlaufen und geht als Letzter. Vor allem auf dieser ihrer Seite achten sie auf die Spuren, zumal ihre steinbeschwerten Schritte tiefer einsinken. Gohr hat seine Tasche am Waldrand abgestellt, kehrt prüfend zurück, verwischt sie hie und da mit einem Stock. Jeder setzt nun den Fuß so auf, dass kein Zeichen auf dem Boden zurückbleibt: keine Lust, Herumstreuner in das kleine Tal zu locken. Pek und Gohr überwachen sogar hinter sich ihre Umgebung, ihr Jägerauge registriert Kratzer, Kötel, Abschabungen und Tierbaue. Suwau achtet darauf, dass der Kleine, nachdem er an beiden Brüsten gesaugt hat, beim Gehen nicht unsanft geschaukelt wird, dass weder Äste noch Dornen an ihm zerren. Wie so oft trägt Müa über den Oberkörper gegürtet eine leichte Tasche, um sie mit rasch gepflückten Blättern zu füllen, die sie anschließend auf hohe Gräser gesteckt zum Trocknen unter das Dach hängt. Eine alte Frau aus dem Dorf, Tekue, hatte ihr damals die Pflanzen gezeigt und gesagt: Das Mädchen hat das Gespür. Müa setzt Aufgüsse auf, deren Heilwirkung hinter ihrem stillen Lächeln verborgen bleibt. (Eigentlich ist es zu spät, um Blätter zu pflücken, außer der Minze, aber im Frühling war Müa noch nicht dabei gewesen. Gohr dachte nicht einmal, dass sie seine Frau würde!) Bei beißender Kälte: heißes Wasser, in dem die Blätter einweichen, bittere dampfende Flüssigkeit, um unter den Fellschichten auch das Innere zu wärmen ... Müa, Gohr, Suwau und Pek wissen es: Schon in der fernen, vom Feuer unterbrochenen Nacht, lange vor ihrer Geburt, vertrauten die Menschen den Blättern.

Zwei Pfähle aus Erde bilden das Widerlager für die Werkbank aus Stein, es gilt, den darauf liegenden Flusskiesel zunächst durch präzise Hiebe mit dem Schlagstein zu bearbeiten (behauen, sagen die Handwerker), ihm nützliche Abschläge zu entreißen, die ihrerseits retuschiert, vielleicht poliert werden und je nach Schäftung die Schneide für ein Beil oder einen Dechsel bilden können. Gohr und Pek kennen die Gesten. Die Unabhängigkeit der jungen Männer im Dorf setzt voraus, dass sie ihre Pfeile selber herstellen. Aber Beile braucht die Jugend kaum. Trotzdem hatten sie sich daran versucht: Mit leicht splitterndem Vulkangestein, Diorit, Serpentin, machten beide damals die Erfahrung, dass der Steinschliff vermutlich nie zu ihren Lieblingsbeschäftigungen zählen würde. Die meisten Werkzeuge im Dorf stammen von der Hand dreier Männer, die einander an Geschick und an der Güte ihrer gegen Fleisch, Fisch und Fell getauschten Arbeit überbieten. Heute aber wären sie froh, wenn sie die leblose Materie in eine schneidende, das Holz ritzende Klinge verwandeln könnten. In der Hocke, auf den Knien, wechseln sich Pek und Gohr bei der Arbeit ab. Seit ihrer Kindheit sind sie Freunde, sie jagen gerne gemeinsam und ergänzen einander, ob beim Fällen der Bäume oder dem Zuschneiden des Holzes. Manchmal behindern querliegende Fasern das Holzspalten. Die Steine aber sind noch unzugänglicher, ihre Körner bleiben innen fest zusammengepresst, nach außen kaum ein Zeichen. Ein entrindeter Baum zeigt seine Knoten, einen Stein jedoch muss man erst drehen und wenden, um seine Richtung zu erfassen, und oft hat er gar keine: Überraschungen beim Draufschlagen! Gohr und Pek wechseln sich mit dem Schlagstein ab, aber da ich ihn nicht selbst gehalten, weiß ich nicht, welche Bemerkungen ihre Gesten begleiten. Ich erinnere mich, damals in der Schmiede, in der Werkstatt des Stellmachers, waren Worte zwischen Meister und Gehilfe selten: Sie hatten ihre Zeit gehabt, doch nach der Lehre sagte der eine kaum noch etwas, und der andere fuhr fort zu schweigen, seine Arbeit sollte sich mit der des Meisters verbinden wie Zapfen und Zapfenloch. Dennoch gab es einen reichen Wortschatz, um Handlungen,

Werkzeug, Material zu benennen ... So glaube ich nicht, dass ihre Versuchs- oder Arbeitsgemeinschaft auf Wörter verzichten kann. Alle vier sind jung, und ich sehe wohl, dass sie sprechen und lachen, das heißt, die Stimmen höre ich nicht – ich bin ja nicht unsichtbar unter ihnen (sie ahnen nichts von meiner künftigen Existenz), ich verharre in einer gewissen Entfernung, aus Gewohnheit vermutlich, vom Feld der Loiseaus aus ihren Ort zu betrachten, die genaue Stelle unter dem wallenden Laken des abgeweideten Grases – ich höre nicht, werde aber gewahr, wie sich über den Wegen zwischen Mahlstein, Feuerstelle, Bach, Scheune und Steinwerkbank ... das ungreifbare Netz der Wörter spannt. Nie aber klangen die von ihren Eltern und Verwandten geerbten Laute in meinem Ohr oder Mund: Dringen sie tief aus der Kehle wie bei uns *gueurgé, gueurrois, gueurnieu, keurnia*, oder streift die Luft vor dem Austreten die Schleimhäute und bildet Anhauchungen? Sind ihre klar artikuliert wie die Rückenwirbel eines von Ameisen abgefressenen Gerippes, oder werden sie zusammen ausgeatmet, wie bei uns *héoule, hergne, heune, huge, heude* (denn so klang unser Sprechen zwischen den Hecken, das aus dem Bemühen hervorging, die Erde umzugraben, bevor es, als beschnittene Sprache, zum Gegenstand der Archäologie wurde)? Sind sie kurz und deutlich, oder werden sie, quer im Mund der genagte Knochen, zusammen mit der Nahrung zermalmt wie unsere Verben *frembeuyeu, heurgaureu, ékeugneu, rincieu, arroueu*? Werden manche Vokale gedehnt, wie wir es taten mit *chaaïne* oder *bouaaines*, die übrigens *chaaîgne* und *bouaaignes* ausgesprochen werden (*bouaaignes* sind die Zitzen)? In jedem Fall sind die Wörter, nach denen ich suche, nichts als ein kurzes Aufblitzen inmitten jahrtausendelang gewechselter Geräusche, um sich einander mitzuteilen, verliebtes Schnurren oder gellender Schrei, oder vielleicht um durch den Bericht eines Abenteuers zu verblüffen, endlos wandelbare Geräusche, an denen Männer, Frauen, Kinder ihre Freude hatten, indem sie mit Glottis, Gaumen, Zunge, Zähnen und Lippen auf die mehr oder minder durch den Brustkasten gepresste Luft einwirkten. Aus manchen werden Wörter, die Dinge und Handlungen bezeichnen, wohl auch das Band zwischen Lebewesen, Handlungen und Dingen. Die Wörter, die dem Dorf von fernen Ahnen zugefallen waren und aus denen Pek, Suwau, Gohr und Müa ihre kindliche Ernte gewannen, waren in Bewegung, veränderten sich, hielten Überraschungen, bald auch Spiele bereit. Halb verschluckt von Mündern, die sich kaum die Zeit zum Aussprechen nahmen (vom Kauen beansprucht oder damit beschäftigt, an Seil oder Sehne zu ziehen, wenn nicht gar von Schnurrbärten und Bart vereinnahmt), durch Paarung verlängert, einander stützend wie Hütte und Scheune, angereichert durch unzählige Nachahmungen von Geräuschen, Gesängen und Rufen, aus denen gelegentlich der endgültige Name hervorging (wenn sich nicht umgekehrt die Nachahmung über den Namen legte und ihn flüchtig mit ihrem Gefieder schmückte). Diesen Wörtern gesellen sich neue Vereinbarungen hinzu: zuerst die Notwendigkeit des Benennens, dann Gewohnheit, später Veformung oder aber der Einfluss aus dem Osten kommender Wanderer, die hierbleiben durften, womöglich auch der Besuch von Krämern, die mit dem Gegenstand dessen Namen dalie-ßen, ausgetauschte Frauen vielleicht. Während ungewiss ist, ob Müas Mutter Wörter aus ihrer Herkunftsgegend im Dorf einführen konnte (es kommt darauf an, welchen Platz sie vor dem grossen Feuer beanspruchen durfte), brachte Müa sicherlich jene mütterlichen Wörter in Umlauf, die von den vieren, ja bereits fünfen, übernommen wurden, aus Zuneigung für Müa, aber auch als Spiel, da der Humor im Mark der Sprache zu sitzen scheint. Was mag von ihrem Sprechen noch übrig sein? Der namhafte Linguist, den ich zu diesem Thema befragte, schrieb mir, die Forschungen über die »wesentlichen Eigenschaften eines Substrats, über einen dem

Indoeuropäischen dem Indoeuropäischen vorausgehenden alten Bestand« seien nicht vertieft worden, man sei dabei auf Orts- und Flurnamen angewiesen (so hätte zum Beispiel ein gewisses *ganda* oder *kanta* einen Felsen bezeichnen können). Ich sehe jedoch nicht, wie sich ihre Lippen bewegen, kann keine Übersetzung anbieten ... Man müsste erst erfinden, was es hier wirklich gegeben hat. Ich habe gehört, dass Elfen und Feen scheint's jene primitive Sprache beherrschten, die zwar nicht verloren, aber von den Menschen vergessen ist, verschüttet in den Tiefen unserer, der Nachkommen, Gehirne ... vielleicht dies, was meine Mutter mir auf der Wiese zu Gehör bringen wollte; und sie hätte kein Erstaunen gezeigt, wenn ich sie verstanden hätte, sie mochte es, wenn ich übernatürliche Fähigkeiten entwickelte.

Nach einer Nacht heftigen Westwinds, der noch in den Zweigen schnarrte, dachte ich beim Aufwachen zuerst an sie: Wie hält ihr Haus wohl solchen Anstürmen der Luft statt? In der Geborgenheit meines Bettes, das leicht geöffnete Fenster im Blick, durch das ich das nächtliche Gebläse an seinem Rauschen ermessen hatte, suchte ich nach einer technischen Antwort. Der Wind trifft den Giebel, zerrt an ihnen in ihrem dunklen Korb. (Wieder Sturm, ein paar Tage später, der ungewohnte Südwestwind hämmerte gegen die Geräteschеune meines Nachbarn, dem Loiseau-Enkel, riss Ziegel, Sparren, ein ganzes Stück Dach vom Gebäude, in dem die Großwerkzeuge untergestellt werden.) Verhindern, dass ein Luftschwall gegen das über dem westlichen Giebel vorstehende Dach prallt, etwas davorsetzen, die Kraft umleiten ... Ah, ich weiß: vom Boden bis unter das Dach eine Reihe schräger Knüttel, so kann die auf jene glatte Rindenrampe geleitete Luft direkt über das Haus hinweggleiten! Ich war aufgestanden, ging schnell das Fenster schließen, bevor ich mich eilig anzog, als wollte ich unmittelbar mit der Arbeit beginnen. Warum hatte ich nicht schon früher daran gedacht? Ein solcher Schutz, der die Wand vor dem unmittelbaren Kontakt mit den Elementen bewahrt, kann gleichzeitig zur Scheune werden, man braucht nur die Hinterwand zu verschließen. Machen sie sich gleich morgens an die Arbeit, belehrt von den nächtlichen Ängsten der ächzenden Seile? Ist etwa schon alles fertig, weil das Wetterdach in dem Weiler, in dem sie aufgewachsen sind, gebräuchlich ist? Es muss ein Mittel gefunden werden, damit die schrägen Knüttel, auf die Erde und Blätter geworfen werden (so machten es bis zur Jahrhundertmitte die Köhler, die sommers im Wald lebten), mit ihrem Gewicht das Haus nicht belasten. Oben braucht es eine vom Boden aufragende Stütze. Und nichts spricht dagegen, an der anderen Seite eine ähnliche Scheune anzubringen, die den Schub abfängt. Sie bietet außerdem nützlichen Stauraum für das Holz, denn mein Abendfeuer im Kamin zeigt mir, wie viele Holzscheite tatsächlich nötig sind, und ich mag nicht glauben, dass sie den ganzen Winter mit schwelendem feuchten Holz heizen – oder besser gesagt: ihr Erfrieren vermeiden. Suwau und Müa sammeln Eicheln. Sogar zerstampft oder geröstet ergeben sie keine gute Nahrung, aber ohne zu wissen, was der Winter bringen wird, lagert man sie besser, denn draußen keimen sie sonst. Gohr und Pek fällen Eichen, sie sind reichlich vorhanden, es wird also noch genügend Eicheln geben. Sie fällen dort am Hügel, wo die Birnbäume in der Überzahl sind, bemühen sich, sie durch Fallkerbe so zu fällen, dass die Obstbäume dabei nicht in Mitleidenschaft gezogen werden. Das Gelände steht voller junger Birnbäume, die wachsen werden, sobald sie vom Schatten befreit sind. Gespaltene Stämme, gebündelte Zweige werden zum Haus gebracht. Heute bindet man die Bündel in einer auf den Boden gesetzten Metallzange mit Draht zusammen, aber vor vierzig Jahren bündelten wir noch kniend, wie sie, mit einem *Bandzweig* als Kordel, junge Eichen- oder, besser noch, Buchensprosse. Trotz der Frostbeulen war uns diese Geste von Hand zu Hand, von Winter zu Winter überliefert worden. Für die Verarbeitung von Starkholz behelfen sich die Männer zum Schonen des Werkzeugs vermutlich mit Einkerben und Abbrechen, je dicker das Stück, desto tiefer die Kerben. Das, was nicht gebündelt wird, das mit den herabgefallenen Ästen gemischte Gestrüpp, wird an Ort und Stelle verbrannt, mit Ausnahme der Efeustämme, Verwandten des Feuers. Die Frauen nutzen die Gelegenheit, bevor Gohr und Pek zu schlagen beginnen, das bereits im Morgengrauen getötete Fleisch zu braten, Kaninchen und Tauben, Kaab tut sich an den Eingeweiden gütlich. Suwau ruft die Hündin heran, wenn eine Eiche zu stürzen droht. Gohr und Pek muss es geglückt sein, zwei oder drei Beilsteine zu fertigen. Ob sie auch poliert wurden? Nicht unbedingt, denn das Polieren braucht viel Zeit, und Pek, ein guter Schläger, hat die Erfahrung gemacht, dass das Fällen mit einer polierten Steinaxt nicht wesentlich schneller geht. Ich nehme an, Gohr weiß, wo sich in der Umgebung ihres Tals Sandsteinfelsen befinden. All die großen erratischen Blöcke, die später zum Bauen zurechtgeschnitten wurden (obwohl Sandstein in den Mauern unserer Höfe neben den Glimmersteinen selten ist). Der größte Schleifstein, den ich kenne, befindet sich in acht Kilometern Entfernung. Stein, der eindeutige Narben zeigt, mit seinem vollen Gewicht im Gras am Wegrand liegt und den das spät gekommene Christentum »Sankt-Willems-Stein« taufte, um sich die Heilkräfte zuzuschreiben, deren Wirkung der Bauernstand in Verkennung seiner ursprünglichen Bestimmung zu spüren glaubte … Entweder hatte die Bedeutung eines solchen Steins auf rätselhafte Weise die Jahrhunderte überdauert, was hieße, dass es nur wenige Schleifsteine gab oder dass die Beile gleich nach dem Polieren einen heiligen Stellenwert hatten, den sie über die Reibung auf den Stein übertrugen (es sei denn, es war umgekehrt!). Oder aber: Der seit

Langem dem Menschen vertraute mineralische Block hatte durch eine affektive Magnetisierung die Kraft gespeichert, Seelen und Körper anzuziehen und zu verstören.

Die Brüste sind nicht wie im Sommer, Gohr und Pek sehen sie nun nicht mehr gebräunt aus Blättern und Gräsern hervorlugen, zwischen die sich Müas oder Suwaus Hand schiebt. Eine kleine Weste, aufgerauhtes dünnes Leder, darüber eine Pelzweste mit nach innen gekehrtem Fell, verbergen den Oberkörper der Frauen. Weitere, an der Taille geknotete Lederstücke hängen über die Oberschenkel. Wenn Suwau im sprudelnden Wasser des Bachs über Ouens kleinen Po reibt, schreit der Säugling, Suwau lacht, redet ihm zu, und wenn er nicht das Geringste versteht, dann nicht wegen des eilig rauschenden Wassers, das die Finger hinten noch zusätzlich aufwirbeln, sondern weil er, während ich jene Sprache zu spät höre, erst kurz vor der Sprache steht. Suwau trocknet und rubbelt den roten Po vor der Flamme, sitzt auf einer der Bänke um die Feuerstelle im Freien. Sie selbst und die anderen springen, wenn sie sich waschen, schnell vom Wasser ans Feuer, umtanzen es, um sich aufzuwärmen. Der kleine Bach ist im Spätsommer zwar nicht versiegt, aber da das Wasser nur spärlich rinnt, haben sie das Bett mit Holzhacken und Händen gemeinsam vergrößert, gegraben, um eine Eintiefung zu formen, dann in ihren aneinandergelegten Handflächen immer wieder feinen Sand herbeigetragen, der sich hier und da am Wasserlauf abgelagert hatte. Nachdem Wasser in das Loch gelaufen ist, steht ihnen so ein Becken zur Verfügung, die Erde ringsum ist leicht mit feinem Sand bestäubt. Gohr und Pek haben an den Rändern aus einer dichten Reihe robuster Pfähle einen schmalen Zugang gebildet, damit die Auerochsen das Bad nicht als Tränke nutzen, die Erde zum Einsacken bringen und ihre Fladen ins Wasser plumpsen lassen ... Seit sie hier wohnen, habe ich keine

Gelegenheit gehabt, es zu zeigen: Auch ihre von feuchten Blättern und Gräsern gereinigte Quelle ist mit Pfählen eingefasst, geschützt von einem beweglichen Deckel aus Holz und Pflanzenranken, denn sie wollen kein ertrunkenes Kaninchen dort finden! Ebenso käme keiner von ihnen auf die Idee, in der Nähe des Wassers zu pinkeln. Und darf ich noch weitergehen? Es ist beim Geschichtenerzählen zwar nicht üblich, genaue Angaben darüber zu machen, wo und wann die Personen ihren Bauch entleeren, aber unbedingt ist schon einmal die Hypothese auszublenden, derzufolge sie ihre Ausscheidungen einfach irgendwo hinter Haus oder Scheunen ... nein, zu viele Nachteile! Sie haben stattdessen ganz in der Nähe ein Loch hinter den eng stehenden Bäumen, sogar einen Ast zum Festhalten. Die Männer behalten ihren Bogen in Griffweite. Als ich früher auf den Höfen war, um zu spielen, einem Federtier nachzustellen oder entlaufene Jährlinge zurückzubringen, besaßen nur wenige ein Holzhäuschen. Die Frauen verschwanden wer weiß wohin, die Männer ließen bei der Arbeit ihre Hosenträger hinter einer Hecke herunter. Der dichtblättrige Futterkohl im Garten oder auf dem Feld in der Nähe der Tenne bot sicheren Schutz. Sein kaltes und fleischiges Blatt war allerdings nicht zu gebrauchen. Die der Eiche sind klein und hart, die Esskastanienblätter zu ledrig, die Ulmenblätter zu rau, die angenehmsten, rund und zart beflaumt, stammten – ich kann es bezeugen – von der Hasel oder, noch besser, von der Linde. Jedoch finde ich kein Blatt, das dem Säugling als Windel dienen könnte! Selbst die dicken, haarigen und weichen Blätter der Königskerze sind nicht aufsaugefähig genug (man sieht es am Tau), geschweige denn ausreichend vorhanden. Doch wenn die Männer sich die Mühe machen, Stämme zu spalten und einen Holzboden zu verlegen, wollen sie nicht, dass ein kleines Kind Nacht für Nacht die Felle besudelt ... das verdorbene Holz, der Geruch, die Fliegen! Suwau wird sicherlich von den Müttern ein Mittel haben.

Womöglich der einzige Lernvorgang, ebenso früh wie wirkungsvoll. Müa und Suwau legen die Felle in die Sonne, manchmal die trockenen Farne, und schütteln sie, um die Insekten zu vertreiben. Pek auf der Leiter am Dach ruft Gohr, er möge ihm etwas zuwerfen, um einen Riss zu stopfen, durch den Regenwasser dringt. Eine Gruppe Raben fliegt schreiend vorüber, Gohr sagt lachend – *krao, krao* –, sie sprächen dieselbe Sprache wie über dem Weiler ihrer Kindheit. Suwau ruft Müa, die ins Feuer gelegten Steine werden zum Glühen gebracht, mit einer Pinzette – elastischer gebogener Ast – nimmt sie nacheinander die Steine und taucht sie ins Wasser, das spuckt und brodelt. Die entrindeten Pinzetten verschmoren ein bisschen, an ihren Enden steigt Rauch auf. In den Lederkessel wirft Müa Fleischstücke und Quendel (Hasenthymian), Knoblauch, Sauerampfer, vielleicht andere Kräuter, die mir gerade nicht einfallen. Die ersten erkalteten Steine werden aus der Suppe gefischt und zwischen die Glut gelegt, die nun ihrerseits faucht. Suwau ist unablässig wachsam, aber Kaab liegt immer noch im Gras, direkt neben dem Korb, in dem Ouen vor dem Himmel seine Hände entdeckt und, direkt in Reichweite, seine Füße.

Rote, bläuliche Stängel, andere braune beginnen zu trocknen, hohe, seit dem Sommer verblasste Kräuter, der Sauerampfer mit dunkelroten Samen auf dem zähen Blütenschaft, während seine Blätter am Fuß grün oder rötlich bleiben, auch die Blätter der zarten Salbeischösslinge sind gelblich gefärbt; aus jedem Büschel Bärenklau sprießen zwischen den großen Blättern zwei oder drei hohe gerippte Stängel, an ihrer Spitze je eine Dolde, breit wie die geöffnete Hand, die zumindest, die von den Auerochsen weder niedergetrampelt noch abgegrast wurden, manche sind trocken und grau vom Fruchtboden bis zur Dolde, andere grün, mit dicken grünlichen, zu flachen Dolden angeordneten Samen ... Nachdem das frühmorgens überraschte oder nachts gefangene Wild zurückgebracht ist, machen sich Gohr und Pek, obgleich etwas lustloser, für das Feuer wieder an die Arbeit, Holz abbrechen abreissen spalten tragen schleppen. Pek will nicht, dass sich der Kleine im bevorstehenden Winter erkältet. Gohr versucht, wenn ihm noch Kraft und Zeit vor der nun früher anbrechenden Nacht bleiben, mit einer alten, in ein gebogenes Holzstück geklemmten Klinge nach und nach den Wiesengrund zu säubern (eine Funktion, die danach die Sichel für Gestrüpp und Stechginster hatte), überzeugt, das Gras werde besser wachsen – Auerochsen anlocken, Heu mähen –, wenn auf dem feuchten Gelände weniger Pflanzen wuchern. Im Dorf lassen sich die Kinder trotz ihrer Spiele bereitwillig anstellen, und ein Mann, der seinen Knöchel allzu oft mit Blättern umwickelte und ein Gebrechen vorgäbe, würde schnell ausgelacht, hier aber entdecken Gohr und Pek, Suwau und Müa mehr Aufgaben als erwartet. Wegen der Regenmonate, der Stürme und des Schnees scheint ihnen das Klima viel Arbeit zu machen: Verstärkung der Wände, Pflanzenvorräte, Holz fürs Feuer, Nähen von Stiefeln und Fellen. Und doch kennen sie keine andere Witterung, auch aus Erzählungen der Älteren nicht: stets sechs Monde lang nasses Gras, pfeifende windgepeitschte nackte Zweige, tote raschelnde Blätter oder stiller Schnee. Vor allem Regen und Wind, jedoch weniger Schlamm vermutlich als bei uns, da die Erde nicht so offenliegt wie später, als sie auf den Feldern gepflügt, in den Hohlwegen und Höfen von Rädern und Schritten gefurcht wird. Fast teile ich Gohrs Absicht: Immer im Juli schneide ich auf den Bachwiesen dicht über dem Boden – Sichel, Gabel – die Disteln, bevor ihre Federsamen fortfliegen, reiße armweise den Sauerampfer mit seinen mindestens fingerdicken Wurzeln aus. Aber es reicht mir nicht zu verstehen und zu sagen, dass Gohr wohl bemerkt hatte, wie sinnvoll das Mähen von Binsen und Sumpfpflanzen war – denn obwohl die Auerochsen harte und dürre Gräser zwischen den Wurzeln im Wald abweiden und gelegentlich frühlingshaftes Distel- oder Ampfergrün fressen, ziehen sie doch die feinen, blühenden, süßlichen Gräser vor – und sobald der Zeitpunkt gekommen ist, darüber zu sprechen, begleite ich Gohr zu den Pflanzen. Jedes Mal, wenn ich mich nachts umdrehe (ich schreibe kurz vor dem Schlafengehen, um das Schreiben mit mir zu nehmen, damit es sich durch meine Nacht vortastet), gehe ich dort neben ihm und zähle die Pflanzen, die nicht von Binsen überwuchert wurden: Blutweiderich, Gilbweiderich, Großer Wiesenknopf, Vogelknöterich, Arznei-Engelwurz, Spiersträucher ... Gohr bricht sie mit einer Drehbewegung, schneidet, reißt sie aus und klemmt sie, seine Arme, auf die der Wind weitere Blätter weht, schwer beladen, in die Astgabeln der Sträucher am Rand des Tals, denn dort werden sie trocknen, bis die Auerochsen beim ersten Schnee die Reste zu Fall bringen, um sich schnaubend und leckend ein paar Happen zu schnappen; so nehmen sie, mürrisch, harsch, im Dunst ihrer eigenen Atemschwaden, den Dialog mit Gohr auf, auch wenn sie unter der behörnten Stirn das ihnen entgegengebrachte Interesse noch immer verkennen. Stolzer Auerochse, der sich am stärksten weiß. Selbst Bär und Wolf – die Wölfe im Rudel – wagen nur, ein Kalb oder ein krankes Tier anzugreifen. Während der Bär den Menschen nachahmt und um die Häuser streunt, während der Hund die Hand und den Blick derer sucht, denen er sich angeschlossen hat, zeigt der Auerochse keinen Funken Neugier für die Menschen. Er lebt allein im Wald und verlässt ihn ab und zu, um eine Wiese abzugrasen, in seinem Gefolge ein Schwarm Insekten, die nach Körpersäften oder Blut gieren und die er mit dem Schwanz peitscht, durch Kopfschütteln, Ohrenschlagen von den Augen fernhält – eine Wiese abzugrasen. Scheu zieht er sich, manchmal Erde und Gras auf der Spitze seiner Hörner, unter die Bäume zurück. Die Auerkühe bleiben zusammen, um ihre Kälber zu beschützen, und vergebens umkreisen die Wölfe eine sich sträubende Herde, die mit gesenkten Hörnern schnaubt. Heftiger Stoß ist – die Narbe ruft es in Erinnerung – dem Wolfsgedächtnis eingebrannt. Über die vererbte Narbe bleibt die Heftigkeit ihrer Stöße dem Wolfsgedächtnis eingeprägt. Gohr harrt im Geruchsfeld aus, nahe genug, um die Ausdünstung von Schweiß, warmem Fell und trockenen Fladen wahrzunehmen, doch ohne Blickwechsel, das Auge zu dicht am Horn. Gohr ergründet die Möglichkeiten, sich in ein Auerochsenbewusstsein zu versetzen.

Zu dieser Zeit leeren die späten Pflanzen, deren Hülsen, die Schoten – nicht in der Sonne zerplatzten, ihre Tasche, stülpen ihren Beutel um und lassen die Samen zu Boden fallen, mit deren Hilfe sie sich im Frühjahr erneuern oder, um eine Familie reicher, noch immer da sein können. Müa ist als Kind den Pflanzen recht nahe gekommen, sie kennt die kleinen Pfoten, die den Samen entwachsen und sie in den Schutz eines Häufchens Erde, eines toten Blattes ziehen, es sei denn, ein Hase oder ein Vogel vergräbt sie beim Scharren im Boden. Den Brei aus Erde verrottenden Blättern Schnee und Regen hat sie feste, hartnäckige, obgleich manchmal winzige Keime treiben sehen. Doch vor dieser Wiedergeburt, die sie kniend bewunderte, stumm und geduldig, bis sie sehen konnte, wie die Blätter sich entfalteten, wollen die Samen erst verstreut werden, sich aus den Taschen und Näpfchen ins unendlich kleine und feuchte Gewirr des Bodens verlieren und den Elementen ausliefern. Die Asche der bei den Birnbäumen verbrannten Zweige und Äste hat es ihr in Erinnerung gebracht. Auf dem Hügel die Fläche aus Asche, nicht sehr groß, aber außer ein paar verkohlten Stücken gleichförmig, sanft und bläulich. Anders als die Feuerstelle vor dem Haus, wo sie sich um den Erhalt der Flammen bemühen, ihre kleinsten schlummernden Knospen zum Blühen bringen: die Überreste eines Laubfeuers, wie wir es für gewöhnlich aus Brombeeren Farnen Brennnesseln Heckenschnitt anzünden, sobald die Haufen trocken sind. Müa läuft ohne Schuhe durch die Asche, in der ihre Zehen zarte Abdrücke hinterlassen. Sie sortiert die schwarzen Holzstücke aus, geht von der einen auf die andere Seite des geschmeidigen Tümpels, den vom Feuer verschonte Sträucher umgeben. Geht dort auf und ab, wie um Besitz zu ergreifen, bückt sich, wirft immer kleinere Stückchen heraus. Sie scharrt mit einer Holzhacke, um sicherzugehen, dass nur Asche auf der Erde liegt. Mit dem Abbrechen von Zweigen beschäftigt, schauen die Gefährten ihr zu, glauben, dass sie einen Zauber vorbereitet. Wenn ihre Holzhacke einen Erdklumpen hochzieht, zertritt sie ihn mit der Ferse. Die Mischung aus Erde und Asche ist es, die das Gedächtnis öffnet, und je länger sie scharrt, desto deutlicher tritt das vom Feuer getrocknete oder geschwärzte Gemisch aus blasser, bläulicher Asche und grauer Erde hervor. Ihre nackten Füße im fast lauwarmen Pulver, auch das eine ferne Erinnerung. Der alte Mann war barfuß, sicher hatte sie damals selbst die Hand der Mutter losgelassen, um in der Asche zu laufen, sie erinnert sich an etwas Sanftes unter ihren nackten kleinen Füßen, nicht aber an die Grenzen dessen, was ihr so weitläufig schien. Müa reißt Wurzeln aus, in denen sich die Holzhacke verfängt, zertritt weitere Erdklumpen. Einförmig und flach jetzt, ungefähr sechs mal vier Fuß, eine Aschenlache, darüber nur der graue Himmel. Müa sagt mit einem kaum merklichen Akzent zu Gohr: Komm, ich werde säen ... Er weiß es, Gohr, sie hat ihm ihr Geheimnis anvertraut, aber das dafür verwendete Wort kenne ich nicht, bedeutete es »gegeben« oder »kostbar« oder »Überraschung«? Indes stelle ich mir ihre Stimme vor, in der Tiefes mit Sanftem so wohlklingend verschmilzt, ihr eher bewegtes als fröhliches Gesicht. Der Bart des alten Mannes damals war verfilzt wie seine Kleidung, sie hing in zahllosen schmalen Streifen herab, die sich in Müas Erinnerung mit dem Körperhaar mischt, sie weiß nicht mehr, zerrissene Lumpen, Fransen oder genähte Plättchen und Schnüre? Eine dichte Morgen- oder Abendsonne streifte und färbte Erde, Asche, gebräunte Haut, die trockenen Hände und Arme des alten Mannes. Als ihre Mutter und sie gehen wollten, gab er ihr eine kleine genähte Tasche aus dünnem Leder, schwer und weich. Mit ihrem nackten Fuß berührte sie die Asche, der alte Mann sagte – aber hat sie es sich wirklich selbst gemerkt, war es nicht die Mutter, die es später wiederholte? –, noch barfuß in Erde und Asche, in diesem Moment jenen Satz. Zwar nicht in die Tasche genäht, aber ebenso geheimnisvoll wie ihr Inhalt, wurde der Satz abermals in die Luft gesetzt, laut und vernehmlich von der Mutter, wenn Müa nach Bestätigung verlangte, ganz leise von dem Kind und jungen Mädchen, vor allem seitdem die Mutter gestorben ist, um nicht zu vergessen; ein- oder zweimal für Gohr, wenn Müa ihm an der Schulter ins Ohr flüsterte. Ich kann nicht wissen, wie der Satz gebaut war: Ausgehend von einem denkbaren Grundstock wie »Hand Samen wenn Frau säen«, ergibt ein Transkriptionsversuch aus der anderen, etwas singenden und mir ebenfalls unbekannten Sprache: »Du sollst eine Handvoll Samen säen, sobald du Frau bist.« Seit Jahren ist die kleine Tasche in Müas Beutel befestigt. Müas Beutel habe ich noch nicht erwähnt, werde es aber tun müssen, Toiletten- und Nähzeug, dort ist auch die kleine Tasche. War es zumindest, denn Müa zieht sie nun aus einer Innentasche ihrer Kleidung: Größe und Konsistenz eines toten Maulwurfs, fast dieselbe dunkle Farbe. Sie hält sie Gohrs Dolch hin, der an einer einzigen Stelle vorsichtig die Schnur zertrennt: Der Fruchtbecher öffnet sich und gibt ein Volk kleiner rötlicher Samen preis. Müa schüttet sie in ihre Handfläche. Eine Handvoll, hatte er damals gesagt, und so hält die Hand des alten Mannes mit dem müden und zärtlichen Blick noch immer die Samen, die, weit gereist, plötzlich im Licht liegen, doch eine Handvoll seiner Hand sind für Müas kleine Hand zwei Handvoll. Säen ... Müa weiß nicht genau, wie das Säen geht. Doch, sie ahmt einfach die Pflanze nach, die ihre Samen ringsum herausspringen lässt, wirft sie eilig aus, ein Stückchen weiter abermals. Die anderen drei beobachten sie, ohne die Asche zu berühren, bleiben am Rand stehen. Für die Pflanzen ist Müa zuständig, sie bewundern. Pek und Suwau wussten von nichts und beschauen sich den Zaubertanz, Müa, die sich um sich selbst dreht, die Arme zu Hülsen geworden.

Die haarige Fellseite auf der Erde, kleidet eine erste abgeschabte Tierhaut das in den Boden gegrabene Loch aus. Es ist mit zerstoßener, feuchter Rinde bedeckt. Eine weitere Haut wird mit der Paste bestrichen und darübergebreitet, und immer so fort, zwei Wildschweine drei Hirsche, die vier Ecken entsprechen den über den Rindenbrei gefalteten Füßen. Dann ein wenig gießen und Steine zum Pressen auf das Ganze legen. Die Ereignisse stellen sich mir – wenn ich das für einen derart innerlichen Weg überhaupt sagen darf – etwas ungeordnet dar. Und plötzlich macht mir ein bestimmter Punkt Sorge: Da es sich um ihr alltägliches Leben handelt, fürchte ich, zu spät zu kommen, um die aus ihren Taten sprechenden Gedanken auszudrücken. Torf und Eis konservieren das Leder, also sind Gohr, Suwau und Pek mit einem so alten Gerbverfahren vertraut, dass sie es unhinterfragt anwenden, schlicht so wie sie selbst es gesehen haben. Ich weiß, dass der Gerbstoff in Eichenrinde enthalten ist, also muss diese zu Pulver zermalmt und angefeuchtet werden, aber das Behältnis? Unmittelbar der Gedanke, dass sie in der Erde graben. Denn außer einem geduldig ausgehöhlten Stamm, so wie man etwa später Tränken schnitzte, wäre kein anderes Behältnis groß genug, und die ihnen bekannten

Pfützen, Felseintiefungen oder die regengesättigte Erde stellten je schon Leitbilder bereit, die größer als jeder Ledertopf und jede Rindenschachtel waren. Auf der Suche nach Hinweisen blätterte ich durch eine landwirtschaftliche Enzyklopädie des 19. Jahrhunderts, und unter dem Eintrag *Gerberlohe, Gerbstoff, Gerben* las ich freudig Folgendes: »Die zuvor enthaarten und entfetteten Häute werden in einer in die Erde gegrabenen, abgerundeten und abgedichteten Grube ausgelegt.« Pek, der mit seinen Händen, manchmal auch mithilfe seiner Füße, geschickt Holz und Rinden faltet oder flechtet, versteht sich wahrscheinlich am besten auf Herstellung und Gebrauch der Gerberlohe. Er schabt Moos und abgestorbene Stellen von der Rinde, lässt die einzelnen Streifen trocknen und bearbeitet sie mit Steinhieben, bis ein feines Pulver entsteht. Er weiß jedoch, überlieferte Erfahrung, dass der Gerbstoff wirksamer ist, wenn die Rinde von im Pflanzensaft stehenden Eichen geerntet wird. Die im Spätsommer zunächst mit Wasser, dann mit dem Gerbstoff behandelten Häute, die sie im Winter entschlammen, säubern und im klaren Wasser abspülen, werden nicht zu den hochwertigsten zählen. Ich warte, bis es ihnen im Frühjahr besser gelingt, mit den saftgetränkten und direkt nach dem Regen abgezogenen Rinden. Egal, aus welchem Grund sie gefällt werden, die Bäume werden hochgeachtet, sodass Gohr und Pek ihnen als Antwort auf das Knarzen des nachgebenden Stammes, fest vom Gehör der Eiche überzeugt, eine kurze Formel zumurmeln. Der Baum wird geboren und wächst, fühlt in seinen Venen den Pflanzensaft pulsieren, so wie sie unter der Haut ihr Blut. Da er lebt, spürt der Baum, wie die Hand seiner Rinde schmeichelt, die Steinaxt seinen Körper, seine Arme oder Zweige verletzt, warum also sollte er nicht auch die Stimme hören, die genau im Moment seines Brechens zu ihm spricht? »Eiche, werde Feuer«, »Eiche, werde Haus«, »Steh' wieder auf und werde Haus«, »Werde Feuer, das zum Himmel aufsteigt« – das Angebot einer Verwandlung, um den Tod zu maskieren? Die Eiche knarrt, ächzt und neigt sich, bis sie nicht mehr nach oben findet, bricht mit einem langen Seufzer zusammen, noch zittern die kleinen Äste, dann Stille, traurige Stille. Man glaubt, dass der Baum einlenkt, gewissermaßen vergibt, wenn er im Fallen niemanden verletzt. Und wann haben sie die Gerbgrube gefüllt? Obwohl es mir ein bisschen unangenehm ist, muss ich gestehen, dass ich es nicht weiß. Es geschah einfach. Alles, was sie besitzen, wurde mit einigen wenigen Ausnahmen von ihnen oder ihren Angehörigen angefertigt. Gerade deshalb frage ich mich, wann und wie sie auch diese Sache noch in Angriff nahmen. Das »wann«, ist nie gesichert, und das »wie« lässt sich eingrenzen, indem man das Ergebnis bis zu den ersten Gesten zurückverfolgt. So mache ich es, wenn sich die Bilder nicht von selbst zeigen. Die bis zur Feuerstelle gerollten Stämme bilden gewissermaßen Bänke, die von ihrer Rinde befreit werden, damit sie nach dem Regen rasch trocknen. Auf diesen Stämmen werden die Häute vor dem Gerben abgeschabt, bis weder Fleisch noch Fett übrigbleiben. Die Frau, die sich dieser Arbeit widmet, setzt sich rittlings vor die ausgebreitete Haut. Offenbar bestehen die Werkzeuge – und zwar seit der unvordenklichen Nacht – aus geschärftem Auerochsenknochen, denn Feuerstein ist womöglich zu scharf. Schaber aus einer in den Holzgriff geklemmten Knochenklinge zum Vorbereiten der Tierhäute, Schulterblätter mit geschärfter Schneide zum Glätten des Leders am Ende des Gerbvorgangs. Gerne würde ich die Hand sehen, die das Werkzeug hält, die Hände, die helfen, die Haut zu strecken und zu straffen. Doch ich komme zu spät, die abgezogenen Tierhäute blubbern bereits mit dem säurehaltigen Eichensaft in der Erde. Das Einzige, was ich bemerke, ist, dass Müa auf der Bank sitzt, die Gohr vor dem Haus aufgestellt hat – dickes Brett, zwei Füße an jedem Ende –, und mit dem Finger auf ihren Bauch deutet, Suwau zulächelt: Hast du gesehen? Natürlich hat Suwau gesehen. Auch ich seit einiger Zeit … wollte aber nichts sagen, möchte angesichts dieser hyazinthenen Jugend unendlich zartfühlend sein.

Herbstende. Der Himmel so tief, dass die Wolken an die Bäume rühren und sich an windstillen Tagen mit all den nackten Zweigen bis unter die vermodernden Pflanzen mischen. Da es stark geregnet hat, treibt der Bach und ebenso der im anderen Tal, wohin Gohr den Auerochsen folgt, wenn sie nicht im Tal von Grise Haie weiden, treiben also beide Bäche trübes Wasser vor sich her, an den Hindernissen schwimmt Schaum, den wir *Gäscht* nennen (nach dem alten Wort *Gest*, das so viel wie Gischt bedeutete). Der Nebel bleibt den ganzen Tag, lastet nachts schwer auf dem Land. Sobald sie das Haus verlassen, fachen Gohr Müa Suwau Pek das Feuer draußen an oder bringen ihm, wenn die Feuchtigkeit die Glut bis weit in die Asche hinein gelöscht hat, ein brennendes, durch Blasen weiterglimmendes Holzstück vom häuslichen Feuer. Sie fühlen sich zugleich beschützt und verloren. Beschützt, weil ihr auf dem kurzen und sanften Hang verwurzeltes Haus gänzlich unsichtbar wird; Rindenfarben und mit seinen ausgebreiteten Schwingen einer Amsel gleich, die ihre Flügel schützend über ihre Jungen hält, verblasst und verschwimmt es noch besser als hinter einem Regenvorhang, verschwindet, ohne sich von der Stelle zu rühren. Fühlen sich aber auch verloren, zum Teil wegen des morgendlichen Aufbruchs zur Jagd, wobei Suwau und Müa nun nicht mehr mit ihren Blicken, so gern sie es auch täten, den Jägern folgen können, die von der dunstigen Bläue verschluckt werden, ohne dass die Frauen wissen, wo sie umherstreifen, bis sie, bepackt und schweigend, erneut den Nebel zerreißen. Vor allem aber, weil sie damals im Dorf die Nachbarhütten sehen konnten, bei Nebel ein Band spürten, das sie allmählich mit dem unsichtbaren Rest des Weilers verknüpfte, während ihre

Augen hier zu viert vor dem Haus den Nebel nicht durchdringen können, gar nichts sehen, gerade mal oben und unten, sie wissen nicht, wo sie sind, in einer von der Wolke überschwemmten Erdmulde oder im Himmel? Um sie herum gelbliche, schlaffe Pflanzen, vorbeihuschende Tiere mit nassem perlenden Fell, wie ihr eigenes Haar und ihre Felle. Schon mit der frühen Nacht wird die Wolke dichter und dunkel, während kaum gedämpft die gedehnten huhhuhuhu-huuuh der nahen, dann wieder fernen, über dem Nebel thronenden Waldkäuzchen Horch- und Ruffäden in den finstren Raum spannen. Und dann vertreibt, nein vernichtet der plötzlich über das Land fegende Wind den Wasserstaub, und die Landschaft, die sie bewohnen, ist wieder ihre. Der Bach nicht mehr nur ein stetes leichtes und anhaltendes Geräusch: Das Wasser kommt, durchquert das kurze Becken, das sie angelegt haben, und entfernt sich schnell wieder Richtung Osten, wo seine Strudel im anbrechenden Tag schimmern. Ouen schläft noch, als die Männer auf die Jagd gehen. Für sie, beladen mit Bogen, Pfeilen im Köcher und Dolch an der Hüfte, bedeutet das nicht immer, den dünnen Feuersteinzahn abzuschießen, um Fell zu durchbohren, Federn zu brechen und Fleisch zu durchdringen, sondern oft auch, die zwei oder drei Tage zuvor ausgelegten Schlingen zu finden, Kaninchen oder Hase loszubinden, die in einer Schlaufe aus Leder oder Darm, schmaler getrockneter Riemen aus Wildschweindarm – erwürgt worden waren. Die Schlinge muss an einem biegsamen Zweig befestigt sein, damit das Tier die erstickende Fessel nicht kappen kann. Die Tiere mit ihren eigenen Eingeweiden zu erdrosseln, gehörte zu den frühesten Erfindungen des Menschen. Kein vergeudeter Pfeil, kein Geräusch, die Methode hat ihre Vorteile. In der Schule wussten wir, dass Camille, Sohn eines Jägers, wahrscheinlich eines Wilderers, auf dem Weg ins Dorf seine selbstgelegten Schlingen prüfte, ich erinnere mich, dass er unserem Lehrer in seiner ledernen

Provianttasche eines Morgens einen Hasen brachte. Für Gohr und Pek nehmen die Menschen schon seit Ewigkeiten – spurlose Jahrtausende, in die keine Erinnerung dringt – den Tieren das Leben, unter dem Vorwand, das ihre erhalten zu müssen. Sie hören den Tieren zu, sprechen mit ihnen, und selbst wir versuchten noch, den Pferden und Hunden, ein bisschen auch den Kühen, unsere Sprache aufzudrängen: Sie sollten uns verstehen, während wir bald schon entmutigt auf das Deuten ihrer Rufe verzichteten (die Haustiere verständigten sich eher über ihre Mimik). Ohne dass die Tiere das Geringste von ihrem Leben preisgeben – ersehnter Vertrauensbeweis während meiner ganzen Kindheit! –, verraten sie dem Beobachter gleichwohl ihre Neigungen und Gewohnheiten. Außerdem haben die Menschen gegenüber den Tieren den Vorteil – auch Gohr und Pek zogen Gewinn daraus – der aus den Jagdberichten überlieferten Erfahrung. So hatte man mir gesagt, der Hase liefe stets bergauf. Mit seinen langen Hinterläufen könne er die Hofhunde leicht abhängen und nehme danach die Wege, selbst den von den Kühen ausgetretenen Weidepfad, da er nicht durchs Gebüsch jagen mag. Wer unterdessen das Feld hochlief und oben stehenblieb, sah ihn herangaloppieren, fast zwischen seine Beine stürzen, denn ein Hase sieht geradeaus nichts. Da sie weder Worte noch Blicke mit den Tieren wechselten – nicht mehr als Müa mit den Pflanzen, die ebenfalls beim Pflücken das jeder Pflanze eigene und ihr von Tekue überlieferte Gebet murmelt, damit die Stumme ihren Blättern einen Teil ihrer Kraft lassen möge, ohne dass sie, Müa, je Zeichen oder Seufzer von ihnen empfangen hätte –, und da die Tiere die Bewegungen der beiden Männer nur verfolgen, um einer Begegnung auszuweichen (außer Wölfen, die dem Blutgeruch nachgehen), fällt Gohr und Pek fast die ganze Mühe der Annäherung zu. Je nach Art, oft sogar je nach Tier, an Besonderheiten von Hörnern, Größe oder Fellfarbe zu erkennen, erkennen sie während der Tages- und Nachtphasen seine Vorlieben erfassen seine Eigenschaften. Mit ihren Gedanken schlüpfen sie in die Haut des Tiers, unters Fell und die Federn, wollen sein Empfinden teilen. Das erinnert mich an den Maulwurfsfänger, der, als ich ihn ausführlich über seine Arbeit, die Fallen und die Gewohnheiten derer befragte, denen er nachstellte, oft die folgende Wendung gebrauchte: »*da sacht sich de Moldruff* …« Obgleich er sich doch über der Erde befand, bestand seine eigentliche Wissenschaft darin, zu erahnen, wie ein widerspenstiger Maulwurf den Hinterhalt, den er ihm im Dunkeln stellte, wohl umgehen würde: »*und da sacht sich de Moldruff* …«

Die Nächte werden allmählich immer länger, während Kälte, Wind, Regen, je nachdem, plötzlich tagelang bleiben, wieder abziehen, einander ablösen, die Zweige entblößen, die Erde aufweichen und durchnässen, während die Kaninchen in ihrem Bau bleiben und die Hasen sich in die Gräser ducken; oder aber die Erde ist hart wie Stein, trockene Blätter werden geräuschvoll zertreten, Binsen brechen. Nun, irgendwann wurde es Winter. Um ihnen näher zu sein, schreibe ich bei geöffnetem Fenster, bis unter die Arme in eine Decke gewickelt, die im Bett eines meiner Kinder lag, vor den Sternen oder dem dunklen Niederfallen des Regens. Solange sich keine Sonne zeigt, bleiben die jungen Frauen lieber dicht am Haus, das vor den westlichen Böen schützt, als am windigen Feuer. Der hochgelegene Holzboden – er reicht etwa bis zur Hälfte der Oberschenkel – lässt Luft unter den Bau, jedoch keinen Wind: Die Seiten sind abgeschrägt, die Rückwand ist sorgfältig abgedichtet. Kaab schläft unter dem Haus in einem Armvoll Farn, ist mit einer Lederleine an einen der Pfosten gebunden, damit sie sich nachts nicht mit den Wölfen herumtreibt! Bei kaltem Ostwind draußen zu sitzen, ist unwirtlich, Gohr und Pek lassen sich also an der Westseite der Scheune nieder: Im Windschatten macht die Sonne ihre Finger wieder geschmeidig. Pek ist fast fertig mit dem Aushöhlen einer weißen Schachtel, Pappel (die Einzige, die seit der letzten Eiszeit im Westen wächst, ist angeblich die Grau-Pappel), vielleicht auch Linde. Eine große ovale Schachtel, ein Fassungsvermögen von sechs Fäusten, sechs geballten Fäusten, würde ich sagen. Pek schabt den Boden aus, am Rand zwei Ritzen für den Gurt, den Gohr aus Lederresten zurechtschneidet. Vorerst befindet sich nur Peks Hand in ihr, die den scharfen Feuerstein mit einem Stück Leder umfasst, ansonsten ist sie leer. In jeder Schachtel haust zumindest eine Frage. Es ist gut vorstellbar, dass die erste Schale aus zwei Handflächen gebildet wurde (wir sagen schließlich, jemand *trinkt aus der Schale seiner hohlen Hand*) oder aus einem zum Auffangen von Wasser geeigneten Blatt. Danach waren jahrtausendelang besonders zwei immer noch gültige Vorstellungen verbreitet: entweder dort, wo keine ist, die Leere heraufbeschwören, sprich, aus Holz eine Schüssel aushöhlen, aus weichem Stein einen Mahlstein, oder aber ein wenig von der vor uns liegenden Leere mit den Händen einfangen und mit Rinden umgeben oder mit Leder, etwa um einen Wassersack herzustellen. Pek, schon als Kind darin geübt, versteht sich auf das Nähen einer Schachtel aus Frühlingsrinden, wenn der Speichel der Bäume beim Entkleiden hilft. Im Dorf sind diese Techniken seit Langem Tradition, ich würde jedoch gerne wissen – je weiter ich vordringe, je mehr überraschen mich Fragen wie aus dem Dickicht auffliegende Schnepfen –, wann ungefähr die Menschen auf den Gedanken kamen, auch ihren Fuß mit einem Stück Holz zu umkleiden. Ich kann nicht entscheiden, ob unser *Klotschen* oder *Klump* für den Holzschuh den Klumpen meint, der aus einem ganzen Stück Holz gehauen wurde. Jedenfalls muss das kaum wasserdichte, das dünne Leder im beißenden Schnee schon früh die Absicht hervorgerufen haben, sich mit einem Stück Baum am Fuß zu schützen, gleich zweimal einen kleinen Holzbau anzufertigen, der breit genug ist, um den Fuß, seine große Sohle und die Zehen auf Heu zu betten. Anschließend wurde eine Form ersonnen: Die Linien folgen mehr oder weniger dem Fuß. Im Gebirge hat das Eis das trockene Gras erhalten, das damals die Füße in ihrer Hülle wärmte, die jeweils mit einem Lederblatt am Knöchel festgebunden wurde – doch keine Spur, selbst nicht beim Graben im Torf, von den ersten, grob ausgeführten Holzschuhen. (In unseren steckte eher Stroh als Heu und lieber Hafer als Weizen, denn er lässt sich flachtreten und schmeichelt der Sohle.) Dabei werden, davon bin ich überzeugt – in den Tieflagen, wo lehmhaltige Erde die heftigen Regenfälle nur langsam schluckt, das Waten durch Schlamm, welke Pflanzen und kaltes Wasser sowie die Empfindung des durchweichten Leders und seine offensichtliche Brüchigkeit nach dem Trocknen am Feuer die jungen Handwerker bewogen haben, jene kleinen Holzhäuser für ihre Füße zu erfinden und auch den Füßen ihrer Gefährtinnen leichte Schuhe aus Weidenholz zu schenken, denn sie tragen Sorge für sie, die sich nur selten mit wärmenden Tätigkeiten wie Jagd und Holzschneiden abgeben. Holzspäne gesellen sich zu den Bündeln aus Zweigen und zu den Zapfen, die unter den wenigen von der großen Kälte bei uns hinterlassenen Tannen aufgelesen wurden, Reiser, um das Feuer aufzuwecken, das zu erlöschen droht. Wenn Ouen in seiner Wiege schläft, weicht Suwau ihm kaum von der Seite, aus Angst, ein Funke möge den Holzboden entzünden. Da: Sie klettert die Leiter herab, als die Nacht naht. Geht zu Müa, die Späne und Holzsplitter in einen Korb füllt. Den Gurt seiner Schachtel quer über der Schulter, probiert Pek die richtige Länge aus. Mimik, leise Worte, Gohr zeigt ihnen den kleinen Feuerträger (seither Rotkehlchen genannt, obgleich sein Latz eigentlich flammenrot ist), der auf dem Holz am Rand des Schuppens sitzt und sie anschaut. Er und der braune Zaunkönig – dzrr-dzrr –, winziger als alles, schützen sich vor der Kälte, indem sie die Scheune und die

Hausseiten bewohnen. Im Holzschuppen, im Garten folgt mir oft das wache Auge des kleinen, auf die Menschen noch neugierigen Feuerträgers. Ich hätte ihn gern auf meiner Schulter sitzen, damit er mir ins Ohr flüstert, doch in dieser ganzen langen Zeit, zu kurze Lebensspannen, ist es dazu nie gekommen.

Maunzen. Schreien. Lautes, gedehntes Maunzen, dessen Klang sich verändert, unter das erstickte Wutgeschrei und die Knüttelschläge mischt, zwei drei Worte, Pek Gohr, dann macht die stille klare Kälte den Wald wieder durchlässig. Schwarze Schlitze in den Rinden, schwarze Löcher zwischen trockenen Adern, umgestürzte Bäume, zwischen denen ein waagerechter Gang verläuft, kleine Brücken über den Bach, Wasserfälle mit klirrenden Eisschollen ... Seit Morgengrauen liefen sie Seite an Seite Richtung Osten, und beständig blies ihnen der Wind ins Gesicht. Rucksack, Bogen, Dolch. Wollten, seit sie es gesehen hatten, zu diesem Waldstück zurückkehren, Buckel und Eintiefungen, die einen Abhang bis an die Ufer des Flüsschens, unserer Ernée, bilden. Vom ersten Schnee an, auch wenn der vor zwei oder drei Tagen nur spärlich gefallene nicht liegengeblieben war, sind die Felle gut und solide und dick. Die Nähe zum Wasser, sein unebenes Gelände machen den mit Felsen, kleinen Erdeinbrüchen und abgebrochenen Bäumen unwegbaren Abhang zu einem günstigen Ort. Stechpalmenbüsche und verschiedene Farnarten bringen Grün in den Rindenwald, die Flechten auf dem faulenden Holz, Baumbärte, die zerzaust von den Zweigen wallen, Graublau. Hinter den an Nadeln und toten Pflanzen hängenden trockenen Blättern Löcher, ihre Spitze oben in der Rinde, der breite untere Teil über aufgescharrter Erde oder pulvrigem morschen Holz. Weiter oben, vom herabfallenden Efeu verschleiert, ein Fenster in der Rinde des Stamms oder aber in der Zwiesel ein noch verborgeneres Loch. Die schwarze

Luft im Inneren des hohlen Baums wird von horchenden Ohren bewohnt, von Klauen, Schnäbeln oder Zähnen: Gelegentlich fliegt flatternd ein Waldkäuzchenpaar auf, stößt mit seinen braunen Flügeln an die umliegenden Äste. Gohr und Pek sprechen nicht, geben einander Zeichen, sind mit der stummen Jagd vertraut. Pek stellt sich auf die Seite des Fensters, einen erhobenen Knüttel fest in der Hand, Gohr bläst lautlos auf das mitgebrachte brennende Holzstück, das mit dem trockenen Gras auch die rötlichen Blätter entzündet, und drückt es durch das untere Loch in den Baumkamin, der Zug im Schlot lässt den Rauch nach oben steigen. Gohr springt auf, greift zum Bogen. Der Rauch dringt bläulich aus dem oberen Loch. Nichts. Warten, bis der Geruch warnt, weckt, verwirrt, der Schläfer dort verdaut noch Blut: Fluchtbereit oder eher zögerlich schält sich aus dem Fenster eine geschmeidige, schimmernde Gestalt, Stinktier, Marder oder Hermelin, die Peks Knüttel mit einem dumpfen Schlag trifft, oder sogar zwei Tiere, das zweite jedoch vom Lärm gewarnt und flinker als das erste. Wenn sie mit sämtlichen Krallen den Baum erklettern oder aus einem Geheimausgang entwischen, um auf den Nachbarbaum zu springen, ist der Bogen schnell gespannt, versucht einer von Gohrs Pfeilen, den von seinem buschigen Schwanz gefolgten Gewieften einzuholen, ihn beim Sprung von einem Baum zum anderen in den weißen Bauch zu treffen, sein Lieblingstrick. Halten inne, um abzubalgen oder zu *pellen*, wie wir sagen. Das tote Tier an einen Ast hängen, aufritzen, das Fell mit einer feinen Feuersteinklinge vom Atem trennen, abziehen und auf einen gekrümmten Ast spannen. Kleine rosige und blutige Körper, der heftiger Gestank von Fleischfressern: schnell in eine Kuhle geworfen und Steine drüber; falls Herumstreuner vorbeikommen, werden sie das krepierte Tier wohl riechen, nicht aber merken, es sei denn, sie suchen –, dass die Felle mitgenommen wurden. Ein Stück weiter weg, vor der Ritze eines gespaltenen alten Baums kniend, weckt Gohr mit seinem Atem das ermattete, mit einem Stück Leder umwickelte Holzstück, endlich rötet es sich, lockt Rauch aus totem Moos, welkem Gras und trockenen, nicht vom Reif befallenen Blättern, und dann rammt Gohr die brennende Faust unten in den Stamm. Schweigend rücken die beiden Männer zusammen, belauern, was da wohl an der Gabelung der Äste … die grünen Augen so groß, dass sie plötzlich ganz nah scheinen zwischen den glatten nackten Rinden des Waldes, zwei wütende Augen mitten in gesträubtem Fell, Pek lässt die gespannte Bogensehne zurückschnellen, Pfeil trifft direkt unter der Kehle – Fauchen, das Schrei Wut Maunzen wird. Und mitten in dem Schrei – ruauh –, im leicht gräulichen Licht des Waldes sieht oder vielmehr ahnt Pek am Rand seines Blickfelds etwas die Luft verdunkeln, wogende Zweige: Instinktiv duckt er sich, und während ein weiteres Maunzen mit dem Röcheln verschmilzt, prallt auf seinen Rücken ein Gewicht, sämtliche Krallen im Fell, ja in seiner Haut. Gohr hat sich den von Pek losgelassenen Knüttel geschnappt und trifft, bevor der Rücken sich zum Abwerfen seiner Last wieder aufrichtet, mit einem heftigen seitlichen Schlag den pelzigen angespannten Körper, der jaunert und knurrt, bevor er ihn mit einem senkrechten Hieb auf dem Boden erledigt. Pek lockert seine Schultern. Überraschung: zu dieser Jahreszeit ein Männchen, das ein Weibchen verteidigt, noch nie gehört! Aufgebrachte Tote, die beiden, sie wollen nicht sterben! Sie klemmen die Köpfe in eine Astgabel – an der rosigen Nase ein wenig Blut – und enthäuten, jeder seins, das grau gestreifte, unter dem Bauch eher rötliche Fell; die Ohren sind stark behaart, bis zum schwarz beringten Schwanz gesträubtes, im Zorn geschnapptes Fell. Mit einem Asthaken nehmen Gohr und Pek die Kadaver mit, schleifen, zerren sie über den Waldboden fast bis zum Ufer, graben ein Loch und bedecken sie mit Steinen, auf dass ihr Geist möglichst dort bleibe, unter den schmalen blutigen nackten

Rippen und ihrem Schädel mit den weißen Schnurrhaaren. Auf die kleinen Steine packen sie große. Und dann überqueren die Männer das Wasser, die Ernée, springen jedoch nicht über das trügerische Eis, sondern über die Holzabschläge auf die andere Seite, denn die getöteten Tiere mögen kein Wasser. Stets auf der Hut, weil sie ihr Gebiet verlassen haben, gehen Gohr und Pek zwischen Felsen und Baumstämmen am Fluss entlang, achten, wohin sie den Fuß setzen, um keine Spuren zu hinterlassen. Doch sobald sich ein bisschen an- oder festgefrorener Schlamm zeigt, beugen sie sich herunter, um die Abdrücke zu deuten, Bisamratten, Fischotter, vereinzelt auch Vögel. Schnell wird Nacht, sie verschanzen sich unter einem Felsüberhang am Ufer, drängen sich in einem bereits dunklen Loch aneinander, wagen kein Feuer. Ihre gemeinsamen Gedanken wandern zum Haus: der Duft von Frau, Kind, Farnen, die Nacht dort über der Hütte, Müa und Suwau, beunruhigt, mit in der Finsternis geöffneten Augen. Ihr gemeinsamer Traum: In der kalten Luft suchen zwei sich aufplusternde Felle mit grünen Augen, fast so groß wie ein Mensch, mit einem peitschenden Schwanz, nach ihnen, verfolgen sie auf unendlich sanften, absolut lautlosen Pfoten. Die Kälte weckt sie früh. Pek schüttelt den Schmerz zwischen seinen Schultern. Am großen Fluss, in der Nähe der Mündung, stehen sie vor einer Schleifwerkstatt: großer Steintisch, auf dem Flusskiesel und Feuersteinnieren bearbeitet wurden. Gohr liest die kleinen Splitter auf – blonder Feuerstein von den Loire-Ufern –, um sie zu hauchdünnem Werkzeug zu verarbeiten. Ringsum Fußspuren eines besohlten Menschen, unweit davon der beruhigende kleine Fußabdruck eines Kindes. Vorsichtig ziehen sie sich zurück, überspringen, auf Peks Knüttel gestützt, den Fluss zwischen den vom eisigen Wasser umspülten Felsen. Sie trotten, den Ostwind im Rücken und auf dem Rücken die haarigen, kalten, steifgefrorenen Häute. Trotten und erreichen schließlich ihr Ziel. Die Frauen tatsächlich besorgt: Ouens Schläfe ist so warm, wenn die Lippen sie küssen! Gohr und Pek erzählen noch nichts, doch Pek entfährt zwischen seinen Zähnen ein »Verfluchte Katzen waren da!«, und Gohr: »Können rückwärts laufen!«

Das vertraute Gelände, auf das ich mich später so oft gebeugt gekniet gelegt habe, um je nach Pflanzenwuchs seine Formen zu fotografieren, hatte ich zunächst erkundet und in seinen Einzelheiten erfasst, als ich dort bald die im Nebel verirrte Ringeltaube jagte, bald den Sumpfbiber, der nichts dagegen hat, wenn das Hinterteil in seinem Bau feucht wird – oder aber die Sumpfschnepfen, deren zitternder Flug in der Abenddämmerung mir kein Morden gestattete. Mit meiner ungerechten Waffe, einem stählernen dünnen Lauf mit an der Cordhose poliertem Kolben aus Holz, ging ich als Heranwachsender horchend und forschend auf die Pirsch; nur selten gelang es mir, ein Tier zu töten. Doch waren es ihrer immer noch zu viele! Ich erinnere mich an ein Wiesel, beige, mit weißem Bauch, das sich als so schmächtig erwies, dass sein Fell, wäre es enthäutet worden, nur einen einzigen Finger hätte umkleiden können. Den erbärmlichen Jäger, der ich war, beglückte es um einiges mehr, einfach nur auf diesem kleinen Stück Land zu sein – die Gliedmaßen an seine Falten schmiegend –, als ein Stück Wild in Vaters Küche zu bringen, aber war ich nur durch Zufall ihr einfacher Nachfolger, oder wurden meine Schritte von den ihren, den tiefer liegenden – Nähte im alten Gewebe –, von ihrem längst in Regen, Wind und Gras erloschenen Feuer, von ihrer einst wirklichen Hütte neben der inzwischen unsichtbaren Quelle magnetisch angezogen? Natürlich weiß ich es nicht, bin gerade einmal fähig festzustellen, dass ich fast ein Leben lang brauchte – mindestens fünfzig Jahre, seit meine Mutter mich in den Baum klettern hieß, in dem sich ein Wunder ereignen sollte –, um zu begreifen, dass sie anwesend sind, ihr Atem in jenem Nebel, den die fotografische Emulsion in unzählige Punkte übersetzt, in ein Korn, das ihn beinahe greifbar macht. Wie sie wohl den Winter erleben mögen, die langen Regenfälle im Westen, den schneidenden Ostwind vor ihrer Tür oder den finstren Wind aus jenem sonnenlosen Stück Himmel? Gewiss, auch wir fällten Bäume, um zu heizen, ich hatte mich sogar der Aufgabe verschrieben, aus Gründen der Sparsamkeit jeden Tag die toten Zweige aufzulesen, die rings um das Haus von den Linden und den Ulmen fielen; doch heute neige ich eher zu einer Auflistung von allem, was sie nicht haben – meine gestrickten Socken, unser Kartoffelvorrat, unsere Decken aus natürlicher Wolle mit blau eingefärbten Streifen –, während sie keineswegs das Fehlen von Unbekanntem empfinden und sich ganz im Gegenteil stetig über die Fortschritte ihres Einfallsreichtums freuen. Ich sehe Gohr und Pek zwischen den Stämmen des kahlen Waldes gehen, gerade als sie endlich zurück ins kleine friedliche Tal kommen und wieder den Rauch sehen. Sie tragen Mützen aus Bärenfell und Felle, unter denen die weichen Hirschkleider verborgen sind: Kniehose, Beinlinge und eine Art Blouson, in der Taille geschnürt mit einer Gürteltasche wie die der Zimmerleute, vorn ein fransengesäumter Beutel für die Pfeilspitzen. An den Händen Fäustlinge aus Kaninchenfell und auf dem Rücken jeder eine Tasche, die nämlichen, die sie, mit Fellen bepackt, aus dem Dorf mitgebracht hatten, weil sie wussten, es würde Winter, noch bevor sie sich selbst würden einkleiden können. Auf der Rückseite der Felle keine Fleischfasern mehr. Nach dem Trocknen schaben die Frauen, weichen ein, trocknen wieder und wieder, reiben auf eine Art, die Suwau und Müa gelernt haben, um die Tierhäute zu walken und geschmeidig zu machen. Schließlich liebkosen ihre Hände das glänzende Kleidungsstück, dem Tier geraubt, das nun seinerseits nackt durchs Schattenreich der Unterwelt geistert. Um es der menschlichen Gestalt anzupassen, legen sie es um den Mann oder Suwau um Müa und umgekehrt, schauen, wo noch geschnitten werden muss. Mir scheint, dass Müa eine andere Methode erfindet oder sich an die Gesten der Mutter erinnert: Wer ein Kleid haben möchte, legt sich auf die Fellrückseite, und wer zuschneidet, zeichnet mit Holzkohle den Umriss darauf, Oberkörper oder Arm. Die Frauenfinger nähen die Stücke zusammen, ordnen die verschiedenen Farben, wie auf Vogelflügeln oder gestreiften Tierflanken, spielerisch gleichmäßig an. Der Faden besteht aus getrocknetem Darm. Wahrscheinlich hat Suwau ihr eigenes Werkzeug, aber Müas Beutel (ihr Beutel mit den hübschen kleinen Dingen) weiß ich noch besser bestückt, finde in ihm etwa zwei Sandstein-Schleifsteine für Nadeln, deren schmale Rille eine Gebrauchsspur ist und das Schärfen ermöglicht. Die Nadeln mit Öhr bestehen aus Knochen, manche aus Buchsbaum, sind unzweifelhaft stechend, denn als Suwau und Müa sich bei ihrer Mutter im Nähen von Fellresten üben, um ein Holzstück zu bekleiden (spitze Nase, Augen und Mund ausgehöhlt), war ja die Nadel schon seit mindestens fünfzehntausend Jahren erfunden. Auch als ich selbst so alt war wie sie als kleine Mädchen, waren noch manche der Nadeln, mit denen meine Mutter Strümpfe strickte, aus poliertem Holz.

»Schnee!«, murmelt Pek. Gohr stimmt zu, mit Augen und Kopf. Die beiden jungen Frauen drehen sich um, hoffen im Schlaf, es möge nur eine Bewegung des wärmenden Mannes sein, aber Gohr und Pek haben den Schnee gerochen, durch die Türspalten das weiße Licht gesehen. Sie ziehen sich an, legen Holz ins Feuer, nachdem sie ein paar Glutstücke aus ihrem Aschebett gezogen haben, und von der Leiter aus schließt Gohr die Tür. Kaab zerrt ungeduldig an ihrer Leine, Pek bindet sie los, bedeutet ihr, in der Nähe zu bleiben, die Hündin springt auf der Stelle, statt durch den

Schnee zu kreisen, wie sie es gerne täte. In der Scheune befestigen sie die Schneeschuhe unter ihren Füßen, die sie in Erwartung des Schnees vorbereitet haben und die größer sind als die, die sie sich als Kinder gebastelt hatten: Eine weiche Holzleiste aus einem längs gespaltenen Ast, die umgebogen und festgebunden wird. Durch die mit einem glühenden Holzstück eingebrannten Löcher sind dicke getrocknete Därme gefädelt, die sich in der Mitte überkreuzen. Mit den Schneeschuhen unter den Stiefeln lächeln sie sich in Erinnerung an frühere Wettrennen zu, wissen um den Vorteil, den ihnen, trotz des etwas beschwerlichen Gangs, diese Flügelschuhe gegenüber den Tieren sichern: Sie nämlich verlieren im frischen Schnee Zeit und Kraft mit dem Herausziehen und Bewegen ihrer vier Beine. Die Menschen hingegen laufen über die Oberfläche und können, sobald der Schnee fest wird, die Füße so nachziehen, dass sie beinahe gleiten. Stille. Eine rote Sonne zeigt für einen Augenblick ihr Gesicht zwischen dem Geäst am Horizont und dem tief hängenden Wolkenleib, dann erlischt das Leuchten, und die Flocken, die am Himmel hängen wie Fell an einem weißen Bauch, scheinen den bereits Herabgefallenen Gesellschaft leisten zu wollen. Gohr ist der Ansicht, dass sie nun, da alles verschneit ist, ihr Gebiet nicht verlassen dürfen, sonst könnte man den Spuren ihres Rückwegs folgen. Sie selbst, junge Jäger, hatten noch keine Gelegenheit, sich anderen entgegenzustellen, wussten aber aus ihrem Heimatdorf, dass die Männer mehrmals Fremdlinge, die auf der Jagd waren – und dabei auf manches stießen, das Neugierde weckte: eine junge Beerensammlerin, in der Falle gefangenes Wild, fischgefüllte Reusen –, verfolgt und recht vehement hinter die Grenzen ihres vermeintlichen Gebiets zurückgedrängt hatten (noch heute klauen nächtliche Herumtreiber einen Werkzeugkasten mit Schraubenschlüsseln aus der Scheune oder Tauben aus ihrem Verschlag). Den wenigen geduldeten Krämern war man fernab vom Dorf begegnet und hatte dann den Rückweg in ihrer Begleitung zurückgelegt; diejenigen, die ein zweites Mal kamen, kündigten sich mit ihrer Flöte an und brachten kleine Lavabrocken, Feuersteinsplitter, Muscheln und durchscheinende Steine. Mit anderen verabredete man sich am Ort des ersten Zusammentreffens – mehrere Tage Fußmarsch entfernt vom Dorf – beim selben Mond im kommenden Jahr. Gohr und Pek, um all die Muskeln und Bögen ärmer, die früher ihre Jugend beschützten, müssen auf der Hut sein: Schnee ist zu geschwätzig, und nur Schnee bringt Schnee zum Schweigen. Gohr und Pek beginnen, das von mir später so geliebte Land zu umrunden, zwei Täler mit Bach, von einer langen Hügelkette unterteilt, mit Gehölz übersäte Abhänge, ein kleiner verschwiegener Teich; und zwischen den Wiesen Felder, mit der Schaufel aufgehäufte Böschungen, die von Bäumen, von einem Gestrüpp aus kleinen, der Heckenerde zugetanen Pflanzen bevölkert werden. Sie bemühen sich – ich kenne das –, den Fuß trotz des Schneeschuhs dort aufzusetzen, wo der Abdruck möglichst unsichtbar bleiben wird. Wenn der Schnee noch vor Ende der Nacht zu fallen aufhört, bleibt der letzte Weg der Tiere deutlich lesbar. Und die Schlangenlinien der kleinen, verräterischen Striche, die das Weiß mit ihrem leichten Schatten sprenkeln, offenbaren allein durch die Form der Abdrücke – Abstand der Krallen, Lage der Ballen –, aber auch durch die Figur aus allen vier Abdrücken, welches Tier vorbeigekommen ist. Auf Umwegen führen sie zu weichen Samtpfoten und geschlossenen Augen, lauwarmem weißen Bauch, zu langsamer Schlafatmung tief im Erd- oder Baumloch. Gohr und Pek haben nicht die Absicht, so dicht am Haus zu jagen, sie beobachten und überwachen – keine menschlichen Spuren –, eine weitere Nacht und der feinfühlige Schnee werden womöglich die Gewohnheiten oder gar die Unterkunft eines leicht zu fangenden Pelzträgers bestätigen. Die Auerochsen, die Gohr, je nach Wind, für gewöhnlich im Schutz der Tieflagen findet, liegen mit struppigen Flanken dicht beieinander, einige vermutlich ohne Schnee unter sich, andere trotz der inneren Wärme mit Schnee auf dem Rücken, der auf ihren Blut- und Knochenmassen lastet wie auf Erde oder Felsen. Wenn die Weibchen mit erhobenem Schwanz oder die Männchen unbeweglich in der Bauchmitte pinkeln, dampft der Urin, der unter dem Strahl schmelzende Schnee wird ringsum von gelben Spritzern eingefärbt. Für Gohr ist der Tag gekommen, das Heu aus der Scheune zu holen. Pek und er hantieren mit den dreizackigen Holzgabeln, die seit Langem zu diesem Zweck geschnitten und entrindet wurden: Die Auerochsenlippen würden nicht ans Heu rühren, wo ihre Witterung unmittelbar den Geruch des Menschen oder nur den seiner Handfläche wahrnähme. So legen sie das Futter aus und ziehen sich schnell zurück, warten versteckt, bis sie sehen, wie sich die Auerochsen langsam auf das trockene Gras zubewegen, es mit gestrecktem Hals beschnuppern, wie eine Kuh mit den Lippen ein paar Halme herauszupft und genüsslich kaut; bald schon zerrt die kleine Herde Happen für Happen aus dem übrigen Heu, gesenkte hochgereckte Hörner, gespitzte, wachende Ohren. Sobald die beiden Täler von Stille erfüllt sind und kein Halm hervorlugt, wird Gaur auch am folgenden Tag wieder Heu auf den Schnee bringen, Heu erblüht, getrocknet, das die Auerochsenkühe malmen und wiederkäuen, um die warme Milch zu erzeugen, die ihr Kalb kopfruckend zapft. Ich weiß nicht, ob Pek versteht, zumal ich nicht weiß, ob die Sache für Gohr klar ist: Es ist ein Tauschakt für die Milch, die er getrunken hatte, bevor er auf der Erde gehen konnte.

Spitze Fußabdrücke im Umkreis der Hütte bedeuten, dass sich Wölfe nähern. Kaab streckt sich flach aus, knurrt, ihre Augen dort, genau auf den grünen Augen der nahenden Wölfe, deren Bauch mit dem Schnee verschmilzt. Riechen das Fleisch, die aufgehängten

Tierhäute, vielleicht auch das Kinderfleisch, den Geruch der aneinandergedrängten warmen Körper, die sich im eisigen Bachwasser nun nicht mehr waschen. Gelegentlich steht Pek auf, um unten an der Leiter eine von der Luft angefachte, im Dunkel leuchtende Strohfackel zu schwenken. So verstehen die Wölfe, dass der Platz besetzt, verboten ist, laufen woanders hin, Kaab horcht, Stille, weit weg die Eulen. Wenn der Tag anbricht, gelblich und ungewiss hinter dem Schnee, der herabschwebt, den Himmel mit der Erde verbindet und alle Spuren löscht, oder hinter dem kalten dichten Regen, der kaum noch Luft zum Atmen lässt, oder aber hinter den Windstößen, die Wolken in die Bäume treiben und das Eichen-Totholz schütteln brechen niederreißen, dann gehen sie nicht vors Haus, höchstens mit einer übergeworfenen Tierhaut (Gohr bleibt der abgenutzten seiner Reisen treu) bis zur Quelle oder den Scheunen. Eine den Fingern bekannte Beschäftigung wie das Flechten geschmeidigen Holzes kann auch im Halbdunkel am Feuer ausgeführt werden. Die Arbeitsplätze befinden sich direkt neben der Tür, auf jeder Seite einer, denn von hier überwacht der Blick, schweift durch den welligen Regen, zwischen Stängeln und Zweigen, die sich mittlerweile zu bewegen scheinen, oder aber durch die gemächliche stetige Flockenfolge. Gohr und Pek retuschieren die Schneiden der Pfeilspitzen. Nur wirkliches Geschick kann mit dem bestielten Knochenstück den Rand der durchscheinenden kleinen Klingen vorsichtig auszacken und schärfen. Gohr oder Pek befestigen sodann die Spitzen auf den Schäften. Um ihrer Sorgfalt gerecht zu werden, muss man wissen, dass die Qualität eines Pfeils noch mehr vom Schaft als von seiner Spitze abhängt: Sie wollen ihn widerstandsfähig, leicht, ausgewogen, glatt und absolut gerade, denn er ist es, der mit den kleinen Federn des gleitenden Bussards versehen, den Feuersteinschnabel ans Ziel trägt. Eine Drehung im Flug, und die Spitze geht verloren, verschwindet im Gestrüpp oder bleibt in die Rinde gerammt. Manche zeigen unter der Befestigung eine fingerlange Rille, damit das Blut besser abfließen kann und das Tier ermattet, Großwildpfeile. Früher fand ich zwischen den Erdschollen einmal eine zerbrochene Spitze, deren Kerben zum Befestigen gut sichtbar waren. Ich versuchte, das kleine milchige Stück in meiner hohlen Hand zu ergründen: weggeworfen, weil zerbrochen, unglücklich verloren gegangen oder vom Pflug zerstört, als aus dem einstigen Wald oberhalb unseres Gehölzes ein Acker wurde? Unmöglich zu wissen. Die einzige Halbgewissheit, während mein Finger über die winzige Oberfläche und die leichten Wellen des Splitters streicht: zwischen ihrer Hand und meiner fast keine andere Berührung. Dank der Einkerbungen das Festbinden mit kleinen Darmstreifen, doch der Holzspalt selbst klebt vor Kleister, erhitztem, mit Tierhaar (Hirsch, Reh, Wildschwein zu rau) vermischtem Birkensaft. Die Frauen im Dunkel glätten noch immer die Rückseite der Felle, bis sie weich sind, oder sie nähen neben der Tür. Die bevorzugten Felle, leichter und wärmer, sind von Fuchs und Katze, das Wolfsfell ist gröber. Ouen ist in Hase gekleidet. Als Kind zwang man mich sonntags, in die Messe zu gehen, und von meiner Bank aus konnte ich sie, stehend sitzend kniend, zwei Bänke vor meiner beobachten: die von spröden Lehrerinnen beaufsichtigten Mädchen der katholischen Schule; im Winter trugen sie fast alle einen schmalen Pelz um den Hals, Marder Stinktier Hermelin, das prompt zum Schmuck verarbeitete Geschenk eines Jägers, mit Schwanz, Pfoten, Krallen, trockener und spitzer Nase, nur die Augen aus schwarzen Glasperlen waren eigens hinzugefügt worden. Die Mütter ihrerseits hüllten Schultern und Brust in Rotfuchs (schwarzgefleckte Tiere wurden »Kohlenfüchse« genannt). Von meinem jagenden Lehrer erfuhr ich später, dass diese üppigen Requisiten mit Krallen und Nase Jagdtrophäen waren, zumal Füchse immer seltener wurden. Um die Felle zusammenzuheften, spitzen Müa und Suwau Nadeln aus Hartholz zu: Eibe, Kornelkirsche, Stechpalme. Der Nadelkopf wird wahrscheinlich von einem Faden gehalten, dünne, an die Kleidung genähte Sehne, damit die Nadel nicht so oft verloren geht. Die Stecknadel ist kein kleiner Ast, sondern ein Span aus einem mehrfach gespaltenen Holzkern, der wie die Nähnadel auf einem Rillenstein abgeflacht wird. Selbst wenn das im Sturm gefangene Tageslicht kaum ins Haus dringt, gibt es im schwachen Schein des Feuers keine Pause für das Abschaben und -schleifen, für den nach Glattem, Poliertem, regelmäßigen Knoten tastenden Zeigefinger oder Daumen. Über der Feuerstelle schwebt ein Viereck aus geflochtenen holzigen Stängeln, das an der Decke aufgehängt ist. Es hindert sie nicht daran, dicht am Feuer zu sitzen, schützt aber das Dachgebälk vor den Funken. Leichte Stücke Nahrung werden zum Räuchern daraufgelegt. Kein Kamin für den aufsteigenden, aus dem Dach dringenden Rauch: Er schützt das Dachstroh und die geflochtenen Wände vor Parasiten. Der das ganze Haus füllende beißende Geruch des frisch gerotteten Lindenbasts, mit dem das Dachgebälk zusammengebunden wird, weicht allmählich dem Rauchgeruch. Die Feuerstelle befindet sich nicht der Tür gegenüber, damit kein plötzlicher Windstoß die Flammen an der Wand hochzüngeln lässt. Das Feuer innen im Haus am Leben zu erhalten, ist eine Kunst. Tagsüber schöpft es Atem aus der mehr oder minder offenen Tür, ein geruhsames Feuer ohne sprühende Funken (wegen der Holzfußböden verzichteten auch wir in unseren Kaminen auf Esskastanienholz). Mit einem ausgehöhlten und ausgeschabten Holunderstock kann man auf die Glutstücke blasen, ohne den Mund in die Asche zu halten oder Gefahr zu laufen, mit den Strähnen Feuer zu fangen. Nachts erstirbt das Feuer allmählich, wird eingelullt und abgedeckt, damit es nicht erlischt. Draußen auf der Feuerstelle haben Müa und Suwau zwei große Steine erhitzt und tragen sie, noch fast glühend, unter die Felle im

Bett. Aufwallende Felle, Stöhnen, Gemurmel. Ouen schläft. Wieder Keuchen, Seufzen, die Schlafstelle ganz verwüstet. Der Mann schläft, jede schafft auf ihrer Seite wieder Ordnung. Die Frauen hüllen sich in Felle, schmiegen sich an die Männerwärme, suchen ihren Füßen den feinen, fast rundlichen, besänftigenden Flecken, den einzigen, auf dem sie diese Nacht wandeln möchten, derweil der Schnee gefriert.

In der Nacht flammen die Fackeln auf, rosafarbener Schnee. Suwau würde sich freuen, wenn Ouen, noch zu klein und eingemummelt, die Zeremonie sehen könnte. Müa hat ihre Handrücken und Wangen mit Fett eingerieben, vermischt mit zerstampften Blättern, die einen üblen Geruch ausdünsten (die Botanik nennt ihn »hochgiftig«, wie bei Stängeln und Blättern der Zaunrübe), ihre Arme bedeckt von umgedrehten Kaninchenhäuten, das Fell nach innen, auf ihrem Kopf eine spitz auslaufende Fellmütze. Vor dem Baum angelangt, pflanzen Gohr, Pek und Müa jeweils ihre Fackel in den Schnee, die flackernden Lichter leuchten weiter. Die Fackeln – Fett, Kiefernharz, Pflanzenfasern an einem Knüttel aus dichtem, knotigen Holz – brennen nur langsam ab. Pek und Müa zünden zwei andere Stöcke an, die an ihren Enden von fettgetränkten und mit Fellbändern befestigten Packen aus Blättern und Gras verstärkt werden. Sie erzeugen nur Rauch. Die ausgehöhlte Schachtel hängt an ihrem Gurt immer noch an Peks Hals. Mit einem Arm hält er genau wie Müa seinen Räucherstab an den Birnbaumstamm, den sogleich dichter Rauch umschließt. Zwischen ihnen geht Gohr, mit seinem schärfsten und schnellsten Beil bewaffnet, auf den Stamm zu. Der Rauch, an dem das Leuchten der Fackeln abprallt, lässt Suwau nur unruhige Schatten sehen, Rauchschwaden, im Schnee sich spiegelnde Flammen. Da sich das auf ihrem Arm bereits schwere Kind nicht freigestrampelt hat, tritt sie etwas näher und hört die präzisen Beilschläge, die vom hohlen Baum widerhallen: Im flackernden Licht erscheint wächst kreist in alle Richtungen eine Garbe geflügelter Funken, die vor dem Rauch fliehen, die Offizianten bedrohen, sich auf sie setzen, während andere sich in den Lichtern, über die sie in völliger Unkenntnis herfallen, ihre knisternden Flügel verbrennen. Kurze Schläge, der Baum ist geöffnet. Gohr war mehrmals leise gekommen, den Ein- und Ausgang zu beobachten, die Rinde zu prüfen und sich die Form der vermutlich mit Wachs bestückten Kammer im Inneren auszumalen: Er wusste, wo der Schlag anzusetzen war. Der Rauch hat Müas Arme erreicht, Pek taucht mit Gohr in die beißende Wolke voll summender Stachel und setzt die Schachtel in den Hohlraum des Baumes; mit seinem Dolch zertrümmert Gohr die Waben, aus denen ein zähflüssiger Saft tropft, trennt die regelmäßig geflochtenen, noch mit Nektar getränkten Wachsplättchen in einzelne Scheiben und wirft sie in ein Netz aus Lianen, das Müa eilig entfaltet. Das übrige Wachs wird man später holen, wenn die Fliegen sich davongemacht haben werden. Die Räucherstäbe mit dem Fuß ausgetreten, greift sich Gohr die beste Fackel, steckt die andere in den Schnee. Die drei laufen Suwau entgegen, gefolgt von ein paar Stachelwütigen, die darauf aus sind, ihnen neben dem mit Blütenzucker vermischten Speichel auch eine Kostprobe ihres Giftstrahls zu geben. Sie rennen, Suwau vergewissert sich, dass Gesicht und Hände des Kleinen gut verborgen sind, denn sie sieht, wie sie mit wedelnden Armen die Verfolgerinnnen abschütteln. Als ringsum nichts mehr fliegt, bleiben sie stehen, suchen sich im restlichen blinzelnden Licht gegenseitig nach festsitzenden oder -klebenden Fliegen ab, die in Fellen, den Haaren gefangen, im Bart verkleistert sind, um sie nicht mit ins Haus zu tragen, werfen sie ab, aber töten sie nicht. Im Netz, das Müa trägt, klammern sich andere mit allen sechs Beinen flügelschlagend an die bei der Plünderung geraubten Brocken. Das Licht erlischt, doch sobald die Augen das Feuer vergessen haben, sorgt der schimmernde Schnee für ausreichende Sicht, um wieder zur Hütte zu gelangen. Gohr stochert in der Feuerstelle, schichtet die brennenden Holzstücke um, bläst unten hinein, ruft laut nach Atem und Flammen, wirft herausfordernd ein ganzes Bündel hinein. Aus dem Wassersack schöpfend säubert sich jeder mit einem Zipfel Tierhaut oder mit der Hand, wäscht das klebrige Rinnen von Kleider- oder Körperhaar. Sie lösen sich mit dem Holzstöpsel ab, der den Wassersack, einen aufgequollenen Bauch, verschließt, helfen einander und laufen hin und her, umkreisen das auflodernde Feuer, doch das Brennen, das sie spüren, kommt weder vom eisigen Wasser noch vom Feuer, sondern vom Gift, das die aus dem flaumigen Unterleib schnellenden Stachel, blitzartiger Stoß des jeweils einmaligen Horns, in ihr Fleisch geträufelt haben. Gohr und Pek rast das Herz, brummt der Kopf, sie tragen das Gift in sich, akzeptieren es, weil sie sich in den Bienenstock vorgewagt, dort mit einem Feuersteindolch die Wachskammern zerstört haben und sie, vor den Flammen glänzend, zähflüssig und durchscheinend in die geöffnete Schachtel tropfen ließen, jene duftende seimige Masse, die dem Gaumen ist, was die Sonne dem Leib. Zu stark sogar, sodass alle eine mit Wasser gefüllte Schüssel halten (Quellwasser, das ein entrindeter Stock am Festfrieren hindert); Gohr teilt mit einem glitzernde Fäden ziehenden Löffel aus und nennt den Namen, etwas Ehrfürchtiges, aber zugleich Sanftes: »*Mel, mel, mel* …« obgleich das wahrscheinlich zu nah am Lateinischen ist, jedenfalls beginnt das Wort, das ich aussprechen sehe, aber nicht höre (läse ich als Taubstummer aus der zeitlichen Entfernung von ihren Lippen?), mit *M*, wie Mutter, so wollen es die von der Linguistik abgeleiteten Wurzeln, und es ist verhältnismäßig kurz, wie alle Namen für Wesentliches. Selbst unter größter Anstrengung gelingt es mir nicht einmal, meine Mutter »*miel*« sagen zu hören. In Gedanken begebe ich mich genau an die Stelle zurück: Besser als ihr Gesicht sehe oder vielmehr spüre ich ihre Anwesenheit, wir saßen auf den Stufen zum Salon, an die großen geöffneten Läden gelehnt, die es immer noch gibt, und meine Mutter tunkte Walnussviertel in den Honig. Wir hatten ihn gerade auf dem Hof von Grise Haie geholt (ich glaube es war Léandre, der sich um die Bienen kümmerte), den von den Kühen im Gras ausgetretenen Weg genommen, am Ende ein gefedertes Törchen aus zugespitzten Latten. Brauner, undurchsichtiger Honig mit Wachskrümeln, mir war er ein bisschen zu stark, es sei Kleeblatthonig, sagte man uns.

Sie lauschen. Alle vier einander eng verbunden. Vier nur inmitten der Weite von Wald, Fluss, sumpfigen Wiesen. Sie sind nur zu viert, stehen, den Kopf im Nacken, unter den Sternen, für die es keine Zahl gibt. Stille, die Sterne scheinen ihre Flamme anzufachen. Über den Himmel, den aufgehenden nahen Mond, rund und rötlich, suchen sie Kontakt zu ihrer Familie, halten einander an Händen und Schultern, damit sich keine Traurigkeit zwischen sie schleicht. Suwau drückt ihren Kleinen an sich. Auch Pek muss Eltern haben, von denen ich nichts weiß. Sie wissen, an welcher Stelle der Mond dort drüben aus der Erde kommt und über dem Dorf aufsteigt. Für Müa: das schmale Stückchen Erde, unter dem zwischen Steinen die mütterlichen Knochen liegen. Ihre Gedanken steigen bis zum Mond hinauf, stoßen an sein reifes Apfelgesicht und senken sich dann auf das Dorf hinab, bis zu den grau-grünen Augen von Neka, Gohrs und Suwaus Mutter. Mit emporfliegenden Augen nähern sie selbst sich dem Rand des Gestirns, seinem nebligen Hof, in dem das blassrote Licht mit dem langsam aufsteigenden Mond klar und kräftig wird, ja, dort sind die Gedanken ihrer Eltern, verschwommen und zärtlich, sie empfinden sie, als hätte der hinübergesandte Satz das Erblassen des Mondes bewirkt, als wäre der Wandel von Farbe und Glanz die eigentliche Nachricht, denn auch sie sind genau in diesem Moment dort versammelt, um die Entfaltung des Lichts zu schauen und zu begleiten. Dann wird das Gestirn wieder kleiner, entzieht sich den Blicken. Es gibt auch mondlose Nächte. Sei es, dass er nicht aus der Erde kommen kann oder die Wolken ihn in ihren dunklen Pelz hüllen. Schneestille. Der auf dem Dach liegende Schnee schützt vor der Kälte, hindert jedoch den Rauch am Abziehen, das ganze Haus ist verqualmt. Die innere Wärme bewirkt eine leichte Schmelze, Wasser droht durch das Dach zu sickern. So sind Gohr und Pek jeden Tag damit beschäftigt, mit einer Stange den auf dem Dach lastenden Schnee wegzuschieben, der, weiße Schräge vor dem Wiesenhang, das Haus unsichtbar macht. Das, was ihrer Sicherheit zuträglich scheint, bereitet ihnen gleichzeitig Sorgen: Haus, Scheunen, alle Mühen des Aufbaus, sie selbst womöglich, wie gelöscht? Sie sprechen nicht viel, horchen der Stille. Ich erzähle und erzähle, versuche zu vermitteln, dass ihr Leben wirklich ist (es gibt übrigens Beweise!), doch sie sind kaum zu hören. Sie horchen dem Knistern des Feuers, den an den Wind rührenden Zweigen, den Rufen verschiedener Vögel, ihren Späher ringsum. Wenn Sturm aufkommt, versuchen sie zu verstehen, was die Geister mit ihrem Fauchen, Pfeifen, Knacken kundtun möchten. Sind es die Toten, die getöteten Tiere? Wohl eher der Geist auf der anderen Seite der Dinge, der weiß, woher wir kommen und wohin wir gehen. Oder ein weiterer Geist – falls es nicht derselbe ist –, ein Geist, dessen Laune die Jahreszeiten bestimmt, das Wasser mit jener erstaunlichen Eile zum Fließen treibt oder den Pflanzensaft zum Aufsteigen. Sie horchen, jeder für sich, erzählen einander davon, deuten die Zeichen. Sie versuchen zu verstehen, was die Tiere, insbesondere die Vögel, wissen; hoffen und fürchten zugleich, zwischen den aufreißenden Wolken ein winziges, rätselhaftes Stück der Antwort auf all die Fragen zu finden, die sie nicht in Worte gefasst haben: Ihr Leben ist die Frage. Modar, Patr am mittleren Pfosten hinten im Haus, bilden dürftige Sitzstangen für die unsichtbaren Mächte, die umherschwirren, lauern, brüllen, sich einschmeicheln und unaufhörlich die Welt erschüttern. Auf einem Brettchen bringt Suwau ihnen ein kleines Honiggeschenk dar, Gohr lässt vor ihren ausgehöhlten, nach innen fliehenden, ausdruckslosen Augen ein von der Feuerstelle genommenes Ästchen rauchen: Man weiß schließlich nie, was die Geister denken. Deshalb lauschen Gohr und Müa, Suwau und Pek, alle vier: Eines Tages, eines Nachts wird der Wind durch den geöffneten Mund des Himmels – streifendes Wispern, gedehntes Heulen –, etwas Verständliches überbringen, von dem jedoch niemand weiß, ob es erschreckend oder beruhigend sein wird. Ihn hört, wer wacht oder lauert, wer im Schlafen horcht. Bisweilen furzt das Feuer unter der Asche wie das Loch im Hintern, die Lampe knistert und gluckert, der Docht muss wieder aufgerichtet werden. In der Holzhütte voll trockener Farne ist die Fettlampe eine ständige Gefahr, aber auch bei uns gab es bis in die fünfziger Jahre hinein noch Höfe, wo die Kühe an Winterabenden und -morgen im schwachen Schein einer auf die Streu gestellten petroleumbetriebenen Sturmlaterne gemolken wurden. Und noch in den siebziger Jahren, nach über zwei Jahrtausenden der Eroberung unseres Landstrichs durch den Römer Cäsar, berichtete man mir von einem Paar im Nachbarweg, das seine Suppe vor dem Morgengrauen im Schein einer zwischen den beiden Schüsseln aufgestellten Kerze aß, direkt unter der ausgeschalteten Glühbirne. Sparen von Strom (den man noch immer »Kerzenlicht« nannte), spärliche, undeutliche Worte über dem Brot, das im Gemüsesaft köchelt, womöglich auch die Genugtuung, nichts zu ändern, auch ohne um eine so lange Abstammung zu wissen.

Sobald kein Fleisch mehr am Haken hängt, gehen Gohr und Pek auf die Jagd. Zur Stunde, da die Nacht zögerlich weicht und der Tag ebenso zögerlich unter den dunkeln Massen über den Boden schleicht, verschwinden sie hinter den trockenen geriffelten Stängeln des Bärenklaus, hinter den rothäutigen Schösslingen der Weide und zwischen den Rinden. Die Wangen und Lippen mit Fett eingerieben, um sich gegen die Kälte zu wappnen. Ihre Schnurrbärte, gestutzten Bärte verschmelzen mit den Fellen, die ihren Leib bekleiden, so werden die Tiere sie als Tiere wahrnehmen, mit Ausnahme des Geruchs vielleicht. Das Amulett, das sie um den Hals tragen, ist ein dünnes, rundes, in der Mitte durchbohrtes Hornplättchen, das genau von der Stelle stammt, an der sich das Horn des Auerochsen mit Fleisch zu überziehen beginnt, kurz bevor die Spitze sich schwarz färbt: feinstes Empfindungsvermögen am Rand der Kraft. Das Amulett spendet ihnen Lebendigkeit, Macht, an ihm wird ihr Stamm sie wiedererkennen können, falls sie sich verändern sollten. Das gelbliche, glattpolierte Horn ist weich. Im Grunde gehen Gohr und Pek auf dieselbe Jagd. Pek allerdings, als guter Knüttelkenner, tötet lautlos und auf einen Schlag, ob Hase oder Kaninchen im Bau, erwischt gar mit einer energisch hinter die Ohren geworfenen Keule das zu langsam laufende Tier. Gohr interessiert sich für die Fallen, darunter eine, die den Pelzträger unter dem Gewicht der Steine zerdrückt, sobald er am Köder zieht und dabei einen kleinen Holzkegel umstößt. Wenn die Kälte erträglich ist, warten sie unter einer Eiche, bis ein Schwarm Tauben auf ihr landet, und lassen ihre Bogensehen zurückschnellen, noch bevor sich ein weißumrundetes Auge auf ihre erhobenen Arme richtet: Jedem sein Vogel, dem Schnellsten zuerst. Dabei achten sie darauf, mit einer stumpfen Spitze zu zielen, um die Brust nicht zu durchstoßen und Ouen, Müa und Suwau ein fast unversehrtes Wild zu bringen. Kopf und Hals der Taube sind gute Köder für die kleinen Fleischfresser. Während Felle immer dringend gebraucht werden, nehmen sie sich zum Essen, stets so gut wie geräuschlos, nur das Nötige, ohne ein Tierleben zu verschwenden. Wenn sie zurückkehren und kein Regen fällt, haben die Frauen das Feuer im Freien schon angezündet. Bereitwillig trocknen sich Gohr und Pek, nehmen das nasse Heu aus den Stiefeln. Wenn jedoch ein Unwetter herrscht, veranlasst die überfüllte Hütte sie fünf zu permanenten Arm- und Beinberührungen, auch wenn Ouen sich meist an den Bauch seiner Mutter presst. Der eine streckt den Arm nach einem Stängel zum Flechten, die andere legt einen Holzscheit ins Feuer, einer wechselt das Bein, auf dem er sitzt, eine andere wendet die Felle, die sie gerade zusammenheftet, zwischen ihnen qualmender Rauch, wenn der vorbeiziehende Wind auf das Dach drückt. Ein entrindeter, gespaltener Schössling zeigt nach oben, schaukelt, wird geknickt, unten eingeflochten, eine Hand zieht den mit Birkenleim verkleisterten Faden hoch, zwischen den Körpern springt der kleine Ouen seinem Holzspielzeug hinterher – ein grob geschnitzter Wolf –, aus einer hohlen Hand wandern Dinge zum Knabbern in die Nachbarfinger. Ein großer Körper mit zahllosen Gliedern. Wenige Worte, und wenn der Regen zunimmt oder eine schwarze Wolke wieder Nacht zu verheißen scheint oder zwei Raben schreien, die gegen den Wind kämpfen, werden nur Blicke gewechselt, jeder hört sie und macht sich seinen Reim darauf. Gohr schnitzt Buchsbaumkämme. Eigentlich dachte ich, er hätte aus dem Dorf ein paar dieser Holzbrettchen mitgebracht, und dann entdeckte ich einen Tagesmarsch weit entfernt (ich rechne mit dem Pflanzendickicht) einen kleinen, mit Buchsbaum bewachsenen Hügel, auf dem nichts – Steine sind dort keine Ruinen – auf eine frühere Kultstätte hindeutet. So finden sie vermutlich wilden Buchsbaum in Richtung der untergehenden Sonne, dort wo die Gewässer in die Vilaine und nicht mehr in die Ernée münden, kargeres Gelände als bei uns. Der Kamm unterscheidet sich kaum von dem, den ich mir woanders angesehen habe, nachdem die Archäologie ihn aus dem Schlamm geborgen hatte, breit wie die Handfläche einer Frau, die langen Zacken deutlich getrennt, dicht am Rand ein rundes Loch mitten auf dem Griff: genau das Modell des Messingkamms, den ich bei mir aufbewahre und mit dem die Mähne der Percheronstuten ausgebürstet wurde, wenn sich die Arme noch im Morgengrauen um ihren Hals schlossen, das Gesicht mit den verschlafenen Augen fast ganz hineingedrückt. Pek tut so, als führe er den leeren Löffel, den er gerade zu Ende schleift, an den Mund, bringt sein Kind zum Lachen. Mich rührt ihr Einfall, aus einem Astansatz den Stiel zu bilden und aus dessen Astloch im Schnitt des Stammes das Löffelrund – schon ist die Biegung gewonnen, die das Einführen in den Mund beträchtlich erleichtert, doch Pek ist sicher nicht der Urheber dieser Idee. Mit dem Mahlstein entsteht der Brei, für den Brei der Löffel, der vermutlich anfangs flach und gerade war, bevor sich das Genie Bahn brach und den Stiel über den ovalen Teil nach oben bog (wie eine hohle, später Löffelschale genannte Zunge), im Ast den Löffel sehen, jene präzise Form, von der unser Mund noch immer zehrt. In den Falten der Jahrtausende vollzieht sich die Geburt von Gebrauchsgegenständen im Dunkel, in der Hütte hinter dem Sträucher- und Pflanzengewirr, während ein jäher Windstoß tiefe Wolken aufwühlt. Ich stecke die Nase hinein: starker Geruch von Rauch, gebratenem Fleisch und Rinden. Das Ohr: unverständliches Gemurmel, Feuerstein auf Holz oder Knochen, geduldiges Zurechtschneiden.

Ouen trinkt an Suwaus Brüsten. Lauwarme Milch, im Winter wichtig. Unsere Kälber trotzen Regen und Schnee, weil sie von ihrer Mutter gesäugt werden. Man reicht ihm auch einen Löffel, Suwau, manchmal Müa, helfen ihm, Brei zusammenzukratzen.

Ich frage mich, was diesen Brei wohl eindickt, welche Erbsen, welche kleinen Bohnen? Eicheln schmecken fade, werden eher geröstet gegessen. Bucheckern sind nicht ganz bei Trost und nur in kleinen Mengen zu genießen. Obwohl der verbliebene Wald heute fast keine Esskastanienbäume mehr enthält – während es auf den Böschungen so viele, vermutlich gepflanzte gibt, und auch auf den kleinen Abhängen, wo sie, schon lange knapp über dem Boden geschnitten, ein ganzes Heer schwerer Knüttel bereitstellen, aus denen wir unsere Zaunpfosten schnitzen –, fühlen sie sich auf kieselsaurer Erde so wohl, dass ich mir sie kaum ohne Maronen denken kann. Vielmehr schwebt mir hier und dort ein Baum vor, der die Möglichkeit hätte, seine Zweige in der verhältnismäßigen Leere auszustrecken, ohne mit einer anderen Baumart in Berührung zu kommen. Gohr sind sie bei seinem ersten Aufenthalt wohl aufgefallen. Esskastanien also, jedoch nur wenige und kleine, nicht so große wie auf dem Hügel, an den sich ihr Kindheitsdorf schmiegt. Geschält und getrocknet ergeben sie ein süßliches Mehl, kein Vergleich zu dem der mageren runden oder flachen braunen und grauen Samenkörner der Pflanzenschoten. Die Kesten, wie die Maronen früher hießen, können am Rand des Feuers geröstet oder sogar mit ihrer Schale im Wasser gekocht werden, so entstand eine Suppe (der sogenannte »Keschdebrie«), man musste nur die behaarte Spitze der Kastanie mit den Zähnen kappen und dann ihre Haut zwischen Daumen und Zeigefinger pressen, um da, wo sonst im Frühjahr ein Keim getrieben hätte, das crèmefarbene, weiche Fruchtfleisch herauszupulen, das ich leidenschaftlich gerne aß (vor allem gekochte zerbröckelte Kastanien in heißer Milch oder mit Schokoladenguss überzogenen Maronenkuchen). Sie mit Esskastanien versorgt zu wissen, beruhigt mich, sonst eben Haselnüsse, Knoblauchzehen, getrocknete Pilze, Schlehenfrüchte ... Es gibt viele stachelige, schwarzholzige Schlehen, doch das Fluchtfleisch um den Kern dieser kleinen, sehr säuerlichen Pflaumen, die essbar sind, nachdem sie auf den Rosten neben dem Haus überwintert haben, ist recht mager. Die Landschaft ist außerdem mit Mispeln bestückt, die sich jedoch kaum länger als bis Ende November halten. Im Frühjahr pflücken sie Grünes, ihre Pflanzennahrung im Winter indes ist karg, dabei wissen sie – haben es zur Genüge gehört –, dass es nicht gut ist, nur Fleisch zu essen. Müa vergisst nicht, diese kleinen Dinger zu essen, die sie aufbewahrt und deren mit Speichel vermischter Saft dem unsichtbaren Kind in ihrem Bauch Kraft verleiht – doch, doch, es ernährt sich davon: Birken- und Brombeerblätter, Königskerzen- und Malvenblüten, Majoranstängel. Suwau erinnert sich, dass Tekue immer gesagt hatte: runder Bauch ein Junge, spitzer Bauch ein Mädchen, auch Müa erinnert sich (in ihrer Sprache reimt sich das Sprichwort bestimmt, was hierzulande früher mit der Bemerkung *des isch schee g'sagt* bewundernd quittiert wurde). Müa spürt unter ihrer Hand vor allem, dass es sanft ist, jenes Kind, ob Junge oder Mädchen. Sie spricht mit ihm, damit es sich nicht einsam fühlt wie ein Kaninchen bei Regen in seinem Bau. Für die Suppe Quendel, inzwischen selten gewordener wilder Thymian aus unserer Gegend – ich kenne eine Böschung, auf der es noch welchen gibt, er blüht bis in den November –, aber ich weiß nicht, was für Konsistenz sorgt und auf dem kleinen Mahlstein, den Suwau und Müa nach dem Gebrauch umdrehen (damit er trocken und sauber bleibt), zerrieben und dann auf einem dünnen Lianengeflecht gesiebt wird. Ob die Suppe wohl nach dem Kochtopf aus genähtem Leder schmeckt? Mit der Zeit sicher weniger. Vielleicht verleihen die hölzernen Zangen, mit denen die glühenden Steine ins Wasser geworfen werden und die selber rauchen, der Flüssigkeit einen Geschmack von verbranntem Holz, der sich unter die getrockneten Pilze und den Sauerampfer mischt. Suwau und Müa haben eine Kelle zum Austeilen, ein hohles Schälchen mit einem

Stiel, der fast senkrecht ist, aus dem von Pek gewählten Ast. Kelle oder Löffel, er schnitzt rasch aus Birnbaum oder Vogelkirsche, aus feinem Holz. Den Zähnen von Feld- und Haselmäusen entzogen, die sich gerne im Haus niederlassen, haben die an den Dachbalken hängenden trockenen Blätter, Früchte und Wurzeln, die Körner zum Zerstampfen, Kauen oder Aufkochen sicher einen Namen, der in ihrer Gegenwart selten ausgesprochen wurde und heute unmöglich zu finden ist. Ihr Geruch oder Geschmack widerspricht der rauen, samtigen oder glatten Antwort, die sie bei Berührung geben, alle bergen Geschichten über Ortswechsel, die Entdeckung ihrer Stärken und einer oder gar mehrerer Heilwirkungen. Schote, Wurzel und dürre Frucht gewinnen, in Gedanken und Worten, durch das Weben an ihrer Legende. Während Ouen nur mütterliche oder zärtliche Worte erfasst und verformt, haben alle vier Spaß daran, den sich verknotenden, abbrechenden Faden aufzunehmen, ahmen manchmal den oder die nach, die ihnen erzählten; der eine erinnnert, was der andere vergessen hat, und so flicken sie an dem alten Bericht, in dessen Falten sich noch Wörter verstecken, Fragmente, Varianten, die aus der unvordenklichen Nacht, gewissermaßen aus dem Pflanzensaft und dem grauen Mehl der Körner aufsteigen, so wie ich versuche, uralte Bilder und Gegenstände mit ganz bestimmten Eindrücken zu verbinden, einen Zusammenhang abzuleiten und mich auf Zehenspitzen Gohr, Müa, Pek und Suwau zu nähern: Widerschein ihrer Gesichter auf der beschlagenen Haut der Schlehenfrüchte, aufzufaltende Worte zwischen den Samenlappen einer Eichel, die von einem Baum fällt, der sie, nach nunmehr zwanzig oder dreißig Eichengenerationen schon damals gehört hatte. Im Herbst teile ich mit Müas Mund den Geschmack überreifer Mispeln. Alle wussten, dass Müa das Mädchen der Blätter, Körner und Wurzeln war, doch niemand ahnte, dass diese so junge Frau auch deren Mutter würde. Seit etlichen Jahren nähere ich mich jeden oder fast jeden Abend kurz vor dem Einschlafen Gohr, dann Müa, Pek und Suwau, geselle mich zu ihnen und finde dort eine fast traumartige Vertrautheit. Wenn ich nachts aufwache und mich umdrehe, schlafe ich im unbeschwerten Halbschlaf direkt in ihrer Gegenwart wieder ein. Müa wird so im Einschlafen zum Samenkorn, eines jener länglichen, rötlichen, nackten, gespaltenen, die sie selbst gesät hat. Nach ihrer Geste, die so anders ist als das althergebrachte Sammeln, bleibt nichts mehr übrig, alles ist weg, die Tasche leer. Auf dem Rücken ausgestreckt, wie ein mit Asche, dann mit Schnee bedecktes Samenkorn im Boden, horcht Müa sodann und hofft unter Gohrs Handfläche und unter dem Fell, es möge dort drüben, wie langsam in ihrem Bauch, still keimen.

Dumpfes gedehntes Auerochsengebrüll, Luft aus den tiefsten Tiefen der Brust. Gohr steht auf, entriegelt die Tür, steckt den Kopf ins nächtliche Nebelgewirr: Ungestümes Stampfen am Waldrand, doch das Rauschen des Baches erschwert das Lauschen, ja, es stampft gewaltig in dem mit schmelzendem Schnee vermischten Schlamm auf dem kleinen Hang gegenüber. Gohr zieht sich an, Pek tut wortlos das Gleiche. Als hinter den Bäumen der Morgen zu grauen beginnt, der Horizont unter der gleichwohl blattlosen Pflanzenschicht noch immer verborgen, entdecken sie zwischen den hellen Schneeflecken im schlammigen, beweglichen Dämmerlicht Spuren die sich ihrerseits zu bewegen scheinen, ineinander übergehende Stapfen von Auerochsen, hin und wieder von ausrutschenden Klauen auf der glitschig tauenden lehmigen Erde unterbrochen. Nur wenig Blut, doch fraglos färbt Blut den erdigen Schnee, ringsum blühen die eingetieften verhornten Ballen der Wölfe, je fünf Blütenblätter. Wahrscheinlich umzingelten ihre funkelnden Augen in der ausgehenden Nacht den Schlag unter dem Schub der Muskeln, das Zerschellen der Hörner, das schabende

Stoßen und Reiben Stirn an Stirn. Sie spürten die feuchte und duftende Wärme des triefenden Atems, ihre den Kampf witternden Nasenlöcher rochen die keuchende Kehle, den warmen Magen, und Wolfszunge und -rachen erschauderten. Gohr und Pek sitzt das Gebrüll noch in den Ohren und zwischen den nachbebenden Rippen, es war so laut, gefährlich und anhaltend, dass es ihnen durch Mark und Bein drang, trotz der Wände aus Zweigen und Schlamm und obwohl sie noch schlafumhüllt waren, dann jedoch sofort hochschnellten, aufhorchten. Sie sehen – ein schwacher Lichtschein im Osten steigt über der nackten Rinde auf – und untersuchen im aufgewühlten Boden die von den Oberschenkelmuskeln hinterlassenen Spuren: Vorstoß Ausweichen Rückzug, wenn der Vorderkörper angreift, sinken die Klauen unter dem Gewicht tief im Boden ein, während der schwere Hinterleib sich auf gespreizten Beinen vorstemmt, dann Zurückweichen und Flucht. Die Wölfe scharen sich sofort um die Blutspritzer, nehmen Fleck um Fleck die Fährte auf. »Die Speere, brauchen die Speere!« Pek ist einverstanden, sie kehren zum Haus zurück. Gohr kommt den Auerochsen täglich ein Stück näher, vor allem die Kühe dulden seinen Geruch, gewöhnen sich, verbinden ihn schließlich mit dem des mitgebrachten, wenn auch spärlichen Heus. Allein durch sein regelmäßiges Erscheinen sind sie gezwungen, an ihn zu denken! Im Schnee, auf dem gefrorenen Boden gelten die meisten seiner Handlungen der Jagd mit Pek: fangen, totschlagen, blitzschnell durchbohren, Pfeil oder Dolch; doch den übrigen Tag lang versucht er, Vertrauen zu gewinnen, mit den Tieren Kontakt aufzunehmen, sich, und sei es nur ein Vogel, anzunähern oder annähern zu lassen. Müas Geduld wundert ihn: Pflanzen sprechen nicht. Auch ohne immer zu verstehen, was sie sagen, sieht man den Tieren zumindest ihre Gefühle an. Obwohl unverwandt schweigsam, haben die Pflanzen sicher auch ein Leben, ein Geheimnis, und Gohr weiß noch nicht einmal, wie weit Müa es durchdringt. Er fragt sich, oft auch vor den anderen, weshalb die Tiere so wenig Neugierde auf sie zeigen, ausgenommen das Eichhörnchen, oder die winzigen Vögel, denen ihre kleinen vollkommenen Flügel Kühnheit verleihen, doch wer weiß: Wenn ihn das Auge der Meise beobachtet, dann vielleicht deshalb, weil sie ihm gerne die Haare abraupen würde. Sie kommen zurück, rufen den Frauen »ein verwundeter Stier!« zu. Durchforsten die Scheune, jeder nach seinem Speer. Dort wohl habe ich mich zu ihnen gesellt, denn kurz vor dem Einschlafen hatte ich eine Seite über diese Begebenheit geschrieben. Nach dem ersten stumpfen Schlaf meinte ich, das Gebrüll gelle durch meine Nacht, nicht, dass ich es gehört hätte, aber ich spürte deutlich die geschriebene oder vielmehr die zu schreibende Intensität. Ich befand mich mitten in diesem Aufruhr, erinnerte mich ziemlich genau an das, was sie im kurzen Augenblick des Schreis empfunden hatten. Nun untersuchte ich das, was man Jagdspeer nennt, beugte mich über die grauen Spitzen vor meinen Augen, als zeigte man sie mir, ohne dass sie von einer Hand oder einem Arm gehalten wurden. Die scharfen Spitzen hatten vier Seiten sicher waren sie, verglichen mit einer konischen Spitze, besonders wirksam. Tatsächlich sägen wir auf genau diese Weise auch in unsere allerdings dickeren Zaunpfähle vier Schrägschnitte mit der Kettensäge. Sie tragen den Bogen nach wie vor auf dem Rücken, und den Köcher, sie gehen schnell, immer den Spuren nach. Sie halten den Speer in der Hand, die Handflächen berühren ihn kaum, nur zwei, drei Finger schließen sich um den Schwerpunkt. Stechpalmenholz, schwer, kompakt und extrem widerstandsfähig. Nach dem Trocknen wird die Spitze im Feuer gehärtet. Die scharfen Kanten erleichtern womöglich das Eindringen. Sie haben es eilig. Verschwinden zwischen den Bäumen. Die Dunkelheit unter den Bäumen fast reglos. Kein einziger Laut, im Inneren der Geschöpfe Getöse.

In den verschneiten Farnen, unter den tiefen Zweigen der Trampelpfad der Auerochsen, fladenübersät und ausgetreten von Hufabdrücken, die in beide Richtungen weisen. Die Wölfe haben ihre Pfoten in die Fußstapfen ihres Vorgängers gesetzt. Als der Wald zum anderen Tal hin lichter wird, sehen die Männer erneut sein Erkennungsmerkmal: gleiche oder fast gleiche Hufklauen, während normalerweise die äußere länger und gebogener ist. Auch die Wölfe haben sich nicht getäuscht, ihre Spuren folgen denen des Auerochsen. Gohr und Pek sehen an der Schrittweite wie an der Eintiefung, dass der Stier angesichts der ihm folgenden Wölfe gewiss beunruhigt und gelegentlich in Trab verfallen war. Sehr gewunden auch, jenes Tal, mit einer Verzweigung, hier kurze und steile Abhänge, dort niedrige, breitere, sumpfige, vereinzelt ein windschiefer Baum, der sich mit einem Ast auf den Boden stützt, alt gewordene Erle oder Weide, sonst nur Büsche, Stängel mit trockenen Dolden, auf den Hügeln gemeiner Ginster und Stechginster, modernde hohe Gräser in den Sümpfen, wo noch immer Schnee schmilzt. Am Zusammenfluss der Bäche – heute im Wiesengrund – bogen sie nicht nach Westen ab, in Richtung der Höfe La Frogerie, La Saulnerie, Morbrebis, die sich sehr viel später über ihrem Brunnen ansiedelten; ihr Weg führte vielmehr nach Südwesten, am Bach Le Hallier entlang bis zu La Dérouée, vielleicht auch noch weiter, wo sich die sumpfige Ader zwischen zwei Waldufern verbreitert. Zwischen den bereits violett gefärbten Erlenknospen, hohlen gebrochenen Schäften, verwaschenen Gräsern, Brombeersträuchern mit blattlosen roten Stängeln kann ich den gleichwohl kaum veränderten Ort nicht mit Sicherheit bestimmen, doch auf einem kleinen Felsvorsprung, festem Gelände, bleibt er stehen, der Auerochse. Ob er bewusst diesen Standort wählt, der ihn über die Wölfe erhebt, oder ob er *ausgehetzt*, völlig außer Atem ist (als Kind hatte ich Spaß daran, ein Huhn zu verfolgen, bis es sich mit offenem Schnabel einfach hinlegte, das nannte sich »ein Huhn aushetzen«)? Gohr und Pek schauen auf das Auge, der Stier ist am Auge verletzt. Mit halbgeschlossenen Lidern und gesenktem Kopf begutachten die Wölfe die ihm noch verbleibende Kraft und die ihn schon überkommende Müdigkeit: nötigen ihn zum Umdrehen, nutzen die Tatsache, dass sie zu fünft oder vielleicht zu siebt sind und er ganz alleine. Gohr und Pek sehen genau, dass er auf der linken Seite angeschlagen ist. Er droht mit gesenkten Hörnern, dreht sich auf die rechte Seite, auf der er sehen kann, die Wölfe leicht unterhalb, aber ringsum, hat Mühe, sich auf der schmalen Anhöhe zu halten. Die Wölfe fangen aufs Neue an, reizen ihn. Mal wendet er sich um, nützt sein Horn zum Vertreiben, mal hält er nachdenklich und traurig inne. Gohr sagt zu Pek: Jetzt weiß er. Um den Wind im Gesicht zu haben, umkreisen sie schweigend jenen Kampf, ein verlangsamter Kampf ohne jede Berührung: Als sie sich nebeneinander aufrichten, werden sie zwar nicht vom Stier, dafür aber sofort von den Wölfen bemerkt. Als diese die Aufrechtgehenden zwischen den Büschen sehen, entfernen sie sich, manche nur widerwillig. Hornstoß ins Auge, Ungeschicklichkeit, weder Pek noch Gohr haben je einen solchen Unfall beobachtet, kennen ihn auch vom Hörensagen nicht. Ur bestimmt! Der junge Stier wollte wohl eine Auerkuh bespringen, die damals, als alle trächtig waren, wieder brünstig wurde, und der Leitbulle, Gohr nennt ihn Ur, verweigerte ihm diese Gelegenheit, mitnichten teilt er seine Kühe mit den jungen Ochsen, die abwarten, wittern, drängeln, ihre sinnlos entflammte Lanze ein- und ausfahren. Am Geruch erkennt der Stier rasch die Menschen, trotzdem dreht er sich suchend um, bemerkt vermutlich zwei und wundert sich, nur einen zu sehen, denn der andere steht auf seiner blinden Seite. Innen Finsternis, in der sich stetig ein brennender Schmerz breitmacht, außen Loch im Fleisch, mit schwarzem Fell verklebtes Blut bis unters Kinn, ein bisschen Rot, das noch immer sickert. Ein um sein Auge gebrachtes Tier ist reizbar, gleichzeitig geht Gohr davon aus, dass der Stier Bescheid weiß, er schmeckt das Blut in seiner Spucke, seine Kampfbereitschaft ist blosse Ehrensache. Die Männer umkreisen ihn, wollen den Eindruck vermitteln, mehr als nur zwei zu sein, so wie die Wölfe, wollen ungebremste Raserei verhindern, falls er aus den dunklen Rippen einen letzten Atemvorrat schöpfen sollte. Gohr spricht mit dem Auerochsenmännchen, doch was genau sagt er? Ich durchsuche die ganze Luft zwischen Eichen und Gras, finde aber nicht den geringsten Laut seiner Worte. Vermutlich eindringlicher als unser »He, schon gut, schon gut, na!«, wenn wir die Rinder zu beruhigen versuchen, die im Stall hin- und herstampfen, drängeln, heftig gegeneinanderprallen, während wir auf jede Rückenlinie einen Spritzer des Abwehrmittels gegen Dasselfliegen geben müssen. Gohr sagt ihm, wie mutig, sich gegen Ur zur Wehr gesetzt zu haben, er könne stolz sein. Pek verkündet, bald sei er nicht mehr augenblendig (ich wähle dieses mundartliche Wort, das »am Sehen gehindert« bedeutet, *augenblendig* ist etwa ein widerspenstiger Stier, den man mit verbundenen Augen in den Lastwagen verfrachten will). Gohr schießt einen Pfeil in die Sehne der rechten Vorderpfote, das rechte Knie sinkt zu Boden, er kommt ein Stück näher, damit der Auerochse den Kopf dreht. Ja, sicher, man kann den großen Körper mit Pfeilen und Verletzungen übersäen, ihn bluten lassen, zum Tanzen zwingen, bis er zusammenbricht, und ihm den Bauch aufschlitzen, das hat es alles schon gegeben ... Gohr und Pek aber handeln nicht auf diese Weise, die Achtung vor der Seele des Auerochsen gebietet ihnen, kunstvoller vorzugehen, Gohr also wechselt den Platz, damit der Auerochse den Kopf dreht – ich erzähle langsam, meine Feder kratzt über das Papier, hält inne, malt hübsche kleine Buchstaben, in dem Maße, wie sich in meinem Kopf das Bild formt, das ich mir vom Übereinstimmen zwischen Logik und Sensibilität verspreche, beide versichern sich gegenseitig ihres Einvernehmens, dann weiß ich, dass sich die Szene in etwa so abgespielt hat, wie ich sie sehe – unterdessen, doch alles geht furchtbar schnell, nähert sich Pek über die blinde Seite des jungen Stiers und schwingt seinen Jagdspeer. Ob der kreisende Bussard zusieht? Eine den Himmel querende Schar Raben? Gohr und Pek können keine Zeit darauf verschwenden, aber beide fühlen rings um sich unzählige kleine Späheraugen, dicht an der Rinde, direkt hinter den Löchern, inmitten der Gräser oder an der Grenze zwischen den tiefhängenden Wolken und der Luft zum Atmen, sodass ihre Arbeit schnell, kompakt und sauber geschehen muss. Mit der Speerspitze versetzt Pek der Schädelbasis des Auerochsen einen tüchtigen Schlag, das Tier bricht zusammen. Die Feuersteindolche zertrennen die Haut auf dem warmen Körper. Dampfende entblößte Fleischmasse. Unweit wittern die Wölfe den Geruch, können es kaum erwarten. Sie weichen nur unmerklich auseinander, als sie die beiden Frauen kommen sehen. Suwau – der das Lesen der Spuren leichtgefallen ist – trägt Ouen auf dem Rücken. Gohr und Pek drehen die leblose Masse an den Beinen um. Natürlich interessiert sie die Haut viel mehr als das Fleisch. Gohr löst gleichwohl aus der Mitte des nur wenig beanspruchten Rückens ein Stück heraus, das besonders zart ist. Pek trennt den Kopf ab und kümmert sich darum, zarte Zunge, das Hirn für Ouen. Nützliche Knochen werden später entnommen, sollen erst noch von den Wölfen, dann von kleinen Fleischfressern und schließlich von Ameisen abgenagt werden. Die Frauen nehmen die Fleischstücke, über die Schulter legt sich Gohr die in der Mitte zusammengefaltete Haut, die ihn ganz bedeckt, und Pek hält an einem Horn den Kopf auf der Schulter, der fast seinen eigenen, gesenkten verbirgt. Die Morgenröte wäscht das Blut. Obgleich der Tag inzwischen schon weit geöffnet ist, schreibe ich diesen Satz, weil er mir im Schlaf gekommen war, doch genau das meinte ich: Das von der Morgenröte verdünnte Blut färbt den Himmel rosa.

Tauwetter, schwarz und weiß das Land. Und schlammig, in welchem Zustand sind nur die abgenutzten Stiefel? Schwarz die noch schneegeränderten Löcher, schwarz die nasse Rinde, von der die Weiße weicht. Die Eiszapfen, spitz wie Hechtzähne, brechen im offenen Maul der Scheune. Und dann die Geräusche, die der Schnee erstickte, alles, was sich nach dem festen Frostgriff wieder regt, namentlich das Lärmen des Baches, in dem das Tauwasser die von den eintauchenden Gräsern gerissenen Eiszapfen schüttelt und abschleift. Anderswo lösen sich Schneemassen, teilen die Stille, dicke Tautropfen löchern den Schnee auf dem Boden wie Starenschnäbel den trockenen Auerochsenfladen. Wo sich Putz von den Wänden löst, den Zwischenraum mit Moos ausstopfen, wieder Schlamm verspachteln, das Dach fegen, dem Haus beständig Pflege angedeihen lassen. Mit dem ersten Tageslicht wird der Schnee auf dem breiten Hügelrücken schmelzen, dort wo die Bäume gefällt wurden, nun schwingt sich die Sonne auf ihrem Höhepunkt über die Wipfel. Der Auerochse ist da, die Männer erzählen noch, lachen zufrieden, sorgen sich dann plötzlich: Nicht, dass dieser Tod ein unseliger ist. Zwei lange und gebogene ausgerenkte Hörner mit schwarzen Spitzen ragen aus dem Schuppen hervor, die bereits zerschnittene Haut breitet sich über die Stämme rings um die Feuerstelle, wo vier sich mit dem Schaben abgeben und abwechseln. Hirn und Zunge, Bäckchen wurden bereits verzehrt, gekocht in dem alten Topf aus Leder, das schon vom Auerochsen stammte. Der mit der Steinaxt in zwei Hälften zertrümmerte Schädel liegt auf dem Dach einer Scheune, nur keine Fleischfresser anlocken, eine Elster wagt sich schließlich hüpfend herab, beobachtet fleischlüstern. Die Haut ist, selbst in Stücke geschnitten, schwer abzuschaben, noch dazu Beinansatz und Hals, auf der hellen Innenseite muss alles abgeschabt werden, was irgend geht, Fett, Membrane, um nur die dicke und geschmeidige, schwarzborstig gesprenkelte Haut zu behalten, ohne sie einzukerben. Während unter der Erde, wo sie Luft zum Atmen haben, mehrere Waldmausarten neben ihren Vorräten schliefen und der Schnee darüber, während in der Erde, reglos, geschlossen und ebenfalls schlafend, die Zwiebeln warteten, hatten auf der Erde und an ihr, auf den winzigen, mit Asche vermischten Stückchen Erde, die von Müa gesäten Samenkörner zu keimen begonnen; dann war der Schnee zum Zudecken gekommen, hatte sich zu der Mischung aus Erde und Asche gesellt. Jetzt öffnen Wald- und Feldmäuse ihre Tür, werden, wenn der Wind sie schreckt, wieder ins Nest schlüpfen können. Die Zwiebeln ihrerseits gedulden sich, wissen um die Geschwindigkeit in ihrer stillen Weiße. Die Samenkörner, die Müa ausgeworfen und zu neuem Leben erweckt hatte, sind nach dem Keimen unter dem Schnee weiter gewachsen: An den handtellergroßen Stellen, an denen er gerade geschmolzen ist, bemerkt Müa, die auf dem (heute mit Mostbirnbäumen gesäumten) Jägerpfad heraufgekommen ist – ihr ganzes Denken ist ein Lächeln: schnell Gohr, Pek, Suwau berichten –, dass dort Grün zu sehen ist, nicht das alte dunkle und schlaffe, sondern das frische aufrechte Grün der empfindlichen Triebe, die zart durch den Schnee brechen und sogar unter dem Schnee wachsen. Nachts, wenn sie Gohr, der das Fell über sie beide zieht – ihr gewölbter Bauch an Gohrs Bauch –, *mel* zuflüstert, glaubt sie, *mel* sei der Name für das, was dort drüben gesät worden war, von dem man ihr den Maulwurfsbeutel voller Samenkörner gegeben hatte, erinnert sich nicht genau, erinnert sich nur, dass ihre Mutter danach diesen Namen ausgesprochen hatte: *mel*, oder vielleicht *miöl*. Aus diesem von der Zeit und den sprechenden Mündern geschroteten *mel* wird einmal unser Mehl entstehen. Abseits vom Haus, nicht allzu weit, ein Loch in der Erde mit Wänden aus geglättetem Schlamm, das mit einer dünnen Lehmschicht verputzt wurde (keine Zeit, extra welchen zu holen in derart schlammiger Entfernung). Pek legt die Tierhaut hinein, pinkelt drauf, faltet sie zusammen, dann den zweiten Teil des Rückens, und nun besprenkelt Gohr sie mit seinem Strahl. Dann der Bauch, sie rufen nach den Frauen, wenn sie in der Hocke pinkelten, würden sie den Rand zum Einsturz bringen, die Männer lachen, nein: Es muss in die Mitte gepinkelt werden, aber die Grube ist breit, Müa schwingt sich drüber, pinkelt im Stehen, Gohr hält sie bei der Hand, damit sie nicht hineinfällt. Pek legt weitere Stücke hinein, von den Oberschenkeln des Auerochsen, vom Hals, und nun spreizt Suwau, die Ouen Müa auf den Arm gesetzt hat, die Beine, Pek sichert auf der anderen Seite ihr Gleichgewicht, ein falscher Schritt, und die ganze Arbeit wäre zunichte. Die Männer füllen die Zwischenräume mit zerstampfter Rinde, verschließen dann mit einer dicken Platte, die sie zu zweit tragen. Eine Zeitlang werden sie diesen Stein täglich hochheben und, die Männer gleichzeitig, die Frauen nacheinander, die Zubereitung befeuchten müssen. Der Urin lässt die Haare ausfallen. Das, so sagt mir ein befragter Ethnologe, Spezialist der sibirischen Völker, sei immer noch das von den Rentierzüchtern gebrauchte Mittel, um ein einwandfreies Leder zu erzeugen. Müa weiß wohl, dass die Auerochsenhaut außerhalb dieses Grabs ein anderes Leben in Form von Stiefeln haben wird, und womöglich ein noch längeres, das einer uralten Kuh, in Form eines ähnlich wie die Stiefel verbeulten Kochtopfs, aber vorerst ist es tot und riecht widerlich. Müa geht alleine zurück, um zu sehen, ob die Sonne den Schnee inzwischen aufgeleckt hat, dort, wo die Samenkörner ihr kurzes Gras in die Höhe schicken. Drrrrrr! Stille. Drrrrrrr! Irgendwo trommelt ein Specht auf einen Stamm, der widerhallt, leichte Luft, Schlamm- statt Schneegeruch. Das Leben ist grün.

Wieder das Geräusch der Beile, leise jedoch, Steinbeil klingt nicht gegen Holz. Und doch, die Männer sind nah genug, dass die Frauen sie schlagen hören, zumal wenn der Wind trägt. Noch vor der Saftzeit wollen sie das Material für ein zweites Haus und eine Scheune schlagen, außerdem Holz für die Feuerstelle. Sie haben beim Arbeiten zugesehen, wissen, dass sich das Holz besser vor dem nistenden Wurm schützen lässt, wenn es ohne Blätter geschnitten wird. Sie suchen keine sonderlich dicken Stämme aus, etwa breit wie eine Fußlänge, sonst lassen sich aus ihnen mit Holzhammerschlägen auf die Spaltkeile nur schwer Bretter gewinnen. Die Jagd ist eine Sache von Augenblicken, man tötet, was man findet, mit Ausnahme von Jungtieren und trächtigen Müttern, die Handlung vollendet sich in der Gegenwart. Mit dem Bauholz hingegen bereiten Gohr und Pek unverkennbar ein Später vor, begreifen, was ihre Eltern alles zu bedenken hatten. Die Frauen tragen das Heizholz, jede hält ein Ende vom Ast. Auch Totholz lesen sie auf, wenn es nicht zersetzt ist, laden sich das mit einer geflochtenen Schnur zusammengehaltene Bündel auf den Rücken, werfen es neben der Feuerstelle ab und machen sich erneut auf den Weg. Da sie diese Aufgaben unmöglich auslassen können, merke ich wieder einmal, dass sie in Anbetracht der Dauer eines Arbeitstages zwischen Nacht und Nacht wohl kaum zu arbeiten aufhören. Aufgrund ihrer Kraft, ihrer stetigen Kämpfe gegen die Tiere, gegen den Wald, und sogar untereinander, leben die Männer eher im Augenblick. Die Frauen lernen sich in Geduld zu üben, da sie mondelang tragen. Früh schon lag Müa auf ihren glatten Mädchenknien vor den Pflanzen, um, die Augen ganz nah, den Stängel heraufzuwandern, einzutauchen in den Blick der Blume, eine offene Tür. Die Intensität ihres eigenen Blicks löscht jede Raumzeit und ermöglicht ihr, nun nicht mehr ausgeschlossen, auf die Seite der Pflanzen zu wechseln. Müa weiß – angefangen beim Keim, der durch die Erde bricht, bis hin zum geheimnisschweren Samenkorn –, dass sich die Pflanzen mit ihren nächtlich geschlossenen Lidern nicht in der Luft entfalten, die ihre Blätter zu stützen scheint, sondern in der Zeit. Seit sie beschlossen hatte, hier, an dieser Stelle zu säen, folgen ihr Schlaf, ihre Schritte und ihr Denken dem Leben des *mel*: spüren, dass sich eine permanente Entwicklung vollzieht, so langsam jedoch, dass man ihrer Bewegung nie gewahr wird. Samenkörner liegen in der Handfläche und gleiten herab, ein andermal wird die Hand die gleichen Körner auf den Mahlstein fallen lassen. Dazwischen mit der Zeit zählen. Die Ernte bei uns neun Monate nach der Aussaat, die Erde trägt wie eine Frau, neun Monde und ein paar Tage. Nun ist Müa in der Zeit der Pflanzen. Als der Schnee geschmolzen ist, erscheint ein kleiner Flecken aus grünem Gras, Müa umrundet ihn, bewundert, nimmt ein im Winter hineingefallenes verfaultes Holzstück heraus. Nach zwei oder drei Tagen entdeckt sie, dass eine Stelle am Rand abgegrast wurde, kürzeres Gras. Keine Rehspur, nein, ein Kaninchen wahrscheinlich, behaarte Beine schnelle Zähne, wird zurückkommen und alles fressen! Gohr, Pek und Suwau helfen ihr, rammen ringsum Pfähle ein, binden hoch, verschlingen Zweige, nutzen selbst die Sträucher, die sich auf der Linie befinden, knicken sie nach unten und verflechten sie vom Boden bis auf Hüfthöhe, zurren und klopfen das Flechtwerk fest. Müas Hüfte ist selbst für ein Kaninchen auf den Hinterläufen höher als nötig, und um die Rehe abzuschrecken, zieht Müa so viele Äste wie nur möglich zu dem kleinen Zaun und verstärkt ihn mit einer weiteren Schicht Gestrüpp, damit die leichtfüßigen Behörnten nicht versucht sind, darüberzuspringen. Umgeben von einer schmalen Palisade, tote Hecke, die sich wiederum hinter einer Anhäufung von Zweigen mit zum Teil trockenen Blättern und Nadeln verbirgt: ein winziges Feld, kaum in der Größe meines kindlichen Gartens, in dem ich früher Radieschen zog; das erste Feld in der Mitte des Hügels, auf dem seit Jahrhunderten der Loiseau-Hof steht (nur dass die Loiseaus dort erst seit ein paar Generationen anbauen), vielleicht genau dort, wo winters der Schlamm- und sommers der Staubweg zu den einzelnen Parzellen führt, sieben Felder, eine lange Wiese, keines indes seiner Grösse oder mehr oder minder rechteckigen Form nach wie das andere. Vier von ihnen enden im Nordwesten auf abschüssigem Gelände. Vor ihrem Zaun, dessen Pfähle bereits auf dem Abhang stehen, beginnt das Tal von Grise Haie, Gras auf Schwemmland. Zwei weitere Stücke erstrecken sich in der Mitte, darunter die von hohen Birnbäumen gesäumte Wiese, zwei weitere neigen sich leicht gen Süden. Die Gebäude stehen im inneren Winkel: alte Schieferdächer, wartende Katzen, Werkzeug dicht an dicht in den Scheunen, darüberhängende Kohlstauden für die Samenkörner, Kälber, die beim geringsten Geräusch von Eimer oder Schritt rufen, alte, ans Wellblech gelehnte Fassreifen, Holzschuppen in der Nähe der Kaninchen, die, wenn sie Alarm schlagen, ihr Drahtgitter klirren lassen, Schubkarre mit einem Bein in der Luft vor dem Besen, hin und wieder ein gebeugter Rücken, der den Hof überquert. Das größte Feld ist mit Weizen bestellt, wenig Schnee, aber auf der regengetränkten Erde stehendes Wasser hat ihn verdorben, »*jetzt hebben mer den schaa*«, die alte Mutter Loiseau, wollener Überzieher und Stock, redet gut zu: »*wird scho wern!*« Jedes kleine Büschel wird Zweige treiben, sich ausbreiten und weitere Stängel hervorbringen können. Grauer Himmel, der kalte Wind eilt über die schlammige Fläche, hockend berühre ich das etwa daumenlange Weizengras, sechs oder sieben Zentimeter, ganz dem Staunen Müas hingegeben.

Es ist ein Reiher, der ihm den Weg weist. Gohr ist ihm mit den Augen gefolgt. Graureiher. Wenn bei großen Regenfällen Bäche die Ufer überschwemmen, wenn Tümpel übertreten, sieht Gohr, wie er am ersten regenlosen Tag frühmorgens langsam seine breiten Flügel schwingt. Er nähert sich, zieht vorüber, überblickt von oben – gerade hoch genug – die gesamte Landschaft. Der Hals gebogen, doch er muss einen Blick haben für das, was ihn interessiert, seine Flügel langsam und weich, die Beine schleppend. Hin zu den Fröschen, den jungen Fischen, die aus dem Bett kommen. Aus dem Tal wird Gohr durch die Wiesengründe wohl dort gehen, wo sich später zwei kleine Bauernhöfe namens Cordonnaie ansiedelten, karge, wie eine Handvoll Kiesel hingestreute Gebäude, wo mit der Schaufel aufgeworfene Böschungen schattige kleine Felder umstanden. Doch nach der Schneeschmelze sind die tiefen Stellen vermutlich nicht sonderlich wegsam. Auf den Anhöhen wachsen Stechginster, undurchdringliche Pfriemenstauden. Ich selbst kannte noch Reste davon, jeder Hof hatte irgendwo auf einem Feld seine Pfriemenstaude, an die man nur mit der Sichel ging, da der Stechginster – wir sagten *Pfriemenkraut*, ein inzwischen sehr seltenes Wort – für Kaninchen und besonders die Stuten, für die er allerdings gehäckselt werden musste, eine willkommene Mahlzeit war. Die Auerochsen sind in der Lage, ebenfalls einen Pfad durch das stechende Gestrüpp zu trampeln, doch auch auf trockenem Gelände bilden sich Dickichte aus Heckenrosen, Stechpalmen, Mispeln und Schwarzdorn mit seinen verschlungenen spitzen Zweigen. Gohr bahnt sich seinen Weg durch die lichteren Stellen, nach unten darauf achtend, keine Spuren zu hinterlassen – obwohl er eigens gewartet hat, bis der Schnee schmilzt, damit sein Rückweg keine Fährte bis zu ihrer Bleibe legt –, nach oben darauf achtend, sich all die Anhaltspunkte zu merken, die er abends wieder wird finden müssen und die nur aus einer Baumgruppe bestehen können oder aus einem Felsen, den wir heute nicht mehr sehen, nachdem Eisenstangen und Pulver ihn zu Baustein gespalten haben. Von einem Anhaltspunkt aus muss außerdem der nächste zu sehen sein, Gohr dreht sich um, prägt sich auch die rückwärtige Sicht ein. Wenn man sie richtig auswählt, haben viele Bäume spezifische Merkmale, und Gohr ist gewohnt, das Wesen eines Baums zu spüren und sich daran zu erinnern: seine Art, die Luft zu teilen, die Erde zu halten, die Blätter zu bewegen. Seine Richtung ist der des Morgenreihers entgegengesetzt, graues Gefieder vor grauem grauem oder blassem Himmel, bisweilen streift die aufgehende Sonne seinen Kropf, während das kleine Tal noch im Schatten liegt. Gohr bricht auf, wie der andere heimkehrt, nach beendetem Tagwerk. Der Hals ruht auf sich selbst, regelmäßiges Flügelschlagen, Vertrauen des Vogels in seine Schwingen, über den Wipfeln pendelnde Beine. Nachdem er sich den ganzen Tag lang im flachen Wasser, auf den Wiesen, in Bachrändern und kleinen Flüssen gespiegelt, tief in den Schlick und ins Gras gepickt hat, um kleine Karpfen, Gründlinge, Schleien, grüne oder braune Frösche zu fangen, die, zunächst quer im Schnabel, schließlich der Länge nach hineingeworfen werden und im Ganzen durch den langen Hals flutschen, kehrt der Reiher zurück, schwingt sein aschfarbenes Gefieder unter die Wolken, kehrt seinen Schnabel dem Sommersonnenuntergang zu und rudert friedlich. So sehen Gohr und seine Gefährten – einer nach dem anderen schaut empor – ihn vorbeiziehen. In dieser Jahreszeit geht die Sonne deutlich weiter links unter, und der Reiher befindet sich an jenem Morgen nicht über Gohr, um in den Himmel eine auf der Erde nachahmbare Strecke zu zeichnen, während sich der gehende Mensch an holzigen Pflanzen, Totholz und Steinen abarbeitet. Gohr geht weiter, während ich nach Wörtern suche, sie aufschreibe, wieder abschüttle und nach anderen greife, bis auch der Satz in die hoffentlich richtige Richtung läuft. Er kann den Reiher nur über eine kurze Entfernung beobachten, denn die Bäume, über die der Vogel fliegt, verbergen ihn rasch. Doch Gohr glaubt, dass dort, woher er kommt und wohin er fliegt, etwas ist. Der Reiher fliegt einfach geradeaus, er hingegen müht sich mit den Hügeln, fällt in feuchte Eintiefungen, verfängt sich in Zweigen und dornigen Sträuchern ... Ich habe mich gefragt, warum Gohr so sicher ist, es zu schaffen, jetzt weiß ich es: Ich versetze mich an seine Stelle, und schon habe ich die Erklärung! Gohr hat sich aufgemacht, weil der Wind genau von der Stelle kommt, die den Reiher morgens ausspuckt und abends wieder verschlingt, er braucht nur die fliegende Luft auf Lidern und Wangen zu spüren, um seine Richtung nicht zu verlieren. Oben auf einem langgestreckten flachen Hang steht er auf der Wasserscheide in der Nähe von La Meule, eine Kreuzung, an der sich lange eine Schmiede befand, um die Pferde der Fuhrleute zu beschlagen, und sicher eine Mühle (ich habe sie nicht gekannt, aber der Name bezeugt es). Anschließend lässt ein langes, kaum ausgeprägtes Gefälle Gohr vermuten, er gelange an den Reiherstand. Unter seinen Füßen, die den Boden durch die zertretene Pflanzenschicht spüren, steigt das Gelände jedoch wieder an. Das Gehen ist eine unendliche Abfolge kleiner Umwege, um einen Stamm, einen buschigen Strauch, einen umgestürzten Baum, um ein Loch herum. Hier und da öffnen sich kleine Wege, wo Lücken im Gestrüpp das Durchschlüpfen der Tiere erleichtern, sich ebenfalls nur ungern in Dornen verfangen, ihr Fell nass machen oder die trockenen Blätter rascheln lassen. Gohr schlägt sich zwischen zwei Anhaltspunkten durch das Dickicht, hält seinen Mund, seine Augenlider, seine Wangenknochen über dem kurzen Bart in den Wind und erkennt an der Berührung der Luft mit seinem Gesicht, ob die eingeschlagene Richtung stimmt. So gelangt er auf eine weitere Anhöhe: Unsere gesamte Heckenlandschaft ist Verkettung sanfter Hügel. Hier, Nachbargemeinde, sind sie anders angeordnet als bei uns, doch die liebliche Abfolge aus Kuhlen und Kuppen blieb, selbst als die mit Hacke und Pflug umgegrabenen Flächen mit Kulturpflanzen und Weidegras überzogen wurden. Ich kann bezeugen, dass er sich auf der inzwischen »Quatre vents« genannten Flur befindet (der Name, den die Werkstatt übernommen hat, in der wir den Traktor reparieren lassen, fünf Kilometer weit über die Straße). Danach erneut ein Gefälle, ein langer Anstieg. Gohr sieht ein paar Rehe flüchten, zumindest ihren weißen, beim Springen hochhüpfenden Spiegel. Neugierig beäugen die Eichhörnchen jenes Tier, das sich, leichter als der Bär, auf zwei Beinen fortbewegt, wirbeln um die mit sämtlichen Krallen erkletterten Stämme, das glänzende Rot ihres Schwanzes allzu sichtbar auf den nackten Rinden, doch mehr als den Menschen fürchten sie den geräuschlosen Flug des Habichts, tödlicher Hakenschnabel, Klauen, die den Bauch aufschlitzen, getragen von zwei Schattenflügeln, die nicht einmal schlagen, nur durch die Bäume gleiten. Gohr wundert sich, dass er kein Wasser findet. Er klettert auf einen Baum und sieht ihn über den Wipfeln – ein einziger Sonnenstrahl teilt die schwarzen Wolken – sieht ihn schimmern, wie das Auge zwischen Braue und Bart, zwischen trockenen Gräsern und Schilf, den riesigen Teich.

Gesicht gesenkt, Hände auf dem Boden, um die Augen fast auf Wasserhöhe zu bringen. Dann richtet er sich auf, bis er kaum die Gräser überragt, Seggen und Binsen, die Wind wiegt, um seinen Blick über die Oberfläche schweifen zu lassen. Gohr in der Hocke sucht noch den Winkel, versucht, jene nie gesehene Flachheit zu begreifen. Das Wasser bleibt nicht glatt, wird vom Wehen der Luft, das hier und da ein Seerosenblatt sich heben lässt, beständig gekräuselt und gefältelt, doch die Fläche dehnt sich weit bis zum anderen Ufer und weiter noch nach rechts, nach links, wo die Ränder fern sind, sodass der flache Eindruck durch das fortwährende Zittern keineswegs getrübt wird. Allein die Färbung ändert sich, Gohrs Augen wandern hin und her, gleiten vom Rand aus so weit sie können, finden Schwarzes, Glänzendes, verschiedende Blauschattierungen, bisweilen eine schlammige Tönung, je nach dem Glitzern, das die Wolken verscheucht, je nach den zarten, vom Wind erneuerten Fältelungen. So scheint das Wasser unter einem Sonnenstrahl glitzernd und gleichzeitig anderswo düster, doch nicht nur das Licht spielt eine Rolle: An verschiedenen Stellen schwimmen weiße, teils schwarzköpfige Vögel in auseinanderdriftenden Schwärmen. Ihm bereits vom Meer und den Loire-Ufern bekannt, fliegen sie hoch setzen wieder auf kreischen verstummen plötzlich. Aus seinem Versteck sieht Gohr Erpel mit blauem, grünem oder aber rötlichem Kopf, hellgrauem Rücken und schwarzem Schwanz auf sich zukommen – sie schwimmen oder werden vom Wind angetrieben –, ein jeder in Begleitung einer kleinen Ente von der Farbe trockenen Schilfs, die so dicht den Bewegungen des Männchens folgt, dass sie in seinem Schatten kaum auszumachen ist. Wiederholter Entenruf, auf den ein ferner Schrei antwortet, rasanter Anflug eines Pärchens, das die Flügel einklappt und über die Oberfläche streift, rotwangiger Haubentaucher, der abtaucht, verschwindet und ein Stück weiter wieder auftaucht ... Gohr bedauert, dass Pek und die Frauen nicht bei ihm sind, um all die fliegenden Flügel, Gefieder, verschiedenen Rufe zu beobachten, die er alleine nicht vollständig aufnehmen kann. Ruhiger schwimmen unzählige, eher kleine Enten mit kurzem Kopf, manche schwarz mit einem weißen, im Wasser gespiegelten Streifen über der Wasserlinie, andere – sie mischen sich nicht –, deren Kopf rötlich ist, der Rücken grau und ein bisschen Weiß. Neben ausgebleichten Stängeln und trockenen Blättern quellen wallende grüne Mähnen mit schmalen Blättern aus dick verknäulten Wurzelnestern, die aus dem Schlick aufwachsen. Gebückt und mit gesenktem Kopf geht Gohr am Ufer entlang. Die Sträucher rings um das Wasser sind vor allem Weiden, Erlen, Birken, ein paar Vogelkirschen. Dahinter hohe Doldenpflanzen, grau und trocken, deren geriffelte Stängel noch aufragen. Gohr rührt sich nicht von der Stelle, sobald ein Erpel, ein Pärchen oder eine Gruppe – alle dieselbe Flügelhaltung – über ihm fliegt, mit seinem Haar seiner Fellbekleidung unterscheidet er sich nicht wesentlich von den toten Uferpflanzen. Eilig überquert er eine kleine Wiese und achtet zugleich darauf, nicht im Schlamm zu versinken, auch die Vögel nicht zu verschrecken, diejenigen, die in Ufernähe schwimmen – viele sind schwarz, ein weißer Fleck auf der Stirn, sie fliegen nur mit das Wasser streifenden Beinen – oder die, die über den Himmel verfügen. Zwar begegnen hier die Arten einander, doch jede lebt und bewegt sich auf ihre Weise, die Weibchen kümmern sich nur um die Männchen, die sie begleiten, und auch diese berücksichtigen nur die Vögel ihrer Art, die schwimmenden Gruppen kreuzen sich, ohne sich zu mischen. Im Himmel unterscheiden sie sich nach Geschwindigkeit oder Flughöhe, manche Flügel manövrieren gelassen, drehen und wirbeln genüsslich, andere schlagen erst kräftig das Wasser, um sich aus ihm zu befreien, und dann die Luft, um zu verschwinden, Schwalben streifen die marmorierte Oberfläche, Enten stoßen von oben herab, spalten die Luft ohne jedes Flügelschlagen, verändern nur die Position ihrer kräftigen Flügel, und ihre mit Schwimmhäuten versehenen, zuerst aufsetzenden Füße lassen Tröpfchen stieben wie Funken. Zwischen all diesen Flügeln bemerkt Gohr – jedoch am anderen Ufer – ein paar ausholende und langsame Bewegungen von Reihern, die auffliegen und wieder aufsetzen, sie ragen einzeln zwischen den trockenen Schilfrohren hervor. Gohr zählt sie, setzt nochmal an: mehr Graureiher als Finger an seiner Hand. Er fragt sich, ob der Vogel, der über ihr Haus fliegt, auch zu ihnen gehört, und vor allem, ob es immer derselbe ist. Gohr geht weiter und späht noch immer zum anderen Ufer hinüber, denn das Wasser, das sich nach Norden erstreckt, ist hier etwas weniger breit, sodass er bei den Reihern mehrere rußgraue Vögel erkennen kann, die sich aufrichten, um ihre ausgebreiteten Flügel im ersten Sonnenschein zu trocknen. Es braucht junge Augen, um bis zum anderen Ufer jenseits der schillernden und changierenden Fläche zu schauen – bald einfarbige schwarze Platte, bald wiederum glänzendes Kräuseln –, auf dem sich die je nach Gefieder gruppierten Vögel langsam bewegen. Ob sich Wolken spiegeln oder ein Windhauch jegliches Spiegeln verwischt, das Wasser sieht den Himmel. Gespreizt, wie es zwischen seinen Ufern daliegt, taucht die Sonne hinein, sobald keine Wolken sie daran hindern, aber auch Blitze, farbige Bögen oder die unzähligen blinkenden Lampen der Nacht. Das gespannte Wasser: Auge der Erde, Iris in wechselnder Himmelsfarbe. Genau in diesem Moment sieht Gohr, der immer noch auf den Boden schaut, Fußspuren im Schlamm. Keine ganz frischen Abdrücke. Von zwei barfüßigen Männern, ein einziger, falls er zweimal vorbeigekommen ist, einmal beladen, dann etwas weniger. Ohne noch mehr in Erfahrung bringen zu wollen, macht Gohr kehrt, doppelt darauf bedacht, das weiche Gelände nicht zu markieren. Als er an die Stelle gelangt, an der sich das freiliegende Ufer auf eine kleine Wiese öffnet, sieht er fünf Viecher, die trotz ihres Gewichts behende aus dem schlammigen Wasser kommen und mit gestrecktem Hals schnatternd zu grasen beginnen. Gohr legt sich hin, den Bogen in der Linken, und arbeitet sich auf Knien und Ellbogen vorwärts, versteckt sich hinter den über ihren Wurzeln aufragenden zerzausten Wollgrasbüscheln. Er nähert sich ein gutes Stück, lässt die Hälfte des waagerecht gehaltenen Bogens hervorragen, liegt selbst flach ausgestreckt auf einer Schulter, zielt, gespannt, aufs Äußerste gespannt die Schnur aus geflochtener Sehne, ffft'! Schreie aus kraftvollen Kehlen, offene Schnäbel, irrsinniges Schlagen grau-weißer Flügel, Gohr richtet sich auf, ein paar Sprünge nur, und er stürzt sich auf die Hälse, oh, zwei! Auf einen Schlag beide durchbohrt! Versuchen, Richtung Wasser abzubiegen, behindern sich mit der gemeinsamen Fessel, blitzschnell erfasst er die Situation, erwürgt mit jeder Hand eine Kehle, legt sich auf die bebenden Flügel, die abwechselnd ins Gras schlagen, bis sich das Auge über dem gelben

Schnabel schließt. Gohr zieht den Pfeil in Flugrichtung heraus, zwei auf einen Schlag, das muss er Pek erzählen! Weißer Bauch, darüber graue Flügel, Schnabel und Schwimmfüße in tiefdunklem Gelb, noch nie aus der Nähe gesehen, diese Viecher, im Flug manchmal, in winkelförmiger Anordnung, im Dorf erwähnte man sie in Bezug auf rauhe Winter, vereiste Überschwemmungen entlang des Flusses. Er bindet sie mit einem Stück Leder zusammen, legt die Hälse um seinen Hals, Pfeil und Bogen auf dem Rücken, jede Hand hält zwei Beine, um das Gewicht zu mindern. Gohr findet wieder die Stelle, an der er durchs Dickicht gebrochen war, das Licht hinter den Wolken teilt den Nachmittag, er betritt den ansteigenden Wald. Als er das Tal erreicht, verblasst der Tag bereits, Müa erwartet ihn am Ende des Waldes, wirft sich an ihn und umarmt ihn fest. Gohr, die Nase im Frauenhaar, erkennt in seinem Geruch den des Holzfeuers. Ohne loszulassen, rückt Müa mit ihrem Gesicht ab, Gohr lächelt: »Ein einziger Pfeil, zwei Gänse!« Winzige Daunen fallen sanft zu Boden.

Sobald Ouen weint, klettert Müa auf die Leiter, nimmt ihn an der Tür entgegen und mit demselben Handgriff seine aufgehängten Lederschühchen, trägt ihn bis ans Feuer und setzt ihn sich auf die Knie. Ouen dreht sich suchend um: – Maan? – Kommt bald zurück, Müas Mund auf dem zarten Ohr, Maan wird zurückkommen. Mit ihrem Kamm teilt sie das blonde Haar, vergewissert sich, dass keine Parasiten hausen. Ob Ouen wohl läuft? Das wäre erstaunlich. Jedenfalls bewegt er sich fort, vielleicht auf allen vieren. Mein Bewusstsein von Dauer gerät ins Wanken: Ich bin bestürzt, wenn mich kurze Offenbarungen an die Flüchtigkeit meiner eigenen Zeit gemahnen, unfähig, selbst mithilfe eines Mondkalenders, die Zeit einzuteilen, in der sich ihr Leben entfaltet. Bestimmte Momente setzen sich als Bilder wieder zusammen in meinem Denken, vielleicht sollte ich eher sagen, in meinen Händen, dann schwinden die Bilder – bleibt nur, was geschrieben steht –, aber das Warten und die Dauer der von den Bildern erschlossenen Begebenheiten sind schwer einzuschätzen. Die Hauptsorge der Frauen gilt den Kleinen, die nur nicht mit dem Gesicht ins Feuer fallen sollen. Unter einem Schuppendach hängen ungeordnet vier große und steife Flügel, ohne Fleisch, kaum Haut und Knochen. Obwohl ich nicht weiß, wofür sie gut sein sollen, bin ich mir sicher, dass sie aufbewahrt wurden. Auch wir behielten die Gänseflügel es waren allerdings Hausgänse, und der *Flättwisch*, jene Flügelspitze, die nie geflogen war, diente uns als kleiner Aschebesen für den Herd, sobald es neben dem Kamin einen gab. Müa drückte ihre Finger unter den Kropf, hatte Freude an der Sanftheit und Dichte der Federn, die so unendlich fein, oben grau und unten weiß waren. Sie beeilte sich, ein paar offene Kaninchenfelle grob zusammenzuheften: eine Tasche für die Daunen. Suwau und Müa pressten sie händevoll hinein, während gelbe Läuse über ihre Arme liefen. Kissen unter dem Kinderkopf, das haben sie im Sinn, doch vorher soll der Rauch erst noch die Parasiten vertreiben. Müa hat unmittelbar begriffen, dass der Wind, hätten sie die unzähligen leichten Federn nicht eingesammelt, einen endlosen Schweif aus ihnen bilden würde, der sich schon von Weitem bis zu ihnen nachverfolgen ließe. »Kissen« ist im Übrigen nicht das Wort, das sie aussprechen, aber die Idee, sanfte Federn zwischen zwei Fellen zu verschließen, müssen schon andere vor Suwau und Müa gehabt haben. Die Männer wiederum haben vor dem Garen Knochen herausgelöst – ein Knochen, der fliegen kann, muss leicht und widerstandsfähig sein –, die zu Nadel, Ahle, Pfeilspitze und Angelhaken werden. Die Drossel, der erste Frühlingslaut, noch lange bevor die Fliegen summen, die Misteldrossel ist zurück. Ihr fließender Gesang schallt vom Wipfel der Eichen durch die Lüfte.

Der Vater pfeift, die Mutter beschaut sich die Bäume, sucht sorgfältig nach einer wohlgeschützten Stelle für den Nestbau. Zu zweit bringen sie biegsame trockene Wurzeln mit zurück, es hindert das Männchen nicht, bei Gelegenheit zu pfeifen. Hör!, sagt Müa (so etwas wie: *keu!*), die Spitze ihres Zeigefingers lässt Bewegungen und Geräusche verstummen, damit an die kleinen Ohren unter dem Blondhaar nichts anderes dringt als der Gesang, der vor sich hinplätschert, unvermittelt abbricht und nach einer reinen Stille wieder anhebt. Müa sagt zu Gohr, sie nehme das Kind mit zu den gelben Blumen. Wölfin mit Jungen oder Wildschwein mit alten gebogenen Zähnen vor dem Maul, das sich womöglich belästigt fühlt, könnten gefährlich werden. Unausgesprochen denkt Gohr auch an Herumstreuner. Er verlässt die Werkstatt, wo er seine Pfeile vorbereitet, befestigt am Gürtel das Futteral für seinen Feuersteindolch (dank der engverschlungenen Wurzeln, die den Griff bilden, liegt das Messer gut in der Hand), nimmt seinen Bogen und folgt ihnen, bevor sie aus seinem Blickfeld schwinden. Die Primeln zählen mit dem Scharbockskraut, das strahlendgelb an sonnigen feuchten Stellen glänzt, zu den frühblühendsten Blumen. Bei uns gibt es sie in großer Fülle, sie mögen lehmhaltige Erde, doch Müa kennt sie nicht, hat keinen Namen für sie, da sie im Umkreis des Dorfes nicht wuchsen. Ihr tiefblasses und mattes Gelb zieht sich an den Straßenrändern über unsere Böschungen, ich frage mich, wo sie sich wohlfühlen mochten, bevor die Böschungen hochgezogen wurden. Man muss die Blütenblätter mit der Nase berühren, um den feinen Duft einzuatmen, Ouen reißt die Blume ab und steckt sie sich in den Mund. Nnnnn ..., macht Müa (dieser Buchstabe scheint sehr früh schon die Verneinung zu bezeichnen), nicht essen, atmen, selbst riecht sie unter ihrem herabfallenden Haar an der Blume. Gohr, der Müa gerne empört erlebt, behauptet, auch er esse Blumen oder habe es getan. Auf dem Rückweg nach Hause ruft Ouen

»Maan!« In einer mit einem Stirnband auf dem Rücken befestigten Tierhaut trägt Suwau den Lehm. Pek bevorzugt den runden Korb, den er auf Wadenhöhe am Unterarm trägt, braucht nur die Hand zu öffnen, um sich frei bewegen zu können. Frühmorgens zu dem Lehmvorkommen aufgebrochen, haben sie gegraben, ihre Fundstelle getarnt und darum bedacht, nicht verfolgt zu werden sich, wieder auf den Rückweg gemacht. Gerade kommen sie an. Pek sagt zu Gohr: Ull ist wach, habe Krallenspuren gesehen!

Ich erinnere mich an die Langeweile. Eine Regengegend zum Verzweifeln. Fahrrad und Wurfspiele waren daher meist unmöglich, die Jagd aussichtslos, landwirtschaftliche Arbeiten schwierig. Genau das befürchte ich für sie. Vier am kleinen Feuer drinnen, schwelendes Holz, nasse Kleider. Einsickernde Tropfen fallen auf den Boden, ein Blick nach oben. Von außen ist das Loch, das ausgebessert werden muss, nicht zu sehen. Vielleicht ist es dank des abnehmbaren Deckels auch möglich, das Feuer draußen zu erhalten. Vielleicht errichten sie neben der Feuerstelle sogar eine Art Unterstand auf vier Pfählen mit einer beweglichen Bedachung aus verschlungenen Zweigen, die durch ein paar schlechtere ausgebreitete Tierhäute verstärkt wird. So habe ich es in einem russischen Wald gesehen. Gut, im Frühjahr regnet es, kurz und heftig, aber nicht die von großen Stücken blauen Himmels gefolgten Schauer – schwarzer Himmel über blassen Primeln – bereiten ihnen Sorge, sondern die langen schlammigen Regenzeiten. Ich las, floh auf dem Rücken der Wörter in trockene, einsame Gefilde. Sie blasen nicht lange Trübsal oder schauen stumpf in die brodelnde Suppe, wenn die heißen Steine eingetaucht werden, Blasen und Blubber, in denen geräucherte fette oder magere Auerochsenstücke garen, und einige Handvoll Blätter, die Müa mit Bedacht aussucht, jetzt, wo sie aus der Erde kommen. Die gefundenen Gegenstände zeugen von ihrer Fähigkeit, sie anzufertigen, führen aber auch zum Begehren nach ihrer Verwendung: Gohr etwa fährt fort, die Zähne von Buchsbaumkämmen zu trennen, Pek poliert mit dem Stein eine Birnbaumschale, Müa schärft Stecknadeln, stets aus Stechpalme, Eibe oder Kornelkirsche, zum Verschließen der Kleider, Suwau verkleistert Fäden aus getrocknetem Darm mit leicht erhitztem Harz. Erzähl von den Vögeln auf dem Wasser, bittet Müa, und Gohr ahmt deren Rufe nach, zeichnet mit den Armen die einander kreuzenden Flugstrecken in die Luft, streift mit der rechten Hand, die eine kleine Feuersteinklinge, und mit der linken, die ein Buchsbaumbrettchen hält, über die Wasseroberfläche wie die Füße der aufsetzenden Enten, seine Brust schließlich ist der Körper, der sich dem Wasser überlässt. Ich werde euch mitnehmen, sagt Gohr daraufhin, doch er und Müa wechseln einen Blick: Sie wissen beide, dass Müa mit ihrem Bauch diesen Weg nicht machen wird, erst danach. Vielleicht würden die Frauen auch gerne dorthin gehen, wo Gohr die Erde hat enden sehen, wo das heiße Wasser ihn einzuholen versuchte. Nun ... sie stellen sich Fragen, spielen gegenseitig mit der Angst, obgleich sie die Ausmaße kaum ermessen. Sie denken an einen Ort, der kein Ort mehr ist, der einfach aufhört unter den Füßen, die gleichzeitig mit dem vom Wasser bewegten Sand zurückweichen. Es heraufzubeschwören bleibt unmöglich. Die Wolken sind schwarz, die im Türrahmen zu sehende Luft scheint sich gelblich zu färben, zähflüssig und mit schlammigen Schlieren wie in einem flachen Tümpel, den man durchwatet. Ein Windstoß aus nördlicher Richtung wirft einen Hagelschauer zu Boden, ein paar der Körner – ting ting – prasseln auf die Streben der Leiter. Als sie das Gras unter dem Aufprall der Eiskörner wie zerkaut sieht, denkt Müa an die jungen Triebe des kleinen Gartens, sorgt sich um sie, die nun kein Schnee mehr schützt. Von welcher Pflanze stammen sie, diese Samenkörner, die sich nach Jahren der Keimruhe entschlossen haben, endlich vom Boden zu trinken, anzuschwellen und aufzuplatzen, damit am Spalt ihrer Schale ein Keim, ein Blatt, ein Stängel sprießt? Es ist schwer zu wissen, solange ich nicht von staunenden feuchten Mäulern umringt auf der Wiese von Grise Haie grabe, solange ich nicht mit der biegsamen Pinzette für die alten Fotonegative ein Korn in meine Handfläche lege, und sei es nur ein einziges verkohltes Exemplar, das sich mit dem Mikroskop betrachten und wissenschaftlich, sprich: im Botanikerlatein – einordnen lässt, zum Beispiel als *triticum dicoccum* für den Emmer, eine primitive Weizenart. *Triticum* ist das lateinische Wort für Weizen (unser Wort *Weizen* wiederum geht auf das *weisze Mehl* des Getreides zurück), dabei handelt es sich um eine noch relativ junge Bezeichnung, denn vereinfachend könnte man sagen, dass *triticum* derjenige ist, »der gedroschen wird«, der Name konnte sich also nur durchsetzen, nachdem der den Ährenwipfel dreschende Stock allgemein gebräuchlich geworden war. Bei dem, was Müa gesät hat, kann es sich auch um Dinkel handeln (in der Systematik *triticum spelta*), den die Archäologie der Pflanzenreste kaum vom Emmer unterscheiden kann. Müa hat kein genaues Wort zur Verfügung, in den kleinen Samenbeutel ist keine Vokabel eingenäht. Werden sie die Pflanze taufen? Es wäre das erste Wort einer lokalen Mundart. Oder sie, so wie wir, einfach »Korn« nennen. Inmitten der anderen Getreidesorten, Gerste, Roggen, Hafer, Buchweizen, zeugt das »Korn« von der Bedeutung des Weizens, ungeachtet seiner zahlreichen Sorten (beim Nacktweizen zum Beispiel die Arten mit weichem oder hohlem Stroh, bei Letzterer wiederum die Sorten mit oder ohne Grannen). Für sie jedenfalls, die damals noch nichts von der künftigen, von den Bauershänden alljährlich erneuerten Verbindung wissen – denn wir machen weiter –, besteht die Legende dieser Pflanze aus Müas Bericht von den Umständen, in denen ihr der verschlossene Beutel ausgehändigt wurde. Sie gräbt in ihrem Gedächtnis, die Bilder kehren zurück, lautlos wie ihre Schritte in der Asche. Doch sie hört den Satz für die Samenkörner nicht. Ich weiß, dass meine Mutter flüsterte, als wir damals in unseren hohlen Baum auf der Wiese kletterten; sicher sagte sie, dass wir womöglich Glück haben würden … und sosehr ich hinzuhören versuche – zumal ich die genaue Absicht kenne, müsste ich manche der nötigen Wörter wiederfinden – so sehr bedaure ich, ihr nicht sagen zu können, was ich jetzt sehe.

Sie sind im Gras verborgen, unter den Pflanzen und Blättern, verschwinden erneut hinter dem Pflanzenwuchs, und das dicht bewachsene Tal von Grise Haie gleicht nicht mehr dem, das ich kenne, abgeweidet von den Milchkühen, die woanders hingeführt werden, sobald die Abhänge auf beiden Seiten des Baches abgegrast sind, dann mit dem nachwachsenden Gras wieder zurückgetrieben werden, wodurch die Geländeformen – sanfte Abhänge, leichte Kuhlen und sanfte Kuppen – stets mit dichtem, unverändert gutem Gras bewachsen sind, das gleichmäßig kurz, oder sobald es Spitzen treibt, kaum länger als die Hand, will sagen, eine große Männerhand, ist. Zwischen den Pflanzen, die mit unsichtbaren Gesten einander bedrängen, stören und überwuchern, sind Hasen und Kaninchen in ihrer Sasse schwer zu sehen, dabei bleiben die Kaninchen bei klarem Himmel in regenlosen Nächten nicht in ihrer engen Kammer unter der Erde, wo ihr Rückenfell die herabwachsenden Wurzeln streift, sie suchen sich lieber für ein paar Tage ein Versteck zwischen den Gräsern und klopfen ein bereits von Stängelgewirr bedecktes Lager fest. Im letzten Moment erst fliehen sie vor dem Hall der menschlichen Schritte, die Sohle, die sie nicht sehen, fast schon über sich, denn sie achten allein auf den Rhythmus des Gehens. Da er ihre Vorlieben kennt, errät Gohr ausgesprochen gut, wo sich Kaninchen aufhalten, und da die Jagd eine stille ist, hasten sie nicht lauthals davon, sondern machen sich geräuschlos aus dem Staub: Je nachdem wie das Tier läuft, wirft Gohr seinen Stein, einen rundlichen, ob seiner Geschwindigkeit gefährlichen Stein, der den Knochen über dem seitlichen Auge zerschmettert, wenn er den Kopf trifft, oder die feinen geschmeidigen Rippen eindrückt und die Kaninchenatmung lähmt, bevor die Faust auf dem Hinterkopf endgültig Tag und Tau löscht. Aber auch die Jäger machen sich den Pflanzenwuchs zunutze, robben, selbst für die Vögel unsichtbar, unter tiefen Zweigen. In den Stunden nach der Ruhezeit grasen die Auerkühe wieder und lassen ihre Kälbchen im Schatten hinter hohen Gräsern schlafen. Gohr nimmt einen Umweg über den Wald, pirscht sich dicht am Boden heran, drückt, sobald die Kuh herüberschaut, sein Gesicht ins Gras und wartet; falls sie ihn bemerkt hätte, würde er den mit schwarzen, spitzen Hörnern gewappneten Kopf zwischen dem Blau, den Wolken und den blühenden Stängeln heranpreschen sehen, müsste sich eilends wegrollen und, statt zu laufen, einen Baum zum Heraufklettern finden. Gohr nähert sich dem schlafenden Kälbchen, lauscht dem friedlichen Atem, teilt ihn fast, während die Ohren Fliegen vertreiben. Neben dem rötlichbraunen Fell stellt Gohr sich vor, auch er hätte von der Auerochsenmilch Hufe aus durchsichtigem Horn und kurze Stirnlocken. Das Kälbchen, das ein Auge öffnet, sieht ein Bein zwischen seinen Beinen, ein liegendes Tier, dessen schlechter Geruch sich mit dem eigenen mischt, lässt ein anderes Bein seine Stirn kratzen und legt den Kopf wieder ins Gras zurück. Gohr verharrt im Austausch der Gerüche und verscheucht die Fliegen, die seine Schwester bedrängen. Doch während das Kälbchen schlummert, die Aprilsonne seinen Körper lähmen oder aber die Milch in sein Inneres fluten lässt, fürchtet Gohr das Auftauchen der Kuh und überblickt zwischen den Grasspitzen regelmäßig die Wiese nach der übrigen Herde. Das, was ich hier beschreibe, tut Gohr gleich mehrfach und mit mehreren Färsenkälbchen. Er versucht mit dem Zutraulichsten eine Verbindung zu knüpfen, damit es gleichsam zum Unterhändler zwischen ihm und den Auerochsen wird. Wenn die Kuh ruft, erkennt das Kalb selbst im Halbschlaf ihre Stimme, richtet sich auf, beschnuppert Gohr, geht mit zittrigen, unsicher schwankenden Beinen dem Muhen entgegen, versucht zu laufen, stolpert. Gohr weicht Richtung Wald zurück, während die Kuh das näherkommende Kälbchen überwacht. Von der schrecklichen, schwarzen, schwerbehörnten Mutter kennt das Färsenkind nur den warmen, beruhigenden Atem, vier Zitzen, um die es die Zunge presst, das lauwarme behaarte Euter, an das es mit der Stirn schlägt, und die kräftige Zunge, die es fast zum Umfallen brächte ... Aber, frohlockt Gohr, das Kalb wird der Mutter den Menschengeruch zutragen, und die sicher zunächst beunruhigte Auerkuh wird sich nach und nach gewöhnen. So überbringt jedes Kälbchen der übrigen Herde die Fortsetzung der mit dem Heu begonnenen Botschaft. Gohr sucht eine Beziehung, ja eine Vertrautheit zur Auerochsengemeinschaft. Gerne würde er aufs Neue die Milch einer Mutter trinken, um die Berührungen zu vervielfachen. Die Männchen sind abweisend und hochmütig, aber mit den Kühen, so roh sie auch sein mögen, lässt sich eine Annäherung versuchen. Als Gohr das Haus betritt, sagt Müa, er rieche nach Kalb, eine Mischung aus schweißnassem Fell und Milch (keine Fladen, denn die Kälbchen beschmutzen sich nicht mit Kot), Gohr antwortet, ebendas sei Absicht! Pek hat die frische Rinde von einem Esskastanienast geschält, indem er zuerst daraufklopfte und sie dann mit einer Drehbewegung ablöste (so machten wir es nach Schulende), hat Löcher eingeschnitten und das Ende abgedichtet: Er bläst hinein, eine Flöte! Schwierig, die in die Luft geschickten Noten zu hören, und sei es nur im Geiste, und erst recht, in ihnen einen Wohlklang zu erkennen – sicher aber ist, dass Ouen entzückt scheint.

Es muss Anfang Mai sein, denn außerhalb der feuchten Täler, leichtes frisches Laubdach der Bäume, überziehen sich die kleinen Hänge mit blauen Hyazinthen. Noch heute verströmen dort, wo das Gefälle den Ackerbau vereitelt, die Hyazinthenzwiebeln ihren blauvioletten Duft ... So gelingt es mir, die Jahreszeit zu bestimmen. Die Frauen fordern die Männer auf, sich auszuziehen, in der Sonne waschen sich alle im Bach und reiben einander mit glimmerglitzerndem Sand, an der Feuerstelle reichlich vorhandener schlammiger Asche ab. Müa lässt langsam Wasser über ihren gespannten Bauch laufen, als wüsche sie ihr Kind. Felle und Tierhäute werden in den Bach gelegt und mit den Füßen bearbeitet, damit sie sich vollsaugen, einweichen. Suwau bringt Pek, Müa bringt Gohr die im Winter genähten Kleider. Als Müa Maß nehmen will, sagt Gohr: Du weißt doch, wie ich bin! Ihren Handflächen vertrauen, ihren Lippen, die den Männerkörper erkunden, Armen und Beinen, die sich an Gohrs Armen und Beinen ausstrecken, nein, denkt sie, denn ihre Augen schließen sich, wenn sie ihre Stirn, das herabfallende Haar an seiner Haut reibt; und wenn sie sich nachts an seine Schultern, seinen Hals klammert, dann um mit fortgerissen zu werden, das Gewitter zu teilen, tief in ihnen beiden geräuschloses Grollen, lichtlose Blitze. Zum halben Hemd oder der halben Hose – enthaarter, geschmeidiger Hirsch – fügt sich der andere Teil, beide werden mit einer Lederschnur zusammengenäht. Die bis zur Hälfte des Oberschenkels reichende Hose wird über dem Hüftknochen von einem geflochtenen Gürtel gehalten, der durch senkrechte Schlaufen gleitet. Da Müa eine leichte Behinderung beim Arbeiten aufgefallen ist, eine Ausbeulung zwischen den Armen, hat sie das Leder der Länge nach aufgetrennt und drei Kordeln angebracht, die nach Belieben in einen Schlitz auf der gegenüberliegenden Seite eingefädelt werden können, Gohr kann seine Jacke also entweder nur unten, bis zur Hälfte oder aber bis ganz nach oben verschließen. Suwau hat es natürlich ebenso gemacht, nur dass Pek breiter ist als Gohr und keine Ärmel will, sein Hemd gleicht einer Weste. Müa wechselt ihre Kleidung nicht. Auch die Frauen haben ein Hemd, das zum Freilegen der Brust weit ausgeschnitten ist, aber im Sommer, wenn die Männer sich mit nacktem Oberkörper bewegen, lassen sie ihre Brüste unbedeckt. Darunter reicht das zusammengenähte, an der Taille festgebundene Leder bis zur Mitte des Oberschenkels, zwischen den Beinen nichts, denn sie müssen sich hinhocken können. Auch Ouen trägt nur ein kleines Hemd. Müa hat ihren Rock aufgeschlitzt, ihrem Bauch Raum gegeben, ein Lederbändel verläuft zickzackförmig von einem Rand zum anderen. Die zugleich harte und schwere Schwellung, in der das Kind sich regt, behindert sie beim Ausreißen der Pflanzen, die unbedingt zwischen der Aussaat wachsen wollen. Gohr und Pek heben sie über die lebende Hecke. Drinnen setzt sie vorsichtig die Füße auf, um keine Stängel abzuknicken, hat aber Mühe, sich zu bücken, und stößt selbst mit gespreizten Beinen immer wieder an ihren Bauch. Es wundert mich nicht, dass Müa die Aussaat von anderen, wuchernden Pflanzen befreit: Wie jene, die ihnen stillschweigend etwas beigebracht oder gezeigt haben, sind alle vier gute und ausnehmend schnelle Beobachter, und ebenjener Einfall, die fremde Aussaat mit den grünen Ähren von den gewöhnlichen Pflanzen mit ihrem Anspruch auf ein Stückchen Erde zu trennen, ist das Ergebnis einfacher Beobachtung. Wenn wir, je nach Abstand der Säkästen, auf dem schmalen Weg zwischen zwei Reihen einen Fuß vor den anderen setzten, waren wir überall von den hohen Stängeln des fast reifen Weizens umgeben. Hielten in der Hand eine Hacke, über der Schulter die Tasche für die unnützen Pflanzen, samt und sonders »*Unkruut*«, das dem Korn hinderlich war. Müas Feld hat die Größe eines kindlichen Gartens, doch wahrscheinlich hat sie schwer gegen die Menge der aus dem Waldhumus wuchernden

Pflanzen anzukämpfen, während wir auf den seit Jahrhunderten gepflügten, eingesäten und gejäteten Feldern kaum etwas zum Ausreißen fanden. Sie schwärmen aus, allerdings nicht zu schnell, damit Müa und Suwau, die Ouen tragen oder beim Gehen helfen, nachkommen können. Alle schauen nach rechts oder links, tief in den Wald hinein. Sie sind rötlich gekleidet, behaart oder bärtig, ihre Haut leicht gebräunt, quer über der Schulter hängen Taschen, und die Frauen haben an ihrem Hemd hier und dort eine Muschel, einen Zahn oder einen geschnitzten Knochen befestigt. Neben den Ohren der Männer ragen große Hirschgeweihe auf. Wachsen ihnen, die von diesem Wild bekleidet und ernährt werden, im Haar nun plötzlich verästelte Hörner? Es ist die Jahreszeit, in der die Hirsche ihr Geweih abwerfen und sich verstecken, bis sich ein neues bildet. Manchmal finden die Männer nichts, an anderen Tagen aber gleich mehrere vielsprossige Geweihe, die sie sich auf die Schultern setzen. Sie sammeln sie, um sie unters Dach zu hängen, damit sie später aus dem Tierast die Hacke zum Graben sowie den gezackten schmalen Angelhaken fertigen können, sonst würden die Geweihe, die auf Moos oder toten Blättern liegenbleiben, von allen möglichen Waldmäusen beschädigt und angenagt. Träfe der gedemütigte Hirsch jetzt auf Gohr oder Pek, würde er aus Angst vor einem anderen geweihbewehrten Männchen die Flucht ergreifen. Gohr und Pek halten, wenn sie jeweils nur ein Paar tragen, die Geweihe hoch. Um Müa, Suwau und den unter seinem Efeukranz ein wenig verschreckten Ouen zum Lachen zu bringen, mimen sie einen Kampf mit gesenkten Köpfen und dem Geräusch schwer aneinanderschlagender Geweihe.

Zunehmender Mond, vier Tage noch bis zum Vollmond, wie heute Abend. So hatte ich es geplant, und merkwürdigerweise, ich sehe es am Fenster, steht der Mond genau so, als ich zu schreiben beginne, als hätte ich auf ihn gewartet. Weshalb sie heute Nacht hinausgehen, kann ich nicht mit Gewissheit sagen, vermutlich aber wegen der Helligkeit. In dem Wald, der sie vom anderen Tal trennt, geht Gohr voran, Müa, dann die über Ouens Schlaf wachende Suwau, schließlich Pek, wegen der Dunkelheit alle dicht hintereinander. Von dem kleinen Tal aus, zwischen Büschen, die der vom Mond gespendete Schatten verdoppelt, gehen sie auf- und abwärts, sehen flüchtig schimmerndes Fell weghuschen. Endlich taucht auf, was sie suchen und trotz des höheren Grases, der längeren Zweige und des dichteren Laubs auch finden: ein Haufen weißer Knochen im Mondlicht. Sie haben gewartet, bis Zähne das Fleisch abreißen, Insektenrüssel tasten und lecken und der Regen wäscht, nichts ist mehr übrig vom Inneren des Auerochsen, Magen und Gedärm, nur noch das in Teilen eingebrochene Gerüst. Sie bleiben stehen, ich weiß nicht, ob sie diese Mondansicht wollten, um ehrlich zu sein, hat sich das Bild riesiger, im weißen Licht aufwachsender Knochen wie von selbst aufgedrängt. Ich führe sie also dorthin. Gohr und Pek wissen, was nützlich ist, Schulterblätter und ein paar Knochen, die wegen ihrer leicht formbaren Kompaktheit besonders beliebt sind. Auch der Kopf ist da – Gohr und Pek haben ihn mitgebracht, jeder eine Hälfte, außer den Hörnern und den essbaren Teilen –, damit der Geist des Auerochsen sich nicht etwa auf die Suche nach ihm macht, denn sonst liefen sie Gefahr, eines Tages oder womöglich Nachts einem kopflosen Auerochsen zu begegnen. Stille Prozession, Schulterblätter in einer Tasche, die Männer in jeder Hand einen großen Knochen, über die Bäche, die ebenso eilig fortstürzen wie tagsüber, doch nun das Mondlicht spiegeln. Pek reicht Suwau die Hand, damit sie mit dem Kleinen auf dem Rücken nicht strauchelt, Gohr wirft die schweren Knochen aufs andere Ufer und hebt Müa mit beiden Händen hoch, denn beim Springen würde das Kind zu sehr geschüttelt.

Vom Holz des Feuers steigt Rauch auf, Pek krault kurz Kaabs Kopf, bevor er die Leiter erklimmt. Kaab lässt ihr Kinn zwischen die Pfoten sinken. Stille, dünner Rauch, Mond auf den Rinden. Sie schlafen. Und dann – es ist kaum Zeit vergangen – erwacht Müa oder wird vielmehr von einer Unruhe geweckt, die dumpf ihren Körper, ihren Bauch erfasst, aus weiter zeitlicher Ferne zu dringen scheint und sich doch gerade ereignet. Eine noch nie verspürte Unruhe, keine Kolik, etwas, das nicht von ihr ist, von anderswo kommt, in Schüben, wie eine rasche Abfolge heftiger Windstöße. In den Ecken der Tür die aufscheinende Nacht, vernehmliches Atmen der Schlafenden. Müa liegt auf dem Rücken und horcht auf das absonderliche eindringliche Zeichen. An die Mutter lässt sie dieses Gefühl denken. Nacht und Schatten verwischen die Grenzen, lassen eine Anwesenheit leicht nachempfinden. Zwischen dem Atmen ringsum tritt ihre Mutter näher, kommt nicht ganz, aber doch ein bisschen dichter heran, und sie wacht. Ob die wieder ausbrechende Unruhe auf ihre sorgenvolle Kindheit zurückgeht? Oder auf noch Unbekannteres jenseits der Mutter, Reihe der Ahnen – diese ihr so gut wie unbekannten Menschen ängstigen sie fast –, die so entfernt sind, dass sie unaufhörlich auf sie zuzulaufen scheinen? Nein, es wirkt, als käme es direkt aus der Erde, oder vielmehr: Sie ist die Erde, wird von einem anschwellenden dunklen Strom durchquert, der just in diesem Moment wieder aufbraust. Müa spreizt im Liegen Arme und Beine, entspannt sich. Sie legt flach ihre Hände auf sämtliche Pflanzen, auf die zarten, die sich mit einer Geste brechen lassen, und auf die haarigen, flauschig anzufassenden, Schwestern, die sie am Hals umfasst. Tief innen aber windet sich eine zusammengekauerte Wurzel und bricht aus, nicht in der Erde, in ihr selbst! Müa wird nun nicht mehr von der unendlichen Familie der feuchtnasigen Pflanzen getragen, sie ist ein Stein, ein im Unterleib verdichteter Stein! Keine Gedanken mehr, keine Mutter, trotz der weit aufgerissenen Augen im Dunkeln, nichts als die Flugbahn eines Gewichts, das den Körper auf die Spitze des Aufpralls reduziert. Dann das Warten. Angst, denn von einem Moment zum nächsten bricht der Sturm wieder los, um die Finsternis zu zerreißen. Die Blätter, ach, all die aufrechten Blätter sind nun lauschende, wachende Ohren, wollen die nächste Schmerzspitze nicht verpassen. Müa schaudert, Gohr erwacht. Reglos erst spürt er Müa neben sich zittern und nimmt eine Hand in seine, sie drückt sie fest. Draußen die ausgehende milde Nacht, die eine Seite des Himmels, wohin sich die Nacht zurückgezogen hat, noch düster, die andere schon blasser, denn die Sonne geht nun nicht mehr hinter dem Wald auf, sondern im Osten, am Ende des Tals, ferner, umnebelter Waldhorizont. Müa will hinaus, die kühle Erde würde ihr guttun. Sie streckt die Arme über dem Kopf, möchte sich an die Pflanzen klammern, an die Stängel und Blätter, die keineswegs zerbrechlich sind, sondern in ihrer Langlebigkeit und Stille voller Kraft. Wenn der Schmerz sie packt, legt sie den Handrücken auf ihren Mund, Gohr drückt sich auf dem Boden an sie, fürchtet, sie könne sich erkälten, berührt sie, um einen Teil des Schmerzes auf sich abzuleiten, leidet, wenn er Müas Augen momentweise irrlichtern sieht wie die eines Tiers unterm Messer, doch sobald der Griff sich lockert, lächelt Müa ihn wieder an. Die Vögel haben, dem heller werdenden Himmel zugekehrt, in der Dämmerung zu singen begonnen. Gemeinsam lauschen sie. Trotz aller Anstrengung und des auf den Mund gepressten Handrückens entlockt die heftige Wehe, die ihren ganzen Unterleib erschüttert, oben, aus dem offenen Mund, den ihre Hand nicht ganz zu verschließen vermag, einen merkwürdigen und, sobald er sich seinen Weg gebahnt hat – durchdringenden Schrei, und Suwau eilt mit dem Geburtsteppich herbei, der schon für Ouen benutzt worden war und seither auf dem Speicher hing. Sie schiebt ihn zwischen Müa, Oberschenkel Po und die Erde, die gerade das herausgeschwemmte Wasser aufgesaugt hat, dieses bisschen Wasser, dem nun der Kopf des Schwimmers und die Arme folgen müssen. Müas Körper spannt sich, hochgebäumt gekrümmt, gibt bei jeder neuen, von innen angreifenden Schmerzattacke nach. Sie streckt sich an Gohrs Armen, der hinter ihr steht, sie hält beide Hände in den seinen, und hört es rufen: Die Vögel rufen nach dem Licht, sie gurren, pfeifen, immer lauter, Gesänge mischen stören überlagern sich, halten kurz inne, und dann srieh-srieh srieh-srieh zerreißen sie erneut das Dunkel rollen gurren geckern, pfeifen, piepen und klingeln, klingeln alle gemeinsam dudidelit didude, zerren, zwitschern das Licht aus der Erde, didldidldeidäahd, die kleinen Kehlen oben auf den Bäumen der emporsteigenden, aufbrausenden Helligkeit zugekehrt, tirilieren tirlit tschilpen dschürr dschöpp, halten plötzlich inne, mit vor Staunen offenenen Schnäbeln, oder aber sie hört sie nicht mehr, als sich zwischen ihren Schenkeln, weit dort drüben, über den vom Morgentau benetzten Gräsern der gerundete Rand des rötlichen Gestirns zeigt, das leuchtende Ei, das die Erde gebiert, und als sie aufschaut, sieht Müa dem roten Köpfchen ein zerknautschtes Gesichtchen folgen, sie drückt und presst, das Gestirn steigt über den Horizont und nun schreit es auch, warm und klebrig, Suwau liegt es ihr auf dem Bauch und lächelt: »Ouens Cousine!« Müa, wankende Erde, tastet mit geschlossenen Augen nach dem anderen, das aus ihr kommt, zusammen mit der Mutter die dritte Frau, ihre Handflächen schließen sich darum, bedecken und beruhigen, formen außen einen Bauch. Pek kommt mit dem angewärmten Wasser und Gohr wartet auf die Nachgeburt, wird der Erde, in einem neuen und tiefen Loch, rasch die Plazenta zurückgeben, die sonst – grauenvoll! – die Fleischfresser äßen. Verlangsamter Atem, ruhende Wimpern, rings um Müa glitzernder Morgentau.

Die hochgewachsenen Pflanzen verbergen sie weitgehend. Für gewöhnlich hindern mich Gras und Blätter daran, sie zu sehen, vielleicht sogar, ihre Spuren zu finden, denn sie bemühen sich sehr darum, keine Pfade auszutreten, außer rings um Haus und Scheunen. Wenn ich ins Tal gehe: Leere. Ich stütze mich auf den Zaun, dessen drei Reihen Draht noch festgespannt sind, die alten und grauen Pfosten, gespaltene Baumstämme, die den Loiseau-Hof einzäunen, nehmen verschiedene Formen, Gesichter und Haltungen an. Doch das Tal selbst gibt nichts preis. Mehr als je ist alles dort gelöscht, nur die Zementtränke verrät dem Kundigen die Quelle, an der sie getrunken haben, aus der hohlen Hand, einer hölzernen Schüssel oder, die Kinder, aus der Hand der Mutter. Eine geologische Karte aus jüngster Zeit besagt, dass es sich laut Bodenanalyse um Schwemmgebiete handeln muss. Ich begreife nicht recht, wie ein kleiner Bach, der heute im anderen Tal durch seine Rinne fließt, die sehr viel tiefer ist als das Bachbett auf unseren Wiesen, ja, wie ein so kleiner Fluss das Tal von Grise Haie überschwemmen konnte; zumal die sämtlich der Ernée zufließenden Bäche unserer Gemeinde zu dicht beieinanderliegen, fast parallel verlaufen, um einst so groß wie kleinere Flüsse gewesen zu sein. Wahrscheinlich also durch eine Abfolge von Überschwemmungen der schlammreichen Frühjahrsgewässer, wegen der Pflanzenreste, die das Bett verstopften und den Wasserlauf behinderten. Dort, wo Gohr sein Heu schneidet. Die Herde der Auerochsen wächst zusehends, und je mehr Heu sie fressen, desto stärker wird er, der Mensch, sich künftig ihrem Auge, ihrer Witterung und ihren Träumereien einprägen. Kein Klee, weder weiß noch rosa, auf den feuchten Wiesen, und während unser Heu viele Süßgräser enthält – Rispengras, Lolch, Schwingel, Fuchsschwanz, Knäuelgras und Trespe … –, umfasst das Heu, das Gohr zusammentragen kann, nachdem er sein Feuersteinmesser mit Hartholz gewetzt hat, eher Wolliges Honiggras,

Gewöhnliches Ruchgras, Zitter- und Straußgras, dazu ein wenig gelbblühenden Hornklee, aber auch Lichtnelke, Wiesenschaumkraut, Benediktenkraut, Wiesenknopf in den Tieflagen, Schafgarbe, Wiesen-Flockenblume auf den Anhöhen, wenigstens Disteln, Binsen und großen Bärenklau meidet er beim Schneiden. Sobald die Gräser trocken und zu Ballen aufgeschichtet sind, braucht es eine Scheune nur für das Heu, eine Rindenbedachung quer über den Sparren, anschließend Binsen auf der Rinde. Unmöglich zu wissen, ob diese Tätigkeiten als Mühsal empfunden werden im Sinne all der Wörter, die Viehzüchter und Ackerbauer seit Jahrhunderten vor sich hinknurren, herunterleiern und wiederkäuen: Sie hätten viel *Aarwet* und *Geplacke*, sie *schaffe* und *schufde* ... Sicher ist, dass mit der Idee, Samenkörner zu säen und die Auerochsen oder das Wild im Schnee zu füttern, etwas Zukunft in Gohrs und Müas, in Peks und Suwaus Gegenwart Einzug hält, und zwar nachdrücklicher als mit den üblichen Vorräten an Haselnüssen oder anderen Beeren für den Winter. Das Bauholz wurde vor der Saftzeit geschlagen, damit es robuster ist, aber Pek konnte vorerst nur Rindenstreifen zum Gerben ablösen oder zu kurze Stücke, die er unterhalb von ihrer Badestelle rottete, um Flachs und leidlich brauchbare Schnüre herzustellen. Sobald die Rinden hingegen wieder Leben und Farbe annehmen, dicker und elastischer werden, macht er sich daran, sie abzuschälen und -zuschneiden und, solange sie noch frisch sind, zu Schachteln zu verarbeiten, die zylindrisch wie die Stämme sind und deren Boden und Seitennaht er mit einem straffen Pflanzenband festbindet. Pek ist von allen vieren wohl derjenige, der am wenigsten spricht. Er mag das bündige und stille Einvernehmen, ein Wort, ein Zeichen besagen, dass er verstanden hat und seinen Teil tun wird. Wenn er erzählt, sind Berichte und Mimik knapp, ein wenig rätselhaft und oft lustig. Da die Bäume, die entrindet werden, kurz darauf sterben, nimmt Pek nur weit vom Haus entfernte, zumal das Abschälen an den großen, unten aus den Stümpfen wachsenden Schösslingen einem Jäger oder Herumstreuner unmittelbar das Eingreifen des Menschen verriete. In dem vorab ausgekundschafteten Waldstück hat Pek je drei Äste auf identische Weise gekrümmt und sie im engen Raum zwischen den Nachbarzweigen mit ihrer Krümmung wachsen lassen. Nun kehrt er zurück mit den drei gebogenen Ästen, die von seiner liebevollen Absicht zeugen. Er entrindet sie, verbindet sie mit ein paar jeweils in der Krümmung befestigten länglichen Stöcken und kleidet die Eintiefung mit Rindenstücken aus, die vorher mit dem Knochenmeißel eingelocht und anschließend festgeknotet wurden: die Wiege, die er Müa für die Neugeborene schenkt! Am nächsten oder übernächsten Tag nach der Niederkunft wäscht Müa sich neben dem angefachten Feuer, während Gohr, die Füße im Wasser, das kleine Mädchen in den Händen hält. Müa, die gebräunte, recht kleine und spitze Brüste hatte, keine hellen und ausladenden wie Gohrs Jägerfreundinnen, zeigt nun einen hübsch angeschwollenen Busen, und das beruhigt Gohr, er wird vorerst keine Auerochsenkuh zu Fall bringen müssen! Müa hat sich immer mehr Zeit für die Toilette genommen als die anderen Mädchen, und Gohr hat seine Freude daran. Sie besitzt, ich habe es bereits gesagt, und es scheint von ihrer Mutter überliefert – ein Lederetui mit Knochennadeln, Stecknadeln mit Hartholzköpfen, Sehnenfäden, etlichen ebenso dünnen wie scharfen Feuersteinklingen sowie mit Splittern, die sie zum Schneiden des Fadens, zum Stutzen der Finger- und Fußnägel oder zum Kürzen des Kopfhaars aufbewahrt hat. Ferner birgt Müas Etui eine seltene Knochenpinzette zum Herausziehen von Dornen, Angelhaken aus Knochen, mehrere Steine zum Nägelfeilen und zwei oder drei Buchsbaumkämme, die Gohr ihr geschenkt hat. Tief in ihrem kostbaren Etui hatte das junge Mädchen jahrelang auch die aus dem Süden mitgebrachte Tasche voller Samenkörner verborgen. Gohr findet Gefallen daran, Müas Haar zu entwirren, eigenhändig den für sie geschnitzten Kamm zu benutzen. Wenn Müa sich fertig gewaschen hat, reibt sie sich mit Minze ab. Der frische Duft, das aus dem Nacken hochgesteckte Haar, ihre schwarzen Augen, daran denke ich, wenn ich mich über den Bach neige, nun, da ich die Stelle, an der sie sich wusch, fast kenne: leises flüssiges Gespräch, knisternde Libellenflügel, nichts hat sich geändert.

Die Turteltaube gurrt ihr Lied in den nahen Baumkronen, nur eine, die stets unsichtbar bleibt; sobald man nach ihr sucht, hält sie inne. Das sachte Geräusch, das die Auerochsen auch ohne zu horchen hören, verspricht ihnen ungestörtes Weiden. Gohr nähert sich geduckt, bis er das Knacken hohler Stängel zwischen ihren Zähnen vernimmt. Kaum Geschrei, aber Gebell von Hunden, die sein Vater gerne gestaffelt auf die Fährte setzte, Speere mit feuergeschwärzter Spitze, schwarz wie die der Hörner, eine feste Hand auf halber Höhe des Speers und die Schnurrbärte der Männer – den Frauen wurde verboten, von den Bäumen zu klettern –, sie selbst, Gohr und Pek, standen, damals noch zu jung, auf den Anhöhen, wo der vorbeistürmende Auerochse nicht angreifen konnte, zeigten sich aber und schwangen ihren Knüttel, damit das ausgewählte, von der Herde getrennte Tier bis zu dem mit Laub bedeckten Loch lief, wo es sich ein Bein brechen und zusammensinken musste, sogleich an den Gelenken verletzt von den Stacheln des finsteren aus dem Gebüsch drängenden Schwarms. Gohr kam nicht einmal rechtzeitig, um das Gebet zu hören, die Entschuldigungen und Schmeicheleien, Wörter, die einer der Männer im Zuschlagen hervorstieß, Wörter, die untergingen in dem aus der Kehle dringenden heiseren tiefen Röcheln, letztes abgewürgtes Muhen, speichelnde Zunge. Nein, alles ist friedlich im Tal, das Gurren bricht ab und hebt wieder an, langsam wie die gewittrige Luft. Über die endlich entdeckte Herde wacht stets ein am Rand stehendes Männchen oder eine erfahrene Kuh, wie bei den Raben. Diesmal acht Weibchen, die Färsen miteingerechnet, fünf Kälber, eine Mutterkuh als Beschützerin. Sie, die Argwöhnische, gilt es zu umgarnen. Gohr kommt langsam näher, zeigt sich und bleibt stehen, lässt den Wind seinen Geruch weitertragen. Gohr verbringt viel Zeit in dem anderen Tal, in dem sich die Auerochsen häufiger aufhalten, auch auf ihn haben es die Fliegen abgesehen. Gerüche trockener oder frischer Fladen, zertretener Pflanzen, in der schwülen, sich aufladenden Luft lauscht er auf die Sprache zwischen Kuh und Kalb. Helles Rot, die Farbe der Kälbchen, Fell, das – auf dem auch später stets dunkleren Vorderteil zuerst – nach ihrem vierten Mond eindunkeln wird. Gohr hat gesehen, wie sie im Morgengrauen geboren wurden. Das Kalben geschieht oft nachts. Die Kuh hört auf zu grasen, läuft auf und ab, sucht nach einem abgelegenen Platz und frisst die Nachgeburt auf, damit die Wölfe nichts erfahren – sie jetzt bloß nicht *ärjern* oder piesacken, ihre Hörner bewachen das Kälbchen. Ich sitze und warte, bis die Maine-Anjou-Färsen, die abrupte Bewegungen scheuen, sich neugierig und mit gesenktem Kopf nähern, schnaubend, um den fremden Geruch besser aufzunehmen, bis sie mit der Zunge meine Jacke und meine Hand erkunden, Bekanntwerden durch Lecken, die pelzige Zunge auf den Fingern. Meine Nachbarn tun nichts dergleichen, es führt zu nichts, sagen sie, denn nur wer seinen Mann steht, kann über die Tiere befehlen. Und wer ein Mann ist, pinkelt nicht im Sitzen! Die Auerochsenkühe sind schwarz, mit einem hellen, leicht rötlichen Streifen auf der Firstlinie des Rückens, von dort fallen über die Flanken dunkelrote, das Schwarz fleckende Strähnen. Die Farbschlieren variieren von Tier zu Tier, und Gohr gelingt es, die einzelnen Kühe genau zu unterscheiden. Manche haben ein eher schwärzliches rotbraunes Fell. Die schwarze Haut der Schnauze ist von silbernen Borsten gesäumt, die von Weitem schmutzweiß wirken, auch die Backen färben sich unten gelegentlich silbern. Im Sommer ist das Fell dünn und glänzend, zwischen den Hörnern und auf der Stirn jedoch bildet sich ein Büschel aus längerem braunen Fell. Im Weiler erzählt man sich immer noch von einem Auerochsen, der sich schneller als geglaubt umgedreht, angegriffen und einen Mann durch die Luft gewirbelt hatte, oder aber von der wütenden Kuh, wenn eines ihrer Jungrinder aus Verzweiflung brüllt. Aufgeschlitzter Bauch, zerschmetterte Knochen, dafür reicht die Heilkraft der Pflanzen nicht. Die Hörnerköpfe heben und senken sich in das knusprige Pflanzendickicht, Ohren horchen, lauern auf Geräusche, vertreiben Fliegen, rötliche, in langem schwarzen Fell auslaufende Schwänze reichen fast bis zum Boden, peitschen unaufhörlich schaukelnd Fliegen und Bremsen auf den Flanken. Die Mutterkuh überwacht, dass Gohr sich nicht von der Stelle rührt. Sie befiehlt ohne Schläge, muss nur den Kopf wenden, manchmal ein Horn neigen, und schon weichen die Auerochsen aus oder zurück. Gohr trug sich womöglich mit dem Gedanken – zumindest schien es mir lange plausibel –, lebende Äste zwischen Bäumen oder Schösslingen hochzubinden und zu verflechten, einen hohen, robusten Zaun um eine kleine Wiese anzulegen, den er mit ineinandergreifenden Stangen verschließen würde, sobald sich drinnen eine Auerochsenkuh mit ihrem Färsenkalb befände. Irgendwann würde die Gefangene das Futter fressen, und wenn er die Mutter eines Tages laufen ließe, müsste er nur noch das weibliche Jungtier zähmen, so wie andere, die er gekannt hatte, einen Raben zähmten. Doch seitdem ich das in einem robusten Zaun klaffende Loch gesehen habe, von einem Tier verursacht, das die Auerochsenzüchter gefangenhalten wollten – und das, obgleich es beengt war und keinen Anlauf nehmen konnte –, betrachte ich Gohrs Möglichkeiten zum Einsperren einer Kuh eher skeptisch. Wie Müa erzählt, sagten die Männer des Stammes, den sie einst mit ihrer Mutter verließ, sie gingen auf den Anhöhen nach ihrem Vieh schauen, doch sie hatte nie Genaueres erfahren. Witternde Nüstern, mit schwarzem, rotbraunen Fell umkleidete Muskeln, tiefes oder ersticktes Muhen, zottige peitschende Schwänze, zahllose glatte, bedrohliche Hörner, gewiss, aber Gohr zwingt den Auerochsen seinen Geruch auf: kein Name für ein solches Vorgehen, das einmal mehr der Neugierde entspringt, dem Verlangen, das Leben der Tiere zu erforschen und durch Beobachtung wenigstens für Momente in ihr Empfinden und Handeln zu schlüpfen. Bei seiner Erkundung der Dinge und Lebewesen entdeckt Gohr: Je mehr er über sie weiß, desto mehr Fragen keimen wie durch die Erde brechende Pflanzen in seinem Kopf. Kaab, die ausnehmend ängstlich und ungehalten wird, wenn sich Wölfe in der Nähe aufhalten, hat soeben vier Welpen zur Welt gebracht (darunter zwei umgehend begrabene Männchen): ein Wurf, der bezeugt, dass sich ein Wolf bei Nacht, über ihm die schlafende Hütte, als Liebhaber und nicht als Feind erwiesen hatte, sie beide flach ausgestreckt, die Pfoten vorn auf dem Boden, während seine näherkommenden grünen Augen gelb wurden, und sanft.

Sie klettern aufeinander, Pek wahrscheinlich unten, Gohr auf ihm trägt den Stein, heikles Gleichgewicht, ein großer Stein, um oben auf den Pfahl zu schlagen, den Pek vor sich hält. Die Pfähle nämlich sind sehr lang, um richtig zwischen die Eck-, First- und Mittelpfosten eingetieft zu werden, neun an der Zahl, alle über ihrem Loch, die weniger dicken müssen durch stetiges Schlagen irgendwann eindringen. Der Holzhammer mit seinem knorrigen Kopf kommt erst am Schluss zum Einsatz, zum Ebenmachen. Die wichtigsten Teile wurden bereits vorbereitet, als das Holz noch frisch war, sodass die von Gohr und Pek angefertigten, weniger soliden Beile kaum beansprucht werden. Die zum Ausgleich des

Gefälles abgeflachte Erde ist dicht mit Steinen belegt, darüber wird ohne direkten Berührungspunkt, der Holzboden zu liegen kommen: Ein besser gebautes Haus also, aus trockenem, widerstandsfähigeren Holz neben dem anderen auf der Nordseite. Sie haben sicher nicht die Absicht, getrennt zu schlafen, denn sie beschützen einander, scharen sich im Winter um ein einziges Feuer, erzählen sich Geschichten, und dennoch schien mir jene zweite Hütte notwendig: Zufluchtsort, falls die erste einstürzen oder im Winter Feuer fangen sollte, einstweilen auch Vorratsraum und zusätzlicher Speicher. Gohr und Pek erinnern sich, dass die Bandzweige, mit denen die Holzstücke, Kerbe an Kerbe, befestigt werden, nass verknotet werden müssen, damit sie beim Trocknen schrumpfen und sich festziehen. Nur sie beide, haben Spaß am schnellen Vorankommen. Aus ihrem erquicklichen Einvernehmen entsteht ein nahezu vollkommener Bau. Sie sind glücklich, wenn die Bewunderung der Frauen aufkeimt. Beide Hände flechten, die Rechte klopft mit dem Knüttel, sie verflechten Zweig um Zweig, immer abwechselnd hin und her, klopfen fest, verschließen die Wand, Haselzweige vor allem, auch ein wenig Stechpalme. Wenn sich das Flechtwerk etwas zusammengezogen hat, werden sie erneut festzurren, draufdrücken, kleine Äste einarbeiten und anschließend den Putz auftragen, durch eine Mischung aus Gras und Auerochensfladen zäh gewordener Schlamm. Zunächst innen, später auch außen. Trotz Eifer und Geschick steht der Bau nicht an einem Tag. Wie ich entdeckt habe, ähneln ihre Häuser, obgleich um einiges größer, unserer früheren »Knechtshütte«: ein kleiner Bau, dessen erhöhter Boden, wie alle vier Wände, aus mit Gras vermengter Erde bestand und von Latten aus gespaltenem Kastanienholz abgestützt wurde; ein Strohdach, auf der Seite eine quadratische Tür. Dort schlief auf manchen Höfen bis in die Vierziger Jahre hinein der Knecht, mit Strohsack, alten Steppdecken, vielleicht einer

Wolldecke. An- und Ausziehen gerade mal im Sitzen, denn in der Knechtshütte konnte man nicht aufrecht stehen, ein Alkovenbett im Freien, auf das man geduckt hinaufklettern musste. Darunter schlief der Hund, eine Pfote angekettet, und weckte den Knecht, wenn die Kette an die abgeschlagene Schüssel schlug, die als Fressnapf diente. In der Gemeinde gibt es noch heute eine Knechtshütte, wo der Landwirt im Frühjahr Küken aufzieht. Ich habe sie fotografiert, aber die Ähnlichkeit zeigte sich erst später, als ich ihnen mit Wörtern beim Bauen half. Ob Suwau für die Feuerplatte im Haus ein bisschen Lehm abgibt? Ich glaube nicht. Es muss neuer geholt werden. Aus zwei wackligen Brettern hat sich Suwau neben dem Schuppen eine Werkstatt gebaut: ganz für sich alleine, kniet gebückt knetet vermengt begießt und knetet weiter. In ihrem Haar klebt Lehm, den sie mit erdigen Händen herauszupft. Schon als Kind hatte Suwau, ohne die Aufmerksamkeit der Erwachsenen zu erregen, die sich unterhielten, das Feuer anfachten oder schweigend in die Flammen starrten (ich gäbe ein Maine-Anjou-Rind, um ihre Gedanken zu erraten), kleine zu Tieren geformte Erdstückchen unter der Glut in die Asche geschoben. Manche wurden hart, viele zerbrachen. Bestimmte Sorten Erde brannten besser. Jedes Mal ergab sich eine andere Farbe. Trotz ihrer Jugend begriff Suwau, dass die Figürchen, die sie nicht sofort ins Feuer hatte legen können und die genug Zeit hatten, zunächst zu trocknen, weniger leicht zersprangen. Es genügt zu beobachten und auszuprobieren. Der Schlamm wird unter der Feuerstelle gebrannt, das animiert dazu, neben Apfel oder Esskastanie auch kleine Männchen aus Erde ins Feuer zu schieben. Doch als sie damals ihrer Mutter Modar und Patr zeigte, löste sich eine unerwartete Ohrfeige aus dem mütterlichen Körper, Neka war alleine und ehrfürchtig die ungewissen Ahnen bestatten gegangen, für den Fall, dass die Benennung durch das Kind eine Wirkung gehabt haben sollte. Suwau hatte sich daraufhin damit begnügt, dem Feuer Kaninchen mit angelegten Ohren anzuvertrauen, Vögel mit kurzen Schwänzen, eine Wildsau mit eichelgroßen Frischlingen. Das Feuer bestimmte: War es einverstanden, dann wurde das an den Seiten abgeflachte Erdklümpchen mit Beinen und Kopf zum Wildschwein. Wenn die Tiere zersprangen, begann Suwau wieder von vorn, suchte nach einer besseren Lösung. Wortlos – denn sie war nicht befugt, mit dem Feuer zu sprechen – schob sie ihm mit der Stockspitze die selbstgefertigten Geschöpfe zu, denen zwar vom Feuer kein Leben eingehaucht wurde, die sie jedoch in einigen gelungenen Exemplaren als Beweis einer Art von Dasein an den Kinderohren klirren ließ.

Lul. Seit der Geburt habe ich überlegt, wie Müa ihre Tochter wohl nennen würde, jetzt weiß ich es. Es gibt einen Grund: Der Laut *lu* liegt vielen Wörtern zugrunde, die in unterschiedlichen Sprachen Licht oder Leuchten bedeuten. Außerdem steht das *l* am Anfang vieler, noch zahlreicherer Wortfamilien, die Glänzendes zum Ausdruck bringen. Ich denke mir, das *l* am Wortende sollte mildernd wirken, ihrem spielerischen Umgang mit den Lauten zufolge möglicherweise das Kindliche unterstreichen. Müa stillt, gerne beschaut sich Gohr diese Sanftheit. Müa versucht Gohr zu sagen – es ist nicht so einfach –, dass sie im Moment des Hechelns die Notwendigkeit verspürte, für zwei zu atmen, sich beeilte. Das kleine Mädchen atmet ruhig, nicht Müas Atem auf seinem Gesicht saugt es ein, sondern die Milch, mit der es die braune Haut bekleckert, wenn Müa den gierigen Mund von der einen Brust an die andere setzt. Auf dem Rücken oder in einer vorn angegürteten Ledertasche trägt Müa ihre Tochter überall mit sich. Begleitet Gohr, wenn die Jagd es erlaubt. Er leert seine Fallen oder bedeutet ihnen, stehenzubleiben, um lautlos alleine weiterzugehen. Die junge Mutter ist nicht umsonst dabei, sie pflückt heilende Pflanzen, Blumen und Blätter zum Trocknen: Johanniskraut gegen das Brennen beim Pinkeln, Klette gegen das Kratzen der Haut oder das Gefühl, einen hartnäckigen Stein verzehrt zu haben, Geißblattblüten gegen den Husten, Königskerze zum Waschen der Augen, Spierstrauch für die Gedärme des Bauchs bis hin zum Ausgang, Holunderblüten für klebende Augenlider, Flockenblume zum Löschen des Fiebers – schon im letzten Winter wirksam, als Ouen so heiß war –, Blüten von Veilchen, Ginster, Linde oder die für Kräutertees unverzichtbaren Blätter von Weide, Vogelkirsche und Schlehe. Andere noch ... Meine Mutter besaß das Buch, sie mochte die Vorstellung einer tröstenden Natur. Wir hätten es damals versuchen sollen, denn der Krieg verhinderte, dass sie die richtigen Medikamente bekam. Oft heißt es, man möge Honig in das heiße Wasser geben, in dem die Pflanzen einweichen, ein altes Rezept, das schon Müa befolgt. Gohr nimmt die Kindertasche an sich, während Müa – Augen weit geöffnet stummer Mund entschlossene doch behutsame Handgriffe – durch die hoch aufgeschossenen Ähren geht, um ungeachtet ihrer Namen und Tugenden die letzten unerwünschten Pflanzen aus der Aussaat zu rupfen. Fast täglich prüft Gohr rings um den Garten, ob Kaninchen oder Dachs nicht etwa den Zaun zerstört haben. Schnell begreift er, dass Gefahr nicht von dem droht, was die Erde wachsend durchstößt, oder von einem Eindringling, der das Geflecht zerreißt, sondern aus dem Himmel und von den Bäumen, geflügelte Schnäbel, die sich den Magen vollschlagen wollen. Während er den von Müa genutzten Weg freilässt, schichtet Gohr heruntergefallene Äste neben der Hecke auf, um die Aussaat vor dem hohen Blick von Hirschen oder Hirschkühen zu schützen. Zum Glück gibt es in diesem Teil des Waldes keine Auerochsen, eine Auerkuh hätte sonst das Feld schon abgeweidet, bevor ihre Nachbarin überhaupt in den Genuss der Entdeckung käme. Als ertönte es direkt in Gohrs Gedanken, ein Muhen im Südosten.

Die teilweise blühenden Bäume auf der Anhöhe, durch die frische Luft und Sonnenstrahlen dringen, verhindern zwar den Blick ins andere, bevorzugte Tal der Auerochsen, nicht aber dessen Widerhall. Als Antwort ein Muhen, das nicht der wiederholte Ruf einer brünstigen Kuh ist, auch nicht das drei- oder viermalige, bis hin zum einfachen Seufzer abfallende Schnauben des Männchens, das die Duftstoffe wittert. Als sie ein weiteres Muhen hören, begreift Gohr: Sie sind durchweg kurz, gebieterisch und ängstlich. Er gibt ein Zeichen, reicht Lul in ihrer begurteten Rehhaut zurück, zieht die anderen mit sich. Ihr leichter Trott lässt noch ein weiteres Rufen vernehmen, das rasch erstirbt, statt mit satter Stimme auszuklingen, Gohr weist hinüber, Müa kommt nach. Der Widerhall führt sie eher nach Osten als nach Süden, schnell erreichen sie den kleinen Abhang, der später Valaubert genannt wurde und heute noch immer den alten Namen trägt. Müa presst sich eng an Gohr, doch hinter ihm, leicht nach rechts versetzt – sie kennt die günstige Position –, in seinem Schutz, ohne die Bewegung des von Gohr stets mit der Linken gehaltenen Bogens zu stören. Die rechte Hand stöbert über der Schulter nach den Pfeilen im Köcher, diesen, nein, den stärksten, hier ist er, zum Einsatz bereit. Warum wohl die Auerochsenkühe so unruhig muhend nach ihren Kälbchen riefen? Diese, beige und gleichgültig, zwei oder drei von ihnen trinken, stehen weiter hinten, und alle Kühe, fast Horn an Horn, wenden sich dem mit Bäumen und Gestrüpp bedeckten Abhang zu, der sich Gohr und Müa gegenüber auf der anderen Seite jener Wiese erstreckt, in deren Mitte ein mäandernder Bach später den Strom meiner Kindheit bilden sollte. Die Kühe haben Gefahr gewittert. Schon schlängelt sich Gohr durch Farn Stechginster dornige Blütenbüsche, bedeutet Müa, dass er sie dichter hinter sich haben will, die vor der Mutter getragene Lul zwischen ihnen. Jäger! Sicher sind es Jäger, und besser, sich ein Bild zu machen als zu fliehen und nichts zu erfahren, doch für den Fall, dass sie abbiegen sollten, kann Gohr Müa nicht warten lassen. Er geht am Ufer entlang, überquert, wo Weiden- und Erlensprösslinge die freie Sicht behindern, Binsen Iris Minze, weiches Gelände. In dem abschüssigen Wald, aus dem später unser Gehölz mit den regelmäßig geschnittenen Schösslingen wurde (unter hohen Eichen Esskastanien, Haselsträucher, nur wenige Faulbäume und Stechpalmen, kaum Birken), geht Gohr von Stamm zu Stamm, blickt nach links und rechts, nach hinten, den Pfeil abschussbereit, die Kerbe auf der Sehne. Müa dahinter, ihre Hände schützen das schlafende Kind, ihre Blicke verdoppeln die des Mannes. Gohr, Jäger, widmet einen Teil seiner Aufmerksamkeit dem Boden, direkt in der aus einem Kaninchenbau aufgeworfenen bloßen Erde: ein Fuß! Das also haben die Kühe bemerkt! Ein breiter, vom Gewicht eingedrückter Fuß, Ferse Sohle fünf Zehen, die in sich deutlich abzeichnenden Klauen enden: Bär!, murmelt Gohr der nahen Müa zu, ohne in seiner Aufmerksamkeit nachzulassen. Er weiß, der Pfeil hält den Bären nur auf, wenn er das Herz trifft oder tief ins offene Maul eindringt, sonst bricht er ihn ab, leistet Widerstand. Sie gehen noch ein paar Schritte, Müa berührt Gohr und zeigt zwischen den Schattenpflanzen, Hyazinthen mit grünen Samenständen und der Gruppe junger Mehlbeerbäume, dort, rechterhand, auf kürzlich aufgeworfene weiche braune Erde: ein kleiner Fuß mit auseinanderstehenden Klauen. Bärin mit ihrem Jungen, zwei vielleicht, das ist häufiger. Sofort bedeutet Gohr umzukehren, zurückzugehen, eine Mutter mit Jungen im Gefolge ist ungleich gefährlicher, außerdem tötet man kein stillendes Weibchen. Die Auerochsen haben es gesehen oder trotz des Windes wohl gerochen. Gohr lässt Müa vorangehen, dreht sich um. In dem nur leicht eingetieften Tal von Grise Haie versucht Suwau mit den Zähnen, einen Dorn aus Peks rechter Handkante zu ziehen, sie lacht. Müa hält ihr die Dornenpinzette hin, aber Pek, der noch seine speichelnasse

Handfläche hält, sagt, ihm seien Suwaus Zähne lieber. Gohr erzählt ihm vom Bären, die Größe des Fußabdrucks, das Alter des Jungtiers. Sie werden achtgeben und nichts herumliegen lassen, das die krallenbewehrte Kusine anlocken könnte. Am Haken hängendes Wild, trocknendes Fell sogar, Rindenschachtel mit Honigduft oder Speisereste könnten beim nächtlichen Herumstreunen ihr Interesse wecken und sie zur Rückkehr bewegen. Früher – der Ausdruck stammt sicher aus dem Mittelalter – sagte man oft bildhaft für »wegwerfen« »*zumme Petz werfen*«, als suchte das aufrechte Tier nachts immer noch die Weiler heim, um zu durchwühlen, was hinters Haus geworfen wurde. Und so hieß es beim Aussortieren, beim Aufräumen des Schuppens oder der Remise zu allem, was weggeworfen wurde: *Zumme Petz!*

Über elf Jahre habe ich dem Projekt gelauscht, habe erfunden, notiert und Erkundigungen eingeholt. Auf meiner Seite stimmen die Berechnungen, manche Daten sind schriftlich aufgezeichnet, doch das interessiert mich im Grunde wenig. Denn auf ihrer Seite versuche ich vergeblich, die Zeit zu messen. Wenn sie Eier auf dem heißen Stein aufschlagen, muss es sich um die Legezeit der Amseln handeln oder, etwas später, um die der Eichelhäher. Eines Tages verdichteten sich die Zeichen, es war Sommer, und ich begann zu schreiben. Vier Jahre schon. Ich hätte nicht schneller sein können, denn ich lausche. Ich lasse ihr Leben an meines rühren oder aber geselle mich zu ihnen, um ihr Leben zu teilen. Täglich Momente des Miteinanders: das Holz, das ich im Holzschuppen spalte, der Regen oder aber die Schnecke im Gemüsegarten. Ich weiß, dass sie Schnecken essen, gebraten oder gekocht, vielleicht mit etwas Bärlauch. Nicht genug, dass ich die Sense zur Hand nehme, Esskastanien auflese, Wäsche in den Wind hänge, die Kühe berühre, auch schlafen muss ich. All diese Nächte waren Wege. Ich habe das Gefühl, dass mein Schreiben von ihrem Dasein abhängt, nicht, dass sie Wörter hervorbringen, als würde ich sie erfinden. Während sich die Sätze aneinanderreihen, entrollt sich vor ihnen eine mir undurchsichtige Zukunft. Mithilfe der Logik, manchmal auch der Praxis, lassen sich einzelne Augenblicke miteinander verknüpfen, doch es kommt auch vor, dass ich erst im Nachhinein begreife. Müa trägt ein knapp fingerdickes Steinarmband, das Gohr ihr geschenkt hat; ich weiß nicht, wo er den feinkörnigen, bläulichen Stein, sicher Schiefer, gefunden und wann er ihn durchbohrt und poliert hat, möglicherweise heimlich? Über die Seiten hinweg – denn sie sind mein Messinstrument – folge ich ihnen auf Schritt und Tritt, allen zusammen oder nur einem einzigen, und dann verschwinden sie wieder, ich schlüpfe in die Lücken. Wie ein Archäologe, der Erde von Feuersteinen kratzt, die kaum Verschleißspuren aufweisen und deren Gebrauch daher im Ungewissen bleibt, oder von Tonscherben mit ihren stets nur angedeuteten, nie aber fortlaufenden Wölbungen: Beweis, dass früher einmal … ich bin ihnen so nahe, dass ich eher von »Abwesenheit« sprechen kann. Die Orte sind mir geblieben und so vertraut – ich bin noch immer dort unterwegs –, dass ich sie nachts, das Gesicht an den Kopfkissenrand gedrückt, begehen kann. So zeigt sich mir immer wieder das Bild von dem kleinen Feld, das ich auf dem Hügel vermute: kein Mensch weit und breit, die eingesäte Fläche wirkt umso schmaler, als darüber blattlose, einander kreuzende Lianen gespannt sind, und an diesem Netz wiegen sich blassfarbene Flügel im Wind, Ringeltaubenflügel. Gohr und Pek sahen, wie sich die Tauben angewöhnten, auf den das Feld umstehenden Bäumen die ihnen doch völlig unbekannten Samenkörner einer Pflanze zu erwarten. Und noch ein Bild kam mir, ganz nah, gestochen scharf, allerdings erst später, als das Korn fast schon reif ist: Da Gohr merkt, dass die schaukelnden Flügel die Vögel nicht schrecken, überrascht er Müa mit einem

Bussard, der auf einem kleinen toten Baum saß und spähte (alle mögen Sitzstangen mit freier Sicht), als Gohr ihn erlegte. Ein Stöckchen quer durch den Körper hält die Flügel gespannt, die Beine stecken in einer gespalteten, mitten aufs Feld gestellten Stange. So lassen sich die Körnerfresser verscheuchen, auch wenn Gohr und Pek dem Raubvogel die für ihre Pfeile nützlichen Schwungfedern geraubt haben. Die aufkommenden Bilder sind mit hoher Wahrscheinlichkeit zutreffend, denn sie stützen sich auf Spuren aus der Erde – Gegenstände, Kerben, Verschleiß –, während die Zeit- und Humusschichten alle Laute vollständig dämpfen. Weil ich die von ihnen zerkauten Wörter nicht kenne, kann ich nur transponieren; entschwunden die Klangfarbe ihrer Stimmen, die in Noten unterteilte Luft, die aus den Flötenlöchern dringt. Zu schnell verklingen sie, die Worte auf den Lippen, die uns teuer waren. Die Holunderpfeife (bei uns die *Hollerpfeiff*) füllt sich zunächst mit Erde und wird dann mit den übrigen Pflanzenresten zu Humus. Von Geburt an höre ich, was sie hören, den Wind in den nämlichen Bäumen, den Bach im eingetieften Bett, das Miauen des kreisenden, in den blauen Himmel aufsteigenden Bussardpärchens. Auch den grollenden Mahlstein stelle ich mir vor, während Suwau und Müa die Samenkörner zerstampfen, oder die Axt, die unter der Rinde in den Splint dringt, aber ich höre nicht, was sie einander sagen, versuche nur, aus Gesten, die einen Austausch, vielleicht sogar Erklärungen voraussetzen, den Sinn zu lesen. Wenn ich ein Lächeln zu sehen meine, forsche ich dem Schweigen nach, um mich sachte an ihre Überraschung heranzutasten, an das Sprachspiel, an das belustigende Verhalten der Kinder oder der Welpen von Kaab. Als mir ihre Geschichte in den Sinn kam, ging es anfangs vor allem um Ereignisse, um Handlungen; je länger ich jedoch ihr Abenteuer teilte, desto mehr faszinierten mich die eher leeren Momente ihres alltäglichen Daseins. Manchmal – ich schrieb es schon – das einfache Gefühl einer Anwesenheit: Hier, direkt hinter der Rinde. Bald scheint ihr Leben, weil sie graben, wühlen, in Erdeinbrüche herabsteigen, in Tierbauten stöbern, von der Erde gezeichnet. Bald strecken sie zwischen den Blättern einander ihre beerenblaue Zunge heraus. Zwei kleine Täler, sumpfiges Gras, ein baumreicheres Gelände als im Agrarzeitalter, so weit und dicht, dass sie leicht aus den Augen zu verlieren sind. Auf dem Weg hinter dem Loiseau-Hof denke ich jeden meiner Schritte; langsam, denn es ist ganz nah, gehe ich hinunter nach Grise Haie. Und warte, bis sich aus dem Dunkel ihre Gesten lösen.

Das Fell vom Fischotter, das wissen sie beide, Gohr und Pek, ist im Sommer fast so gut wie im Winter. Wegen des Wassers, in dem er lebt – das dachte ich mir schon, suchte aber Bestätigung in den Jagdbüchern. Denn die Fischotter, deren Füße ich in den rauen Kriegswintern zu sehen meinte, sind aus unseren Gegenden verschwunden. Weil meine Mutter mir *Tarka, der Otter* vorlas, verzichtete ich darauf, ihnen die ausgedachten Fallen zu stellen. Das Fell ist nicht so dick wie bei kaltem Wetter, aber dennoch brauchbar. Wenn der Fluss zugefroren ist, wird die Jagd für Pek und Gohr schwierig. Wie sie gemerkt haben, ist das Auflauern nicht sehr ergiebig, denn Geruchssinn und Gehör des Fischotters sind zu ausgeprägt, und dann: das Bogenschießen nachts, selbst bei Mondschein ... Wenn der Pfeil nicht ins Herz trifft, ist der Fischotter übrigens imstande, sich ins Wasser zu stürzen und in der Strömung zu sterben. Der eine trägt die große Reuse, der andere die kleine, außerdem den Bogen auf dem Rücken und den schweren Holzknüttel, der am oberen Ende dicker ist, um dem Schlag noch mehr Gewicht zu verleihen. Ihr Fluss ist die Ernée, dem großen, in den diese mündet, misstrauen sie, weil sie weder gesehen noch verfolgt werden wollen. Auf Eis und Schnee stellen sie Eichenfallen mit einer gespannten Haselrute, die den Kopf des Fischotters packen, wenn er nach dem Köder schnappt; er mag jedoch keinen erstickten Fisch. Auf eine im Nachtlicht helle Stelle – denn durch lange Beobachtung weiß man, dass der Fischotter sich zum Essen Uferplätze aussucht, an der die Steine heller sind, gelb zwischen den braunen – legen sie einen lebendigen, soeben mit der kleinen Reuse gefangenen Fisch in die große Reuse und stellen das Ganze ans Ufer, weit genug ins Wasser, damit der Fisch nicht stirbt, aber eben auch nur so weit, dass er unruhig zappelt. Die beiden Männer verstecken sich, Gohr hält eine schmale, an die Reuse gebundene Leine in der Hand. Der Fischotter hört die Schwanzschläge, glaubt den Fisch in einem Tümpel gefangen und findet den Eingang der Reuse, Gohr merkt es und stupst wiederum Pek an, der barfuß und geräuschlos aufspringt, zwei, drei Schläge seines Knüttels treffen den mit dem Köder beschäftigten Fischotter. Im nächsten Augenblick würden Krallen und Zähne das Pflanzengeflecht zerreißen, es gilt also den Fischotter zu überraschen, bevor er seine Gefangenschaft entdeckt. Daher fertigt Pek eine grobmaschige Reuse aus verschlungenen, elastischen und widerstandsfähigen Wurzeln, wie etwa von der Ulme, sodass er sie einschlagen kann, ohne sie ganz zu zerstören. Ausbessern genügt. Da die besonders weichen Felle, Fuchs und Fischotter, zunächst für die Frauen, manchmal auch die Kinder sind, versuchen Pek und Gohr stets, zwei Tierhäute mit zurückzubringen. Bei uns ist das Fell der Fischotter dunkel, denn die Flüsse sind schwarz: dunkelbraun auf dem Rücken, bläulichgrau auf der Unterseite von Bauch bis Hals, sonnenhelles Braun an den Beinen. Nur an flachen Stellen, dort, wo das steinige Ufer auf der Höhe des Wassers liegt, kann ein Fischotter leicht an Land gehen, aber die Männer haben sich diesen Platz nicht zufällig ausgesucht, sondern an einer schlammigen Stelle den sternförmigen Abdruck des Fischotters gesehen, dessen Zehen sich beim Aufsetzen der Füße spreizen. Vor Einbruch der Dunkelheit ausgekundschaftete Plätze. Ein Fischotter kann nachts alleine und geräuschlos fischen, durchsucht stromaufwärts die dunkle Strömung. Gelegentlich sind sie zu zweit oder zu dritt, spielen und tauchen im spiegelnden Mondlicht, Gohr und Pek hören sie. Mit Anbruch der Morgenröte lässt sich der Fischotter wieder langsam stromabwärts treiben. Es gilt also ihm zuvorzukommen. Die Jagd führt Gohr und Pek bis zur Mündung der Ernée in die Mayenne. Sie suchen, weil sie nun schon einmal dort sind, nach Steinen, die es bei uns nicht mehr gibt. Sie stammen aus anderen Zeiten, sind entweder vollkommen flach oder aber von Jahrhunderten der Reibung zu länglichen, schmalen Flusskieseln geworden, deren abgerundete Spitzen als Stößel dienen oder sich zu einem Beil schleifen lassen. Nachdem sie sich von der ohrenbetäubenden Strömung entfernt haben, hören sie das helle Geräusch rhythmisch aneinanderschlagender Steine. Wie bei jedem Handwerk: eine Abfolge von Schlägen, dann Stille, die haltende Hand wendet das Stück, und der seitlich geneigte Kopf prüft das Ergebnis, bevor die schlagende Hand eine weitere Reihe regelmäßiger Schläge ausführt. Gohr und Pek sehen sich an, das stammt nicht vom roten Kopf des Spechts, sie erinnern sich noch gut an die Steinwerkstatt am Ufer des Flusses. Gehen dem Geräusch entgegen. Pek steigt auf einen der Sicht förderlichen Baum. Klettert herab und berichtet Gohr: Zwei Männer, mit nacktem Oberkörper, bearbeiten den Stein, ein Stück weiter weg eine Frau und Kinder, in der Nähe ein halb aus dem Wasser gezogenes Floß. Mit einem Holzsplitter graben sie auf weichem Boden ein Loch, werfen die abstoßenden, rot gehäuteten Körper hinein, die stinkenden Eingeweide. Schütten wieder zu und streuen mit den Füßen tote Blätter darüber. Zuhause, das heißt vor dem Haus, direkt am Feuer, steckt Pek den Arm ins Fell, seine Faust füllt den Fischotterkopf aus, kurze Ohren, aber lange Tasthaare. Ouen, sagt er und deutet mit dem Zeigefinger auf den Bauch seines Sohnes, *utta*, sagt er dann und zeigt auf das Fischotterfell, in dem sein Arm weiche Bewegungen vollführt, als gleite es durch das Gewässer, den augenlosen Kopf bisweilen hochgereckt. *Ut*, wiederholt Ouen, der seine kleinen Zeigefinger wie Tasthaare an beide Mundwinkel legt. Zu den Frauen gewandt erklärt Gohr, dass diese Haare dem Fischotter die geringsten Schwingungen der Fische im Wasser anzeigen. Müa und Suwau, ihr Kind auf den Knien, schlafen fast ein, sehen nicht, wie die durchscheinenden gelben Flossen im dichten Wasser an borstige, bewegliche Haare streifen, sicher auch die schuppenzerfetzenden Zähne nicht! Durch jedes Fell stecken Pek und Gohr einen gebogenen grünen Ast. Es ist das älteste Spannverfahren, auch wir pflegten es noch mit den Kaninchenhäuten, die uns Wanderhändler für ein paar Centimes pro Stück abkaufen kamen; oft waren sie barfuß.

Ist es, weil sie jung und verspielt sind, zugleich geistig rege und körperlich flink? Oder suche ich einfach schnell nach einfallsreichen Lösungen für ihre praktischen Probleme? Stets habe ich das Gefühl, dass sie erfinden, und zwar mühelos. Tatsächlich beruht das verstecktere Wissen Gohrs und Peks, Suwaus und Müas, auf einem Urgrund undurchdringlicher Jahrtausende, aus dem nur unbestimmte Erinnerungen aufsteigen, Berichte Legenden technische Ratschläge, vermengt mit dem Rauch der Feuer und dem Nebel des Schlafs. Wenn sie wissen, dann weil man es ihnen gezeigt hat, aber sie erinnern sich nicht genau. Geist und Körper erfinden und finden auf scheinbar natürliche Weise die verborgene Antwort. Vor ihren Eltern, den Nachbarn aus dem Dorf gab es andere Eltern, und vor diesen wiederum Menschen, von denen sie nichts wissen. Ich kenne diese jahrtausendealte Kette besser als sie, und vermutlich ist das, was ich entdecke, eine vor Langem abgeschickte

Nachricht, die jetzt erst eintrifft. Sicher, sie verfügen weder über die nützlichen Gegenstände noch über das Savoir-faire, das selbst während der Kriegsjahre und noch bis vor Kurzem auf den Höfen üblich war, noch über all die Vorrichtungen, die den Alltag in unserem holzgetäfelten Steinhaus erleichterten, können sich aber dennoch Zugang zu allem verschaffen, indem sie es erfinden. Oft ist es keine Notwendigkeit, die sie zu einer Verbesserung veranlasst, sondern der spielerische Geist, der die Materie erkundet, der in sie einzudringen versucht, sie umtanzt und in die Luft wirft. Sie überraschen einander, lachen. Seitdem ich mit ihnen zusammen bin – zunächst nur einer, dann vier, inzwischen sechs –, schaue ich ihrem Tun zu, und nicht immer weiß ich, ob sie spontan ein Mittel finden, Freudensprünge des Denkens, oder ob sie unbewusst aus den unzähligen Gewohnheiten schöpfen, auf die sich ihre Kindheit stützte und immer noch stützt. Wohl bedarf es einer gewissen Erfahrungsdauer, um festzustellen, dass die Beile ihren Stiel sprengen, dass die Schläge hingegen abgefangen werden können und der Stiel gar nicht mehr oder weniger oft bricht, wenn die Klinge in einem Zwischenfutter aus Hirschgeweih steckt, das wiederum in den Holzschaft eingeführt wird. Umgekehrt schlägt Pek, der Steine im festen Griff einer Wurzel gesehen hat, probehalber den Kopf eines von ihm und Gohr geschliffenen Steinbeils in einen Eschenast (fast alle Stiele sind aus Eschenholz), um das natürliche Einklemmen als mögliche Befestigungsart auszuprobieren. Diese Idee sollte sich durchsetzen, die Archäologie beweist es, und insofern ist Pek ein Erfinder, zumindest ein Erfinder für ihre Gemeinschaft. Die Wirkung kann ich nicht begutachten, es dauert drei, vier Jahre, bis die Fasern den Stein fest umklammert halten. In dem kleinen Holzschuppen der Familie, die mir die aus der Erde geborgenen Beile zeigte, legte ich die vier polierten Steine zum Fotografieren auf ein Brett und blieb dann alleine mit den Gegenständen, die sie einst berührt hatten; berührte sie nun meinerseits, schwere Beile, glatt, aber schartig, schon seit Langem ohne Stiel, sogar das, welches, sicher später entstanden, zum Bestielen durchlocht und wohl als Dechsel gebraucht wurde. Weshalb also stießen sie, verstreut und in der Stille verloren, unter den unsichtbaren Sternen an die Pflugschar? Womöglich stehen sie den Menschen zu nahe, wollten von selbst bei ihnen sein und sind nun, in ein Tuch gebettet, in jener Schachtel versammelt. Vielleicht stiegen sie allmählich aus ihrer Zeit empor, wie in den gepflügten Loiseau-Feldern oben auf dem Hügel, denn obwohl die Tiefe mit dem Schraubenschlüssel immer gleich eingestellt wird, tauchen regelmäßig wieder neue Steine auf. Oder aber ist die Erde, über die ich bei der Kartoffelernte so gerne barfuß lief und die ich immer »unsere Erde« nannte, in Wirklichkeit ihre Erde: Asche, Abfälle, Schlamm, von Schritten und Regen aufgeweicht, im Sommer zu Pulver zerrieben, zu luftleichtem Staub? Staub zeugt von der Anwesenheit des Menschen, sagen die Archäologen, wie aber soll ich ihn finden, den von ihrem Tun aufgewirbelten durchsichtigen Film, der sich Tag für Tag auf die Blätter oder die Erde legt, den die Insekten zerstäuben oder den das Gewitter fortschwemmt? Langsam wandern ihre Werkzeuge durch die Erde und erscheinen eines Tages, vom Klirren des Eisens verraten, vom reinwaschenden Regen freigelegt, wieder an der Oberfläche. Ebenso lassen die Verschleißspuren meines Lebens und das Pflügen über Kreuz in meiner Erinnerung die Bilder aufsteigen – und sie bezeugen die Tatsachen.

Ende Juli, die Vogelkirschen. Herrlich üppig, fast schwarzrot. Jede für sich spiegelt den Himmel, ihr Saft färbt den Mund blau. Sie essen sich satt, pflücken, bringen Zweige mit nach Hause, geben jedoch Ouen, der die Kerne verschlucken würde, keine. Suwau nimmt den Mund voll, spuckt die Kerne aus und füttert ihren Sohn von Mund zu Mund. Die Kerne werden mit Steinen zerstoßen, in einer Holzschüssel trennt das Wasser Mandeln und Schalen. Auch die Vögel mögen die Mandel besonders gern, klemmen häufig den Kern in den Spalt eines Zaunpfahls und hacken mit dem Schnabel, bis die Schale zerspringt. Morgens gehen Gohr und Pek rings um das kleine Feld auf die Jagd: Nach dem Gurren im Morgengrauen kommen Ringel- und Turteltauben den Ähren zu nahe. Ihre Mittagsruhe findet nun nicht mehr am Waldrand statt, mit Blick auf das Tal oder die Auerochsen, die aufgrund ihrer früheren Ruhezeit schon wieder zu grasen beginnen, sondern direkt am Feldrand, um mit Stimmen und Geräuschen die Vögel, groß oder klein, daran zu hindern, sich auf die Ähren zu setzen und sie abzureißen. Kurz darauf die Ernte. Vermutlich Anfang August, ihr im Übrigen recht wechselhaftes Klima gleicht unserem. Müa entscheidet zwar, möchte aber, dass alle mitmachen. Die Frauen mit feuersteinbewehrten Holzmessern, die Männer mit ihrem Dolch. Sie nehmen nur die Ähren, eine nach der anderen. Leeren ihre Taschen auf eine gespannnte, anschließend an den Ecken verknotete Tierhaut. Vor dem Haus wird der Ballen gedroschen, so machen sie es für gewöhnlich mit den Zaun-Wicken, den Erbsen und den geernteten Körnern. Die Frauen benutzen einen eigens dafür bereiten Stock, die Männer greifen nach ihrem Wurfstock, ein in etwa armlanger, leicht gebogener Knüttel aus knotigem Holz – Weißdorn Hagebutte Stechpalme –, mit glattem Körper und abgerundeten Enden. Ich habe mir selbst einen geschnitzt. Da die Länge so berechnet wird, dass dem Werfenden das Gewicht gut in der Hand liegt, ist jeder Stock zwangsläufig auf seinen Träger zugeschnitten. Zwar nicht schneller als ein Pfeil, aber doch als das Anlegen des Bogens, kann er, kräftig ausgeworfen, bis zu sechs Fuß weit töten. Der Wurfstock gilt als ideal, um einen Sack Körner zu dreschen, ohne ihn zu beschädigen. Wenn Müa den Ballen aufknüpft, blasen sie über die Hüllen, entfernen die Stängel, das Rückgrat der Ähre, schütteln, blasen abermals (blasen ringsum in verschiedene Richtungen), und endlich zeigen sich die Körner, schwere, geschmeidige Masse auf dem Boden der Hirschhaut. Wollen anfassen – ja, sie haben vorher ihre Hände im Bach abgerieben –, greifen gemeinsam hinein. Rötliche Körner, zum ersten Mal halten sie, außer Müa ihre früheren Körner, diese Materie in Händen, ihre weißen Zähne verkünden Freude und Staunen. Ich verstehe. Ich habe immer meine Hand in die Körner getaucht, ob Weizen Gerste Hafer, um das schwer Fließende auszukosten und die Ernte in meiner Handfläche zu spüren. Es ist noch nicht die erst später eingeführte Gerste, deren lateinischer Name, *hordeum*, durch einen lautlichen Zufall an die zwischen den Meeren irrenden Horden mit zerzaustem Haar und hohen Stöcken erinnert. Womöglich ist es auch kein Dinkel, dessen Körner durch ihre dreifache grüne Einkleidung schwer auszuziehen sind. Bliebe also, die Farbe bezeugt's, eine frühe kleinkörnige Weizensorte, Vorfahre des milchigen Weizens, den ich früher von den Tüchern des Mähbinders hochnahm. Wie viele Ähren mögen sie haben? Wohl zwei, drei Taschen voll. Genug, um zu probieren: *mel* mit Quellwasser, ein Teig, der auf dem Stein oder zwischen zwei, noch weiter ins Feuer geschobenen Steinen gebacken wird. Genug, um einen Samenvorrat anzulegen, denn Müa möchte nicht, dass das, was sie so lange aufbewahrt hat, sofort im Mund zergeht. Nicht als eine Vorsichtsmaßnahme wie später alle Ackerbauern, die diesen Vorrat an einen Balken ihres Speichers hängten, sondern schlicht aus Achtung vor dem Geschenk des alten Mannes. Das anschließend geschnittene Stroh nehmen sie mit und legen es in der Sonne aus. Gebleicht wird es ein paar Tage später im Haus als Streu unter den Fellen verwendet, und auch das macht sie glücklich, sie lachen über jede Verbesserung. Pek möchte für sein Kind ein kleines Bett bauen, gekreuzte Ledergurte über einem Rahmen aus gepaltenem Holz für die vier Seiten. Bestimmt wird er auch Luls anfertigen, sobald sie aus der Wiege herauswächst. Außerdem hat Pek eine Elster gefunden, die, vom Gewitter aus dem Nest geworfen, noch nicht richtig fliegen konnte, jetzt bleibt sie bei ihnen, flattert umher, sitzt auf einen Krümel lauernd in der Nähe und hat nicht die geringste Angst vor Kaab, die sich wiederum mehr um ihre Welpen kümmert, zwischen denen Ouen umhertollt und manchmal auch Lul auf dem Boden sitzt. Wenn Gohr dem immer näher kommenden Vogel kleine Fetzen Fleisch zuwirft, spricht er mit ihm. Wieder sein Verlangen, das Bewusstsein der Tiere zu ergründen – doch was könnte er lernen von einer frischgeschlüpften Elster, auch wenn sich ihr Ei in einem schwankenden Dornennest im Himmel geöffnet hat? In Wirklichkeit interessieren sich Elstern nur für das Fleisch, manchmal sieht man sie in der blutigen Wunde auf dem Rücken der Grasfresser picken.

In ihrer Kindheit brach im Winter eine Gruppe zum Jagen auf, ging so weit wie möglich und kehrte mit Fellen beladen zurück, einer Spur nach, die nur lesen konnte, wer selbst die Zeichen in die Rinde geritzt hatte. Jetzt, wo sie sich niedergelassen haben, bleiben Gohr und Pek in dem kreisförmigen Gelände um das Haus (zwei Häuser nebst Scheunen, das, was wir nach dem mittellateinischen *villare* inzwischen *Weiler* nennen). Dort befindet sich das Feld, auch der gefällte Baum, unter dem Gohr zunächst Schutz gesucht hatte und den er nun als Behelfsbehausung einrichtet. Dort füttert Gohr im Winter, dort haben sie ihre Hochsitze. Die Wölfe halten sich von dem Gelände fern, das der Mensch täglich mit seinem Geruch markiert: ob er die Bäume unten berührt, ob er pinkelt, während er auf ein Rascheln im Laub oder ein Flügelschlagen wartet, oder einfach nur geht, schweißgeflecktes Sandalenleder. Ich erinnere mich, wie wichtig Sandalen für einen Sommertag waren. Während des Krieges fertigte der Dorfschuhmacher unsere Sandalen. Zwei- oder dreimal stellte ich in dem dunklen, wohlriechenden Laden meinen Fuß auf das dicke Leder, und der Schuhmacher skizzierte den Umriss darauf, ein Kinderfuß verändert sich ständig. Doch wahrscheinlich tragen sie nicht nur gefütterte und genähte Auerochsenhaut, ihre Sandalen können auch aus Rinde, Linde, Ulme sein oder aus gerotteten, geflochtenen und zu Sohlen verarbeiteten Brennnesselfasern. Der Waldboden ist weich und sauber unter den wuchernden Arten, enthält weniger Brombeersträucher, als wir sie zu bekämpfen hatten, sobald sie sich in der Sonne ausbreiten konnten (sie zerkratzen mir immer noch die Hände); das durchziehende Vieh tritt kaum angedeutete Wege aus, die nirgendwo hinführen und mehr oder weniger ineinander münden, aber Gohr und Pek immerhin erkennen lassen, wohin sie den Fuß setzen. Zum Glück keine Kreuzottern bei uns, nur lange schmale Blindschleichen, die ebenfalls am liebsten hausen, wo die Sonne wärmt. Wenn die Jäger auf der Suche nach einem Rehbock durch den Wald laufen (der weiße Fleck des erhobenen Schwanzes gesichtet, und sie pirschen sich heran), bemerken sie durchaus die seltenen Arten, die sie bei niedrigem Baumsaft werden schneiden können: Stechpalme, um ein paar Bögen vorrätig zu haben, Buchsbaum für hartes Werkzeug (Ahlen zum Nähen von Leder oder Retuscheure für Feuersteinklingen) sowie Speierling und Kornelkirsche, die ein ebenmäßiges, glattes und dichtfasriges rötliches Holz haben. Als Kind wusste ich in einem bestimmten Radius um das Haus alles von meinem Gelände, das nicht so ausgedehnt war wie ihres: welche Eiche länglichere Eicheln abwarf, in welchem Graben ich Dolden-Milchsterne finden konnte, um wieder einmal zu überprüfen, ob sich ihre grüngeäderten Blüten tatsächlich, wie es hieß, genau um elf Uhr zu öffnen begannen, und auf welcher Böschung der heute fast verschwundene Quendel wuchs. Im

Osten gehen sie bis zu dem Sandsteinhügel im noch Wald gebliebenen Wald, einer Stelle, an der unserem Dorflehrer zufolge der letzte Wolf getötet wurde. Auf diesem steinigen und trockenen Gelände gibt es, und gab es wohl immer schon, Kiefern, die sonst nicht vorkommen, nur auf einem Höhenrücken in der Nähe des Teichs, fünfzehn Kilometer weiter westlich. Pek holt ein paar grob behauene Holzschälchen aus seiner Jagdtasche. Nachdem er den Stamm der Länge nach gespalten hat, um ihn ausbluten zu lassen, klemmt er ein Schälchen unter die Kerbe und deckt einen Zweig darüber. So gewinnen sie Harz für die Fackeln und zum Verkleben der Fäden. An anderen Stellen sammeln sie Ulmensaft oder Birkensaft und -rinde, mischen zerstampfen erhitzen, bis ein Pech entsteht, das noch in unserer Hand von seiner Kraft und ihrem Geschick zeugt. Gohr jagt, während Pek die Kiefernrinde öffnet und die verharzten Schälchen wechselt. Seit Langem gebrauchen sie untereinander ein Vogelpfeifen, Ruf und Antwort, das ihnen zur Orientierung dient. Erfundenes Zwiegespräch. Das Pfeifen im Rhythmus der Vögel flößt dem Wild nicht die geringste Angst ein. Und auch ein fremder Jäger würde Vögel vermuten, denen er noch nie begegnet ist. Da sind die Augen, zwei kleine schwarze Augen ... Wie jeder geräuschlose Wilderer ertastet Gohr den Boden unter seinen Schritten und schärft seinen Geruchssinn, gelegentlich riecht er das Wild, einzelne Pflanzensorten und immer die Erde, trocken oder feucht (dabei spreche ich nicht von den Wildschweinen, deren Lager sich noch einen halben Tag nach dem Aufbruch in der Luft verrät); doch vor allem sein Blick erfasst Fernes und Nahes, was wohl oben auf den Bäumen und rings um seine Füße ist, das Ganze sehr schnell, und als das Bild der beiden schwarzen Augen in sein Bewusstsein dringt, ist er schon weitergegangen. Nach einem kurzen Umweg nimmt er wieder denselben Weg: niemals rückwärts gehen, das eingekuhlte Wild begreift sonst und flieht. Sucht erneut nach ihnen ... Ach, das also, sie bewegen sich nicht: Holzaugen, Knorren, auf die gewöhnliche Art einmalig, hier, über der Schnauze aus Holz, zwei, die ihn alarmierten, bevor er überhaupt richtig nachdenken konnte. Gohr sieht den schwärzlichen abgebrochenen Kiefernast, beugt sich runter, sammelt den krummen Splitter auf, zwei Augen in einem Gesicht, das einmal dem Stamm zugewendet war, jetzt aber rötlich glänzt. Direkt neben der Bruchstelle ist der Ast sogar verkohlt: Blitz oben auf dem Hügel. Gohr hält das Stück, sieht schnell, wo es beschnitten werden muss. Schließt zu Pek auf: »Ich habe Patr gefunden, Blitz hat ihn hervorgeholt!« Der Splitter ist scharf, knotiges Holz, zwei kleine, angeknackste Verzweigungen außen geben innen zwei kugelige schwarze Augen frei, ein staunendes mundloses Gesicht. Diese Entdeckung überrascht mich. Ich hatte mir vorgestellt, Gohr und Pek gingen auf Hasenjagd. Jagten den »wechselhaften« Hasen, der sich winters in Weiß kleidet. Unserer, der »gewöhnliche Feldhase«, der lange als verhext galt, fürchtet das Rascheln der Blätter im Wald.

Nun kommt der Winter, keine Holzfeuer mehr, weder die sommerlichen aus trockenen Gräsern, Efeu, Totholz und welken Blättern im Garten noch die, die wir am Feldrand aus Heckenschnitt, hohen Gräsern, Brombeergestrüpp und abgeschlagenen Zweigen in den trüben Herbsttagen anzünden. Ich wollte, die Mistgabel in den Boden gerammt, meine Gefäße darin brennen, doch es gelang mir nicht. Ich ging in der Nachbargemeinde graben, wo sich einst die kleine, Anfang des Jahrhunderts geschlossene Ziegelei befand, und brachte den gleichen bläulichen Ton mit zurück, den auch Suwau gefunden hatte. Ich begann, ihn anzufeuchten, zu kneten, ihn mit dem gebrannten Ton eines mit dem Hammer zertrümmerten Halb-Pflastersteins zu magern – rosafarbenes Pulver (kleine, dicke Pflastersteine aus dem siebzehnten Jahrhundert, früher sicher der

Fußboden des Hauses, die ich in der Erde von Höfen Terrassen Gärten finde und seit meiner Kindheit in einer Scheune aufbewahre) –, aber in den seltenen Momenten, in denen es mir gelang, drehend die Tonwülste für die Gefäßseiten aufeinanderzusetzen, war das geformte Material zwischen meinen Händen entweder zu trocken oder zu weich, und es endete jedes Mal damit, dass ich den Napf, der trotz seiner dicken Wände rissig wurde, einstampfen und wieder mit der übrigen Masse verkneten musste. Ich verstehe, dass sich Suwau zurückzog und darauf versteifte, die genaue Mischung zwischen Wasser und Erde, zwischen klebrigem Ton und bereits gebrannter, bröckelnder Erde zu finden. Danach das Trocknen, das auf keinen Fall zu schnell geschehen darf, da der Ton sonst brüchig wird. Und schließlich das Brennen, sobald es möglich scheint. Das Feuer hat nichts Beunruhigendes für Suwau, zwar ist es schwer zu beherrschen, aber sie versteht es, im stetigen Wandel des verzehrenden und vergehenden Feuers Flammen, Glut und selbst heiße Asche zu nutzen. Wie ich glaube, hat Gohr, bevor er das Frühjahrsfeuer an der großen Feuerstelle anzündet, an der üblichen Stelle einen eingetieften, hinten und seitlich mit Steinen gepflasterten Ofen gebaut, den sie, wenn sie weitere Steine darüberschichten und darauf ein Feuer entfachen, zum Dünsten nutzen. Doch möglicherweise ist er für die Tongefäße nicht groß genug. Höchstens drei Näpfe würden hineinpassen. Das bedeutet also, dass Suwau sich wohl einen Ofen gebaut hat oder noch bauen wird – innen mit Lehm verputzt, der bald gebrannt sein wird –, und tief genug, um das herzustellen, was die Archäologen beim Auffinden der Überreste als Erzeugnisse des »Grubenbrands« bezeichnen. Ein kleines, tief ausgehöhltes Gefäß, dessen Ausbauchung sich in der Nähe der Öffnung leicht verringert, ringsherum drei in gleichmäßigen Abständen angebrachte Knubben, »Brustwarzen« genannt (die Erde ist weiblich), die ihrerseits mit Löchern für eine Schnur versehen werden, um das Gefäß außer Reichweite der Nager aufhängen zu können. Der Gefäßboden ist eher knollig als flach, an den Seiten noch Spuren des Feuers. Der bläuliche Schlamm färbt sich beim Brennen nicht nur rosa, sondern erscheint, von aller Asche befreit – Puste, Federwisch, einfacher Ringeltaubenflügel –, mal geflammt, mal schwärzlich … Ich wage es nicht zu sagen: Genau das hätte ich gerne gekonnt, hätte mich schon mit einem primitiven kleinen Gefäß zufriedengegeben; wenigstens würde ich sie gerne kurz in Händen halten, die Rundung der gebrannten Erde, die klirrt, wenn Suwau sie mit staubigen Fingernägeln anschnippt. Anderswo sah ich, wie an Fluss- oder Seeufern Näpfe mit zwei kleinen Henkeln oder Tassen mit nur einem geborgen wurden, und ich weiß, dass auf manchen tiefen Vasen noch immer Abdrücke weiblicher Finger zu sehen sind. Ihr Entdecker mag den Zeigefinger auf die lauwarme Markierung gelegt haben, vor dem Brennen von den Händen einer Rau hinterlassen, die es, wie Suwau, nach Ton und Feuer verlangte. Beim Graben in der Erde meines Gemüsegartens habe ich lediglich den braunen, fast schwarzen Boden einer Tonschale gefunden. Bloss die innere Höhlung, von den ringsum abgebrochenen Wänden nurmehr ein Zackenrand übrig, die kleine Unterseite ist flach und nicht wirklich rund. Zwar wäre es denkbar, dass diese irdene Scherbe bäuerlicher Herkunft und nicht älter als ein oder zwei Jahrhunderte ist (den Garten gibt es seit zweihundertzwanzig Jahren), doch ihrem Aussehen nach ähnelt sie, obgleich dunkler, eher den Töpfereien Suwaus. Wie gerne würde ich aus der Erde, nur eine Armlänge unter dem Weg, der so eng ist, dass die Kühe auf halbem Hang bedächtig hintereinander herstapfen, eines jener ersten Gefäße bergen, die womöglich noch bei der Quelle vergraben sind. Ja, ich wollte, wenn es erst einmal von der Erde in seinem Innern befreit ist, meine Hand, zwei Finger hineingleiten lassen, um das zu berühren, was nach ihnen, Suwau, Müa, den Kindern – niemand mehr berührt hat. Die Augen am Rand des Loches, um das Dunkel so zu sehen, wie sie es sahen, fast so wie jenes, das sich abends zwischen sie schiebt – sie rücken dann zusammen, bis ihre Schultern sich berühren – ein Dunkel, das, über lange Zeit verdichtet, meinen Blick von ihrem trennt. Mir bleibt unter den Nagelrändern Suwaus Lehm, genau der gleiche.

Gohr zeichnet in die verstreute Asche: den Fluss überqueren, seinem Lauf auf der anderen Seite folgen, die Fischer hier, oder vielleicht dort … Suwau wird Ouen tragen müssen, nicht bei den Walderdbeeren anhalten dürfen. Oder wenn er will wird Pek ihn zuerst tragen, und dann nimmt Suwau das Kind, damit Pek, mit seinem Knüttel und dem Bogen quer überm Rücken, sie auf dem unebenen Waldboden jederzeit verteidigen kann. Alle vier haben eine Jagdtasche bei sich, allerdings nicht zum Sammeln. Die Frauen sind vergnügt, aber schweigend der Unternehmung gefolgt. Wie immer erreichen sie die Ernée dort, wo unser Bach, durch grashaltige Zuflüsse angeschwollen, still in den lebhaften flachen Fluss mündet. Nachdem sie diesen über Stamm und Stein überquert haben, folgen sie den Mäandern, bis Gohr stehenbleibt: »Hört«, bedeutet er mit dem Zeigefinger vor dem Ohr, zeigt in die entsprechende Richtung, fernes tack tack tack, klirrende Geräusche von Stein, »sind also da!« Als sie näherkommen, lassen die überraschten Männer ihre Arbeit liegen, verschanzen sich hinter dem Felsen, der ihnen als Werkbank dient, und greifen nach ihrem hölzernen Fischspeer mit seinem gut sichtbaren feuergeschwärzten Dreizack. Sie wiederum nähern sich mit ausgestreckten Armen, in den Händen das Mitgebrachte: Gohr und Pek Fuchsfelle, Suwau eine Rindenschachtel und Müa etwas, das nicht zu erkennen ist. Langsam und stetig kommen sie näher. Suwau und Müa, etwas weiter hinten, sehen, dass vom lärmenden Ufer aus mehrere Frauen oder

Mädchen zuschauen. Drei Männer, langer Bart, zusammengebundenes Haar, nackter Oberkörper. Der eine in voller Kraft, der andere sehr viel älter, weiße Haare im Bart, hinter ihnen ein ganz junger, mit einem Stein in der Hand, ohne Fischspeer. Bestimmt mustern sie prüfend den starken Knüttel, den Gohr und Pek unter dem linken Arm halten, sowie den tief an der rechten Hüfte hängenden Dolch, doch sie rühren sich nicht. Als die beiden Gruppen nah genug sind, beginnt Gohr im Weitergehen zu sprechen. Ich frage mich, welche Wörter wohl zu verstehen sind, Wörter aus verschlungenen Wurzeln einer Ursprungssprache, die womöglich weit jenseits von Nacht und Raum, Richtung Osten, gemurmelt wurde. Doch woher stammte der Urahne jener am Ufer der Mayenne geborenen Fischer? Ton und Blick wenigstens verleihen dem zu den Gesten vernehmbaren Geräusch der Münder einen Sinn. Der junge Mann nimmt mit der Linken die von Gohr gereichten Felle und gibt sie dem alten Mann, der wiederum den Fischspeer an die Werkbank lehnt und das Fell auf seine Geschmeidigkeit prüft, an einzelnen Stellen Haare herauszupft. Tut dasselbe mit den Fellen, die nun Pek aushändigt. Danach reichen sie die Füchse zurück. Suwau öffnet eine von Pek genähte Rindenschachtel, die beiden Männer schauen hinein und drücken die Seiten zusammen, prüfen ihre Widerstandsfähigkeit. Suwau zeigt sodann das Gefäß: Gegen den Stein schlagen? Nein, bedeutet sie; stattdessen steigen über drei kleinen vom Boden aufgelesenen und auf der Werkbank gekreuzten Ästchen ihre Hände empor, um eine Flamme zu mimen: Ja, das Gefäß kann ins Feuer gesetzt werden! Der junge Mann sagt etwas zu den Frauen. Eine junge Frau nähert sich, mit einem kurzen und leichten Kleidungsstück ganz aus geflochtenen Lederriemen, die Beine und Füße nackt. Suwau vollführt nochmals dieselben Handbewegungen und hält ihr das Gefäß hin. Die junge Frau bleibt zurückhaltend, doch Suwaus Lächeln animiert sie, das irdene Gefäß mit der linken Hand zu nehmen und mit der anderen zum Klingen zu bringen, tock-tock tock-tock, sie lächelt und reicht den Gegenstand zurück. Der alte Mann spricht mit dem jungen, der seinen Stein ablegt, losrennt und zwischen den nackten Zweigen der umgestürzten Bäume, die wohl eine Brücke bilden, verschwindet. Gohr hofft, dass er keine Verstärkung holen wird. Müa kommt näher, um ihre Holzschälchen zu zeigen, vier, jeweils paarweise übereinandergestülpt. Sie tritt zurück, damit man sie sehen kann, beugt schmerzverzerrt das Knie, bewegt, wieder schmerzverzerrt, die Schulter, tut so, als nehme sie etwas Salbe aus einem Schälchen, reibt die schmerzende Stelle und zeigt mit breitem Lächeln: Das Bein kann wieder gebeugt werden, die Schulter ist entspannt! Der alte Mann gibt den Frauen einen Wink, eine der ältesten kommt schnell gelaufen, Müa erklärt, die Gesten ihr zugewandt: Abermals lindert die Salbe – Wolfsfett, zerstoßene Zaunrübenwurzel – den von der Feuchtigkeit verursachten lebhaften Schmerz. Nun zieht Müa aus ihrer Jagdtasche ein verknotetes Büschel trockener Pflanzen und mimt Fieber, glühend heiße Stirn, Schütteln; Gohr, Pek und Suwau sehen belustigt zu, wie sie ohne das Mittel der Wörter mit Mund, Wimpern und Armen erst die Krankheit spielt, dann das Heilmittel, drei Zweige Kranzenzian in heißes Wasser eingelegt, das der Fiebernde trinken soll. Der junge Mann bringt einen Korb und stellt ihn auf die Werkbank. Die beiden anderen packen ihn aus. Dem Besucher werden Beile, lange oder kurze, polierte oder nur geschliffene gezeigt. Gohr und Pek legen mit der Rechten die Felle auf die Seite der langbärtigen Männer. Suwau und Müa verfahren mit ihren Gegenständen ebenso. Daraufhin suchen sich Gohr und Pek mit der zögernden Linken jeweils drei Beile aus, ein langes, ein breites und ein kleines. Gohr erkennt unter der Ware den blonden Feuerstein von der Loire, berührt eine Klinge, legt sie wieder zurück – nützlicher sind die Beile, aber es tut ihm dennoch leid. Gohr und Pek haben die Beile vor sich aufgereiht, der alte Mann legt die anderen in den Korb zurück und stimmt mit der rechten Hand zu: Nehmt, was ihr ausgesucht habt. Dank mit Geste und Stimme. Da beginnen die Handwerker in ihrer Sprache zu sprechen und zu lächeln, die Frauen treten näher, nackte Kinder unterschiedlichen Alters kommen herbei. Auch Suwau und Müa sprechen. Man lacht, dass man einander nicht versteht, während alle erzählen oder erklären, als würden sie gehört. Ein Finger deutet auf das tösende Gewässer, das die Stimme erheben lässt, und vermittelt Gohr den Klang, der für sie, die Fischer, »Fluss« bedeutet: so etwas wie (ein dumpf ausgesprochenes) *sröh*, ähnlich ihrem eigenen Wort, das ich *sreü* schreibe, um dem leicht getrennt ausgesprochenen ablautenden *ü* gerecht zu werden. Vermutlich ist es das sprudelnde Wasser, das den eigenen Namen mitführt und anschwemmt? Der alte Mann stellt eine Frage: »Woher seid ihr?« Gohrs Arm schlängelt sich wie der Fluss Richtung Osten, wirft nacheinander zwei Hügel auf und fällt wieder ab, danach ein Kreis: das Lager! Mit den Beilen in den Jagdtaschen brechen sie auf. Eine Frau bedeutet »warte!«, rennt los und kommt mit zwei Fischen zurück. »Jeuya«, sagt sie, und langsamer noch einmal »jeuya«, indem sie auf die glänzende, mit kleinen roten Tupfern übersäte Forellenflanke weist (Müa sollte die Fischer fortan *jeuya jeuya* nennen). Pek steckt einen Weidenstab durch die Kiemen. Gohr zieht ein Hermelinfell aus seiner Jagdtasche und reicht es Müa, die es einem jungen Mädchen schenkt. Sie gehen. Der junge Mann wagt endlich ein paar Schritte auf sie zu, drückt Gohr und Pek ein Stück unbearbeiteten blonden Feuerstein in die Hand. Lächeln. Sie gehen. Man schaut ihnen nach. Lange wandern sie die Mayenne stromaufwärts. Als es Gohr angebracht erscheint, biegen sie schräg ab und schlagen durch den Wald die fast entgegengesetzte Richtung ein, bis sie wieder die Ernée erreichen. Erst an ihrem Feuer, die Beile auf die Bank gebreitet, werden sie sich erzählen, was sie gesehen haben, aus den verschiedenen Tönen Gemeinsames schaffen, um den Sinn, die geringste Bemerkung zu ergründen, und mehrere Tage lang, wie unbestimmte Spiegelungen, die von dort drüben noch bei sich zu haben.

Wenn die Stiere um die Weibchen herumschwänzeln, beginnt der Sommer zu ermatten, Ende August, Anfang September. Lange kräftige Körner inmitten der gelblichen Gräser, zwischen den Schwänzen, deren Quasten die Luft peitschen und hartnäckige Bremsen vertreiben. Sie sind unruhig, die Stiere, leicht reizbar: Die Kühe werden gerade brünstig. Wo noch Staub ist, scharrt das eine oder andere Männchen mit den Klauen, wirft sich mit dem Vorderbein Erde auf den Rücken und brüllt, während es den von den Gerüchen der Färse befeuchteten Boden beschnuppert. Gohr und Pek bestielen die Beile, vier davon als Fällbeile, zwei als Dechsel, gut zum Entrinden. Vor dem Aushöhlen legen sie das Zwischenfutter aus Geweih, in das jede Beilspitze geschoben wird, lange in kaltes Wasser. Schmalere, mit einer Krümmung geschnitzte Stiele verleihen den gezielten Hieben noch mehr Kraft. Abfallende Kruppe, das männliche Hinterteil wirkt leicht, doch ein Muskelhöcker verläuft von den Hörnern bis zur Mitte des Rückens. Schwere Halswamme, ein helles, fast blondes Haarbüschel auf der Stirn, das Vorderteil hebt sich und fällt auf die Auerkuh, Fliegen und Bremsen gleich hinterher. Harter Fels splittert nicht wie Feuerstein. Sie müssen ihn erst finden, brechen, meißeln, mit einer Schnur und etwas Sand sägen und sogar polieren ... Gohr und Pek freuen sich an den neuen Beilen. Von Stein oder Holz blutende Wunden lassen sich mit Ulmensaft oder Ulmenrinde verschließen. Das Blatt der Erle wirkt wundheilend, aber mit einem eingerollten, um den Finger gewickelten Blatt arbeiten ... Wir behalfen uns, kaum praktischer, mit in Schnaps eingelegten Lilienblütenblättern. Die Jungtiere spüren die Brünstigkeit, drücken sich an die Kuh, möchten sich in den Himmel über die von sämtlichen Flügelsorten, Insekten und Schwalben flirrenden Wiesen schwingen, möchten tun, was sie nicht kennen und was doch durch den ausströmenden, in Wallung bringenden Geruch der Kühe ein so brennendes Verlangen bewirkt. Tun verdrießlich, trauen sich nicht, wittern, streunen, bekämpfen einander. Ur, das von Gohr getaufte Männchen, schnellt lauernd hoch, die Stunde ist günstig, die Vulven gehören ihm. Vier Jungtiere, die wissen, wer die längeren Hörner und den gefährlicheren Hals hat. Für sie der Duft, das Warten. Für ihn das Eindringen, warm aufgenommener Samen, der sich mit dem Geruch von zertretenen Binsen, Schlamm, Kuhfladen, noch blühendem Echten Mädesüß mischt. Gohr und Pek beobachten, ohne sich blicken zu lassen, lernen die Herde, die Charaktere und Kräfteverteilung verstehen. Erzählen später, geben ihnen – tun wir auch für unsere Rinder – einstweilen Spitznamen, der Wilde, der Junge, »der mit den offenen Hörnern«, von denen die jungen Frauen nichts verstehen. Im Sommer fällen Gohr und Pek kein Holz, jagen lautlos nach Essbarem. Nur die Vögel sind zu hören, zu dieser Jahreszeit eher ein Rufen, Eichelhäher und stets streitbare Elstern, Raben, die nicht nach Norden gezogen sind, Amseln bei Einbruch der Dämmerung. Eine Kuh muht, als wüssten die Männchen nicht auch stumm, und selbst bei Nacht, von ihrem Verlangen. Die fünf Monate alten Kälbchen saugen und stupsen mit der Stirn an das Euter, unter dem sie sich geborgen fühlen, gleichgültig gegenüber dem, was die Mütter, die Färsen, die kämpferischen, gereizten und nur widerwillig grasenden Männchen in Wallung bringt. Ur bezeigt seine Herrschaft mit ausgesuchter Langsamkeit. Mit geschürzter Oberlippe prüft er in der Luft den günstigen Augenblick, presst die Schulter an den Oberschenkel. Dann plötzlich das

Bespringen, kurz und brutal. Langsam entfernt er sich. Ur deckt jede Kuh mehrfach. An den tiefer gelegenen Stellen, die der Sommer nicht ausgetrocknet hat, ist der grünsamige Bärenklau ebenso hoch, wenn nicht höher als der Widerrist der Auerochsen, die aus dem Schlamm gezogenen Füße der Rinder verursachen ein saugendes Geräusch. Gohr erläutert, wie sie womöglich an die Milch kommen, befragt Pek dazu, muss zugeben, dass das Einschließen eines stillenden Jungtiers Mutter wie Kalb den Wölfen aussetzen würde, fragt sich, ob die Stimme ... Kaab versteht sie gut, doch der Auerochse müsste ihnen erst einmal zuhören wollen. Ein Abtropfsieb bezeugt, dass Milch verwendet wurde. Das löchrige Gefäß zwischen dem irdenen Geschirr Suwaus wird beweisen, dass sie, zumindest hin und wieder, melken. Suwau verwirklicht ihren Traum, hat Modar geformt und durch das Feuer geschickt. Der gebrannte Ton klingt hell, obgleich Arme und Haare schwer auf dem Bauch hängen. Müa und Suwau warten noch auf die Männer, wollen Modar ins neue Haus bringen, ihr zur Seite Patr mit dem von Gohr fertiggestellten Gesicht, das vom Blitz erwählt und durch einen Donnerschlag unter dem Knacken des Holzes offenbart wurde. Die Kinder sitzen, Suwau platziert Modar, und Müa lehnt Patr links an die Mutter. Pek legt Modar das für Ouen gedachte kleine, runde Hornamulett um den Hals. Müa lässt die unsicheren Händchen Luls ein Sauerampferblatt vor die Ahnen legen, in dessen Knick ein paar Körner des angebauten Getreides liegen. Gohr bringt die glühenden Scheite, verteilt sie, vier, alle blasen auf die Glut und lassen sie wieder abglimmen: Vor Modar und Patr steigen vier kleine Rauchsäulen auf, im Dunkel und der Stille sehen sie die Ahnen in Armlänge nur noch schwach. Ziehen sich zurück, klettern die Leiter herab und lassen die Tür offen. Draußen die Dämmerung. Das gegrillte Fleisch riecht leicht nach Rauch, der Wind hat sich gedreht. Gohr und Pek sagen nichts, essen schweigend.

Ich erinnere mich an ihre Gedanken, denen sie nun wieder nachhorchen: Sie kommen aus dem Tal, in dem die Auerochsen noch wachen mit ihrem Verlangen nach Frauen.

Wann genau, weiß ich nicht. Für mich, der ich Tag wie Nacht in ihrer Nähe lebe, ist es sofort. Für sie wechseln die Jahreszeiten mehrmals, obwohl die Zeit zwischen ihren einzelnen Gesten kurz ist, verglichen mit der langen Zeit, die ich zum Schreiben brauchte. Aber doch, bestimmt, die Jahreszeiten wechseln mehrmals. Ohne richtig rechnen zu können, habe ich so etwas wie einen Beweis: Zu diesem Zeitpunkt nämlich stillt Müa Lul nicht mehr. Und dann gibt es das Mehl. Lul tollt also mit Ouen umher, mit einer Kniehose, Sandalen aus Leder, tagelang angeln sie im Bach, ihr Lachen, ihre Schreie auf Höhe der Heuschrecken, Schmetterlinge und Libellen, die über dem Wasser hin und her fliegen. Wissen, wie man im durchsichtigen Nass der Zange des Flusskrebses einen Binsenstängel hinhält, um ihn flugs aus dem Wasser zu ziehen. Oder wie man einen Sperling am Fuß fängt, mit einer am Boden ausgelegten Schlinge aus von Dornen gezupftem Auerochsenhaar. Selbst schon Jäger und Angler, töten sie Schwächere ohne jede Furcht vor der Seele der Tiere. Sie sammeln die über Nacht gewachsenen Pilze, weißer Hut, der sich wie die Faust eines Säuglings über rosafarbene Lamellen ballt. Früher hatten wir so viele davon, nun sind sie ganz verschwunden. Auch ich war hungrig oder doch zumindest daran gewöhnt, vier Mahlzeiten täglich –, das runde und flache Brot zu schneiden zwischen all den dringenden Arbeiten: Holzschuppen, Garten, abschüssiges Gehölz, der Zaun, der an die vom Bagger eingegrabenen Pfosten gespannt werden will, Ausbessern der Futtertröge, Heckenstutzen, Apfelernte, Säubern der Regenrinne auf der Leiter oder Ausfegen des Speichers … Möchte ich deshalb unbedingt nachvollziehen, was sie essen? Viel Wild, Schnecken, kleine Fische, aber welches Grün- und Pflanzenzeug? Suppen aus grünen Blättern und Körnern, in die Müa etwas Abwechslung bringt. Ein Schulterblatt, dessen Schneide mit winzigen, in eine Rille geklemmten Feuersteinen versehen ist, dient als Hackmesser. Die Haselsträucher, die keine Angst vor den beherrschenden Eichen haben, konnten jahrhundertelang wachsen, sich erneuern und ausbreiten, die Sammler machen die Früchte den aufhüpfenden, fliehenden Eichhörnchen streitig, die, »duck, duck«, mit ihrem seltsamen Angstgeschrei zahlreich zurückkommen, fünf Junge pro Jahr, und so wendig, dass sie schwer mit dem Pfeil zu treffen sind. Ähnlich ist es mit den herben Birnen. Müa und Suwau legen sie zum Trocknen aus. Drosseln lassen sich unter den Birnbäumen nieder. Rotdrosseln mit grauem Bauch, die nicht singen. Besuchen auch uns im Herbst noch, fliegen auf, bevor ich näherkomme, jede mit einem bereits fernen Schrei. Pek und Gohr legen Schnüre auf dem Boden aus, in denen sie sich verfangen, während sie über die abgefallenen Birnen staksen. Im Abendfeuer gegrillte Drosseln. Auch Riesenschirmlinge sammeln sie, große beringte und bescheidete Pilze, deren Hüte mit braunen Flecken gesprenkelt sind. Im Herbst werfen die Pflanzen ihre Samen ab, für Müa der richtige Zeitpunkt zum Aussäen. Vermutlich haben sie ihr Feld im Hinblick auf das Gewicht des aufbewahrten Saatguts vergrößert. Auf mehreren kleinen, über die bestehenden Lichtungen verteilten Feldern wäre es hingegen unmöglich, die reifen Samenkörner zu schützen. Sie bauten also vermutlich ringsum einen neuen Zaun. Verglichen mit ihrem Gelände verfügen wir über weniger, dafür aber fruchtbareren Raum, auch ohne die Erde ausgiebig umzugraben. Unsere urbare Erde, entstanden aus fallenden und faulenden Blättern – Eichen, Linden, Ulmen und Sträucher – ist seit vielen Jahrtausenden, seit dem Ende der furchtbaren Kaltzeiten, immer nahrhafter geworden, denn beim Pflügen vermischten wir diesen Humus armweise mit dem darunter lagernden Sand. Pek wird, falls noch nicht geschehen, bald eine Art Rechen mit drei Holzzinken anfertigen, wie den, den wir vor dem Pflanzen des Futterkohls zum Vorzeichnen benutzten; mit seinen eng stehenden Zinken beginnen die Männer den Boden zu bearbeiten, ziehen an den nackten Wurzeln. Da Gohr beobachtet, wie dicht das Gras neben den Auerochsenfladen wächst – jene »Geilstellen«, die unsere Kühe nicht abweiden –, kommt er rasch zu dem Schluss, dass sich das Wachstum beschleunigen lässt, wenn er trockene Kuhfladen über Müas Aussaat bröckelt. Einfälle und Verbesserungen ergeben sich schnell, sobald beschlossen wurde, den Prozess des Pflanzenwachstums selbst in die Hand zu nehmen. Es ist der Wegerich, oder schlicht der Wegerichpollen im Boden, der auf ein früheres Feld verweist, denn er wächst nur dort, wo der Mensch die Erde bestellt. Wegerich, Beweis für den Ackerbau, sagen die Archäologen. Ich würde dasselbe für die Brennnesseln behaupten wollen, die um die Höfe wuchern. Vielleicht schneiden sie trotzdem welche, die Stängel sind hoch und inzwischen verhärtet, ein paar Armvoll zum Rotten. Müa erntet Samen vom Spindelbaum, zerstampft können sie Läuse töten. Mispeln, Spierlinge, Elsbeeren und Schlehen fallen in die Körbe. Die Mispeln werden gegessen, wenn sie schon fast molsch sind, die anderen Früchte, spärliches Fruchtfleisch, getrocknet. Jeden Herbst wieder die Jagd nach den Fellen. Kaab spürt es und wird unruhig, ihre Töchter ebenso. Der Hirsch indes hat seinen Frieden. Gohr, das haben ihn die alten Jäger gelehrt, will während der Brunftzeit keine Hirsche töten. Nachts, in der Morgendämmerung, wenn sie draußen sind und aus dem Wald eine röhrende Erklärung schallt, der aus der Ferne, weit jenseits von Blättern und Nebel, eine andere Stimme antwortet, dann sehen sich Gohr und Pek an, einig in der Achtung vor jenem innigen Leben. Das Wild soll sich in Ruhe fortpflanzen dürfen. Außerdem, auch das hat man ihnen wohl beigebracht, ist der Geschmack des Fleischs zur Paarungszeit strenger. Ebenso weigert sich Gohr, einen Hirsch zu erlegen, der sich auf den Hinterbeinen aufrichtet, um die Eicheln an den Zweigen zu ergattern. Er bewundert das Tier auf beiden Beinen, mit weißem Bauch, das Geweih auf dem Rücken, und so groß! In diesem Moment einen Pfeil abzuschießen, wäre unredlich. Jahr für Jahr zur selben Zeit tragen Frauen und Kinder Körbe (ich kannte noch die »Haselnuss-Ernterinnen« sonntags an den Wegrändern, den krummen Ast zum Herabholen der Zweige, Frauen aus dem Dorf und andere sammelten säuerliche Schlehen, um sie in eine »Schnaps«-Flasche zu füllen), die Männer jagen in der Nähe, sammeln gelegentlich, überwachen ständig. Ich schlüpfe durch die Zeit hindurch, ihnen nach, kann aber nicht wissen, um welches Sommerende es sich handelt. Ihre Spuren sind schließlich zu Pfaden und die Pfade zu Wegen geworden. Wege mit tiefen Fahrrillen. Manche von ihnen wurden zu Straßen verbreitert und geteert, doch die meisten, Hohlwege mit Laubdach, einfach abgeschafft von den Planierraupen, die jene stillen Wege mit der Erde von Böschungen und zermalmten Bäumen füllten – und so sind sie, obgleich Zeugen früherer Menschenschritte, vollständig ausgelöscht, nur noch dem Gedächtnis eingeschrieben, bald ganz verloren.

Wenn sich die Männer bei Schnee oder Frost aufmachen, entzünden und schüren die Frauen das große Feuer im Freien, so können sie sich bei der Rückkehr aufwärmen und trocknen, das Wild braten, die Felle wenden, oben auf einen Knüttel spannen und vor den Tieren in Sicherheit bringen, die sonst durch den Geruch angelockt werden. Wangenknochen und vor allem den Mund mit Fett bestrichen, gehen Gohr und Pek in die schneidende Luft hinaus, achten darauf, bei Frost weder laut zu sprechen noch einen toten Ast zu zerknacken. Himmel und Erde tönen wider. Die Tiere hören aus der Ferne noch das geringste Geräusch. Nichts jedoch, allenfalls das Pfeifen des Pfeils, fast ebenso kurz wie das Summen der vibrierenden Sehne. Gelingt der Schuss, dann ist das Eindringen ins Fell, in die Haut, nur für den Getroffenen vernehmbar, kaum vom Schmerz unterscheidbar. Ist der Schuss gar vollkommen, erstickt der Schrei des von der Angst überwältigten Tiers augenblicklich im hervorquellenden Blut. Auf dem Schnee knirschen die Schritte. Die Bäche schütteln ihre Eisschollen, die klirrend aneinanderstoßen. Gohr und Pek gehen, aus Spaß und Vorsicht, jeweils in den Fußstapfen des anderen, ein einziges Geräusch, eine einzige Spur. Mit dem Holz des Schneeschuhs streichen sie den Schnee glatt, um die Blutstropfen zu verbergen. Statt Fußabdrücke zu hinterlassen, tötet Gohr einen jungen Hirsch oder ein junges Wildschwein lieber an dem Unterstand, wo er Heu für die Hirsche aufhängt und seine Tasche voller Eicheln für die Wildschweine in einen hohlen Baumstamm leert, so wie wir den gehäckselten Mais in den Holztrog für Kühe und Rinder, die winters draußen bleiben. Wenn es regnet, nächtliche Regen, hinter denen kein Tag aufzugehen vermag, anhaltende, dichte Regen, die den spärlichen Raum zwischen Himmel und Erde füllen, gehen weder Gohr noch Pek hinaus, sie haben noch Fleisch vorrätig: Zu aufwändig wäre das Trocknen der Felle am Feuer im Haus. Auf der Wiese von Grise Haie suche ich nach der fehlenden Hütte. Noch haben die Auerochsen die tieferen Stellen des Tals nicht ganz abgeweidet, bleiben Schilf, Schwertlilien und Schachtelhalme, graue Engelwurzstängel, Zwergweiden, faulendes Gras, und dort sehe ich ihre Behausung: Holz Erde Binsen, sorgfältiges Flechtwerk aus erdigen Zweigen, kleine Scheunenanbauten. Vom Regen kriechender Rauch. Die Tür ist angelehnt. Ich werde nicht nähergehen – nicht etwa wegen Kaab, die sich unten am Fuß der Leiter in ihren trockenen Grashaufen verkrochen hat, sie kennt mich schon lange –, sondern weil ich, wollte ich mit aller

Macht die Tür öffnen, enttäuscht wäre und gar nichts mehr sähe, schlicht zu nah wäre! Man stürzt sich nicht auf eine halb geöffnete Tür, wenn Rauch aus dem Dach quillt. Nein, ich bleibe schreibend in einiger Entfernung sitzen, in einer mehrjährigen Konzentration (viereinhalb Jahre nunmehr) kommt, wenn auch kein deutliches Bild, so doch zumindest eine Wahrnehmung dessen auf, was sich im Dunkeln ereignet. Da es mir eine Notwendigkeit ist, warte ich und ziehe sie Zipfel für Zipfel zu mir heran. Nicht alles ist von Bedeutung, so stelle ich etwa fest, dass sie platzraubende Vorräte, Nahrung, Materialien, Felle in das neue Haus brachten. In langen Regenzeiten sehen sie, selbst wenn die quadratische Tür geöffnet ist und das kleine Feuer brennt, innen die Hand vor den Augen nicht, sind aber gewohnt, gleichsam »im Dunkel tastend«, ihre Handgriffe auszuführen. Pek schnitzt Löffel aus rötlichem Speierling. Suwau knüpft Fasern, die sich in fast quadratischen großen Maschen zu einem Netz zusammenfügen, das sich an den Rändern noch fortsetzen lässt. Müa näht Ledertaschen für die Ernte (in der Schule hatten alle einen solchen Beutel, meine Mutter ließ mir einen aus grobem Leinen anfertigen, damit ich mit zum Maronensammeln konnte). Gohr schleift seinen Dolch mit sparsamen Retuschen, versieht ihn mit einem neuen Griff, zwei weiche Holzplättchen auf beiden Seiten des Feuersteins, die mit einer gewundenen und mit Birkenharz verkleisterten Tannenwurzel festgebunden werden. Der Harz muss heiß aufgetragen werden, wozu nunmehr ein schlecht gebranntes Gefäß Suwaus herhält, das dazu um einiges praktischer ist als ein Stock, dessen Ende mit Harz bestrichen und dann drehend und wendend ins Feuer gehalten wird, das Harz zu schmelzen, von dem aber so eine ganze Menge verbrennt. Im Winter – vor diesen Ereignissen verstreichen meiner Meinung nach mehrere Winter – bereiten die Männer ihre Jagdwaffen vor. Wohl beschäftigen sie sich auch in der Sonne sitzend noch mit ihnen, aber an dunklen, fast nächtlichen Wintertagen sind das sorgfältige Behauen, das Abschaben und Polieren Handgriffe, die sich kniend verrichten lassen, und Wolken verdrängen pausenlos Wolken, und ein Blick auf den stärker werdenden Regen hält die Hände nicht auf. Mir gefällt die Vorstellung, dass ihnen die Zeit fast endlos scheint, wenn sie sich um ihr kleines Feuer drängen. Auf beide Lanzen wird eine Spitze aus Hirschgeweih gesteckt und genau in der Verlängerung des Schafts poliert. Harpunen werden, sogar mit Widerhaken, geschnitzt und auf ein festes Holz montiert, zur lauernden Jagd am Flussufer, wenn die Gewässer wieder langsamer werden. Seitdem Suwau zwei oder drei größere Gefäße gelungen sind, steht immer ein lauwarmer Brei am Rand des Feuers bereit. Die Frauen zerdrücken im Schuppen die Samenkörner, der Unterlieger ist aus Granit, der Läufer, mit dem sie von vorn nach hinten und von hinten nach vorn walzen, ein Kiesel. Ein weiterer bräunlich-roter Unterlieger, aus dem Dorf mitgebrachter Lavastein, ist tief ausgehöhlt, der runde Kiesel mahlt so noch feiner. Wasser, Mehl, ein paar Streifen Fett, Kräuter, langsames Garen. Ich habe es nicht eilig, das Leiden aufkommen zu sehen. Pek wird noch Zeit haben, für den Gefäßboden eine Kelle mit längerem Stiel zu schnitzen. Aus Stechpalmenholz. Die gefundenen Exemplare mit linkslastigen Verschleißspuren vom Kontakt mit dem Gefäßrand bezeugen, dass sie mit der rechten Hand gehalten wurden. Pek zeigt den Kindern, wie ein Korb geflochten wird, Müa und Suwau beaufsichtigen sie beim Zusammennähen von Tierhäuten, Gohr erzählt Geschichten. In der niedrigen verrauchten Hütte, die der Regen verbirgt und womöglich wegzuschwemmen beginnt, weil sie heute ganz verschwunden ist, schwingen die Wörter auf dem kurzen Weg, den sie sich von Mund und Kehle bis zu den Ohren der anderen bahnen, zart und sanft, ich verstehe sie nicht – zu spät, nur noch ihr Lachen. Es gelingt mir kaum, ihre Wörter auszumalen, in ihrem Lachen aber täusche ich mich nicht. Nein, es drängt mich nicht, meine Erzählung abzuschließen. Nachts werde ich sonst nicht mehr wissen, wie ich bei ihnen sein kann.

Ob früh oder verspätet, ob bei Ostwind noch kühl oder eher gewittrig, deutet sich in Hagelschauern oder spätem Frost jeder Frühling mit Lichtzeichen an, spitz eingerollte Blätter, die durch den Boden brechen, frisch erwachte Farben auf der Rinde der Äste, Gesang der Vögel und Veilchen, immer die ersten, Primeln, Narzissen, die wir wegen ihrer lauchartigen Blätter *Blumenporree* nennen: Ich kann also schon »Frühling« sagen für jene ausgehenden Winter, die zumindest Müa und Suwau veranlassen, ihr Bettzeug auszuschütteln, die Felle in den Bach zu legen und sich überall zu schaffen zu machen. Alle sechs ein Bienenstock, den das bevorstehende Blühen in Wallung bringt. Graben die gerbenden Leder aus und waschen sie. Drei Auerochsenhäute, auf flachem Stein geklopft, dann übereinanderliegend eingeweicht, wieder geschlagen, diesmal auf der Erde, damit sie aneinanderkleben, sich aufwölben, Eintiefungen bilden; anschließend wird oben ringsum eine Naht festgezurrt, damit die Ränder sich leicht einrollen: neuer Ledertopf. Die Männer geben Müa und Suwau Knochenbohrer mit Griffen aus Stechpalmenholz oder Bohrer aus Buchsbaum, die der Ahle den Weg bahnen. Nun scharren die Auerochsen nicht mehr im Schnee und in der Erde, um Eicheln Bucheckern Esskastanien zu finden, essen keine trockenen Blätter und kauen keine Rinde mehr, sie machen sich über die Knospen her. Ebenso Hirschkühe, Hirsche und Rehböcke, die Sträucher, Gehölze, niedrigen Zweige müssen ihre Wunden mit klebrigem Pflanzensaft heilen, warten und dann aus der gespannten, glänzenden Haut neue Blattknospen oder Blüten treiben. Schmilzt der Schnee in den Eintiefungen, in denen er sich gesammelt hat, dringt Grün durch die trockenen oder fauligen Blätter. Die Frühjahrshochwasser bringen Wasservögel entlang beider Wiesen mit sich, doch die senkrechte dunkle Gestalt von Gohr oder Pek lässt bei der geringsten Bewegung ihre Flügel schlagen. Es wäre vielleicht möglich, durch das flache, aber kalte Wasser von einem Binsenbüschel zum nächsten zu robben. Die Zugvögel, die sie jedes Jahr zur selben Zeit am Himmel sehen, und vor allem andere Flüge – Gänse, Enten, weniger zahlreich und nicht so hoch –, reizen ihren Jagdtrieb. Ob sie alle gemeinsam den großen Teich bestaunen werden? Ich weiß es nicht. Ich sehe nur ihre Freude, den Winter überwunden zu haben, die sie in ihrer starken Verbundenheit mit den anderen teilen. Ich höre die Singdrossel, die etwas unterhalb des Baumwipfels sitzt, um ungesehen zu bleiben. Der Vogel hält inne, lauscht, setzt wieder an, auch wenn sich der Himmel schiefergrau färbt. Hörten sie schon damals die gleiche Musik, oder hat die Drossel von Ei zu Ei immer zahlreichere Variationen, eine noch schwingendere Kehle weitergegeben? Noch weht gelegentlich ein kalter Wind. Sobald sie Schutz suchen müssen, bei Schauer oder Hagel, nehmen die Hände in der dunklen Hütte wieder ihre Arbeit auf. Gohr gibt den im Holzschuppen zugeschnittenen Hacken den letzten Schliff: Herz aus Holz, über der Spitze der Knoten, der für das richtige Gewicht sorgt, oder aber holzbestielte Hirschsprosse. Pek ersinnt biegsame Reusen aus Rinde, Linde oder Ulme. Die Gegenstände nutzen sich ab, wollen ständig ersetzt werden. Zwischen der Haut der Äste, den Pflanzenstängeln und den zerrissenen oder durchlöcherten Reusen Netzen Rosten Körben, die sie in den Humus zerbröseln, ohne menschliche Spuren zu hinterlassen, zwischen dem Aufsteigen des Pflanzensafts und dem Auflösen durch Fäulnis wandern unzählige Fasern oder Rinden durch ihre Hände, stetes Winden Knoten Flechten von zusammengestückelten Reisern, Weidenruten, Strängen und klebrigen Riemen. Auf dem Feld setzen sie nur mit bedächtiger Vorsicht einen Fuß vor den andern, wollen das Weizengras nicht zertreten, während sie hingegen genau wie wir Weißen Gänsefuß, Gänsedistel, Flöhkraut, Schierling, Winde, Bingelkraut, Wolfsmilch, Wetterkraut, Ehrenpreis, Kreuzkraut und Erdrauch ausreißen – womöglich haben sie nicht für alle einen Namen, kennen sie jedoch in ihrer Verschiedenheit. Pflanzen, die sich vermehren und wuchern, wo die Erde ein wenig lockerer ist, vor allem seit dem Fällen der Bäume auch sonnenbeschienen. Früh werden Eier in den Nestern liegen. Die Misteldrossel baut als Erste, noch bevor sich die Blätter öffnen. »Nicht mehr als zwei pro Amselnest«, gemahnt Müa die Kinder, das Amselweibchen merkt es und kann so noch ein, zwei Eier für seine gewohnte Brut legen. Gemeinsam beschauen sie schweigend – Kaabs Töchter sind angebunden, Gohr hat seine Hände auf Luls und Ouens Schulter gelegt – die nach Grise Haie zurückgekehrten Auerochsen. Die Kühe, ihr knapp einjähriges Kälbchen, die fast zweijährigen – Gohr reckt beim Zählen die Finger hoch: zwei Hände und noch eine weitere abzüglich des kleinen Fingers, ein paar der Jungrinder sind den Stieren gefolgt. Die Auerochsen fressen den neuen Binsen, das Gras, die frischen taufeuchten Disteln und die Weidenschösslinge, die mit blättrigen Knospen und graubefellten, noch nicht pollenbefleckten Blüten aus der Erde treiben. Die Auerochsen fressen die holzigen, hohlen oder dornigen Stängel, weiden das Gras ab, trampeln den Talgrund nieder, machen zur Wiese, was Wald hätte werden können. Die Sträucher blühen weiß, Müa pflückt Schlehenblüten zum Trocknen für den Kräutertee, der verstopften Därmen hilft, mit ihrem schmalen Werkzeug aus Feuerstein zieht sie Rindenfetzen ab, Erle Kornelkirsche Schlehe, um sie in heißes Wasser einzulegen, sagte Tekue, gegen Fieber. Müa erklärt es der aufmerksamen Lul. Wie ich sehe, sind sie ganz friedsam, ich aber weiß schon. Abermals beuge ich mich über ihre nach neuen Pflanzen duftende Suppe, Knoblauch Sauerampfer

Erdbeere Löwenzahn Knopfkraut Engelwurz Brennnessel Quendel, ein, zwei Blätter Efeu. Ich umgebe, schütze sie mit Lianen Flechten Schnüren, einfachen gebogenen und gewundenen Zweigen, verstecke sie hinter den Namen all jener Pflanzen und Blumen.

Eines Morgens, noch bevor die Sonne den Nebel getrunken hat, tötet der Bär ein junges Auerochsenkalb. Ich sage »der Bär«, denn immer gibt es einen Bären, der die Rinde abreißt und seine eigene Familie das Fürchten lehrt, um alleine über sein Revier zu herrschen. Diesmal ist es keine Bärin. »Ein Gevatter!« Gohr und Pek haben die Reste gefunden, seine Spur aufgenommen und dort bei den bemoosten Felsen, großen Geröllsteinen und ausdauernden Farnen seine Höhle entdeckt. Am nächsten Tag, nun gegen den Wind, kommen sie wieder und lauern, jeder an einen Baum gepresst, von Stamm zu Stamm. Wie die Katzen mit gesträubtem Fell, der wahnsinnige Luchs, der schlängelnde Marder, bevorzugt der Bär die feuchten Tiefen des Waldes. Im grünen Licht erkennen seine kleinen Augen zwei Umrisse. Noch bevor er sich, hoch aufgerichtet, für einen der beiden entschieden hat – Pfeil in der Kehle Pfeil im Herzen. Verdutzt fällt er auf seine Arme, und zwei Lanzen treffen ihn im Nacken, die fernen Baumwipfel drehen sich im Kreise, zwischen Blättern und Wind tänzelndes Licht. Gohr will verhindern, dass der Bär die Auerochsenherde angreift. Noch vor Ort ziehen sie ihm den Mantel aus, nehmen nur ein paar Krallen und die besten Stücke, es lohnt sich nicht, einen ganzen Bären zu schleppen, sie sind nur wenige Esser. Der eine lädt sich das blutige, wegen der frischen Haut schwere Fell auf, der andere trägt das Fleisch und die beiden Lanzen. Das Gerippe lassen sie liegen, Arme und Rippen gehäutet, der Kopf mit den kleinen geschlossenen Augen ragt leicht aus dem Loch hervor, darüber ein paar Armvoll Zweige. Während Gohr und Pek nach Hause zurückkehren, krabbeln schon die Ameisen zwischen die Zähne. Sie wittern Rauch, arbeiten sich sprunghaft voran ... Vorsicht, nicht etwa Gohr oder Pek, ich meine die Herumstromer! Ein Auge nach hinten, schnell wieder beide vorn, schnuppern bestimmt, werden aber nicht nur vom Geruch geleitet, müssen schon oft gelauert haben. Sehen jetzt eine Frau zwischen Feuer und Haus, ich weiß nicht welche der anmutigen beiden, auch nicht ob die vorankriechenden Herumstromer zu zweit oder zu dritt sind. Liegen flach, Brust auf der Erde, schürfen sich unter den niedrigsten Blättern die Knie auf, bahnen sich gewaltsam einen Weg zwischen Boden und tiefsten Pflanzenblättern. Arbeiten sich vor wie Blindschleichen. Als die hin und her gehende Frau zu ihnen schaut, erstarren sie auf einen Schlag, die Stirn am Boden, das Maul zum Atemholen aufgesperrt, verrenkte Schultern sinken, Arme sind Zweige. Dann unter den Blättern so langsame Bewegungen, dass sie, wie sie hoffen, nicht wahrnehmbar sind. Die Hände vorn schaufeln Steine, morsches Holz und Dornen von der Oberfläche, der Körper folgt dem unmerklichen Abtragen. Elende Herumstromer, die sich mit geübten Gesten voranarbeiten, die Luft im Humus atmen, kaum auf die Stelle mit der Frau schauen, näher und näher kommen, Füße stemmen Beine voran, Beine Bauch, der über den Boden schleift, ihre Lederkappen werden von der Unterseite der Zweige verkratzt (erst später sollte ich erfahren, dass sich über ihren dicken Schädel eine Lederkappe wölbte). Der Nacken reckt sich, die Augen nehmen Maß. Mit gesenktem Kopf, die feuchten Augen dicht über dem emsigen Hin und Her der Insekten, schleifen die Bärte Strohhalme, Moosfasern, tote Blätter weiter. Als zwischen sie und die Frau auf der bloßen Tenne nur noch ein Veilchenblatt passt, spannen sich die Muskeln, stützen sich die Zehen auf dem Boden ab, krallen sich die Fingernägel um die Wurzeln, lösen sich die Knie aus der Erde, und die ganze Kraft der Oberschenkel fährt in ihre Körper, die wie ein Blitz durch den knappen Raum schnellen werden, sobald sie sich umgedreht hat. Einer wird sie von hinten packen – es soll unbedingt die Säerin sein –, der andere sucht nach den Samenkörnern. Bei Frauen wissen sie: ihnen den Unterarm zum Beißen hinhalten, dabei aber so stark anspannen, dass die Kiefer und der geweitete Mund irgendwann nicht mehr können, sie dann einfach hochheben, und schon schweben die zierlichen Füße über dem Boden. Sie da hat noch ihre Fäuste und Krallen, sind nach hinten aber schwer zu nutzen, und Frauenkratzer sind keine Bärenkratzer, zerreißen kein dickes Lederhemd, gleiten am Bart ab. Die Halberstickte unterm Arm, greift der andere nach den Knöcheln, die er sich unter den Arm klemmt, und so rennen sie im Geiste schon fort, mit weit ausholenden Schritten. Die Gerüche steigen ihnen in die Nase, es riecht nach Haus, verbranntem Holz, Frauen. Sie warten im Schutz des letzten Blattes, Schnurrbärte wieder am Boden, muskelgeblähte Schultern, angespannte Waden, die Zehen graben, die Hände suchen nach einem schwachen Halt, denn wenn sie ihn haben, wird aus der Anspannung Sprung. Stille im allerletzten Augenblick, dort drüben nur das Hin- und Hergetippel der Frau, oder es ist ihr eigenes pochendes Herz, dem der Angriff Erleichterung verschaffen wird. Da dreht sie sich ... eine Männerstimme, sie dreht sich nach einer Männerstimme um! Zwei Männer legen zwischen Häusern Feuerstelle Scheunen auf dem Hof ihre Last ab, Felle und Lanzen, zeigen das Fleisch. Eine andere Frau kommt aus dem Schuppen, Kinder tollen herum. Sie fassen sich an, lachen, wie Steine treffen ihre Stimmen jeden einzelnen Muskel. Gerade als Oberkörper und Arme aus den auf den Waden abgestützten Oberschenkeln schnellen wollen, als alle Muskeln kurz vor dem Loslassen schon schwerelos sind, knallen ihnen eine Stimme, all diese Stimmen, starker Wildgeruch in den Ohren, in den Augen, in der Nase, bremsen die ausbrechende Geschwindigkeit – die Muskeln müssen schmerzlich nachgeben, jeder einzelne Wirbel lockert sich. Die Köpfe sind erneut am Boden, beim Rückwärtskriechen stören die überflüssigen Füße, die Handflächen paddeln. So stelle ich es mir vor. Nachträglich und in allen Einzelheiten. Gesehen habe ich sie nicht und auch selbst nie in der durchtriebenen Haut des Diebes gesteckt. Doch auch wir auf dem Land – aus den Angeln gehobene Holzläden, eingeschlagene Scheibe oder aufgebrochene Tür – haben Angst, sie kommen aus der Stadt, oft Samstagabends spätnachts, knacken die Scheunenschlösser, klettern über Mauern, dringen mit Lampe und Knüppel in die bewohnten Häuser ein und stellen die Hunde still! Nach so vielen friedlichen Jahren muss man nun das Gewehr in der Bettnische bereithalten, die Läden schließen, draußen an den Mauern Lampen anbringen, die Bewegungen der Herumstromer mit Leuchten quittieren. Den Hintern senken, der zu weit aus den Pflanzen ragt, sich in scheinbarer Langsamkeit blitzschnell voranarbeiten, um sich schauen wäre nutzlos. Die Köpfe schlingern den angewinkelten lädierten Gliedmaßen hinterher, sie kriechen sogar unter Dornen. Der Arm, der den Mund verschließen sollte, bekommt weder Biss noch Spucke ab, dafür die Schrammen der Brombeersträucher. Die Bärte wischen in umgekehrter Richtung über den Boden, während sie den lästigen Körper nach links und rechts bewegen, schnell rückwärts, immer weiter, sind inzwischen im Schatten des Waldes, hinter einem Zweig, einem Stamm, nun endlich aufrecht und auf und davon. Gohr Pek Müa Suwau, ganz mit der Bärenhaut beschäftigt, haben nichts gesehen. Mir ist, als würde ich sie verraten.

Das Quaken der Frösche verkündet, dass alles friedlich ist. Bei Anbruch der Dämmerung flöten die Kröten unter der Erde, im Sommer sogar noch zwei Stunden nach Einbruch der Nacht. Die leisen, in großen Abständen erfolgenden Noten bedeuten, dass auf dem Boden keine Schritte widerhallen. Sobald Stille einkehrt, heißt es Ohren spitzen. Suwau und Müa bearbeiten die Winterfelle, müssen sie, nachdem sie gewässert und getrocknet wurden, weichklopfen, zwar sitzen keine Parasiten mehr im Fell, aber die Haut ist steif geworden. Stets sind es die Frauen, die sich um das Geschmeidigmachen der Dinge kümmern, das Leder nach dem Gerben, die gerotteten Fasern, der Nähfaden aus getrockneten Därmen. Auch die Felle nutzen sich ab und müssen häufig ersetzt werden, ein Beweis für das Vergehen der Zeit. Aber da sind auch die jährlich – im Reigen der Jahreszeiten zwischen zwei Besuchen des Kuckucks, der sich immer sofort zu Wort meldet – aufeinanderfolgenden Blütezeiten: duftender Ginster Mitte Mai, rosafarbene Heckenrosen Ende Mai, Holunder Mitte Juni, Esskastanien Anfang Juli. So weiß ich immer, wie die Landschaft rings um sie aussieht. Sobald die Frauen genügend weiche Fasern in Händen halten, biegen und flechten sie, Suwau und Müa hatten früher auf den Knien der Frauen Webversuche gesehen. Nun helfen sie einander, erinnern sich und lernen. Mit der Brennnessel, deren Stängel einen halben Mond lang im Bach eingeweicht wurden, oder mit anderen Pflanzen, deren seidige, unter dem Fleisch verborgene Fasern mir unbekannt sind. Sie färben die Tierhäute auch mit Pflanzen- oder Sträuchersaft. Müa möchte gerne eine andere Fähigkeit der Pflanzen ausprobieren. Die Erle färbt rosa, der Kreuzdorn grün, die reifen Holunderfrüchte violett und die Blüten des Echten Mädesüß gelb. Ich weiß, dass Gefahr droht, lasse ihnen aber noch diese sorglosen Tage, möchte ihren Augen Farben unterbreiten, Blütenblätter, Schmetterlinge, unterschiedlich getönte Lederriemen. Bei warmem Wetter trinken die Bienen vom feuchten Sand am Ufer des Baches. Gemeinsame Mittagsruhe im Gras, im Schatten der Eichen, mit Blick für den, der nicht schläft, auf den kleinen Weiler. Vielleicht kommt ein Fuchs vorbei, doch sein Fell ist im Sommer nichts wert, man lässt ihn noch gedeihen. Sein leichter Trab bringt selbst die Grillen nicht zum Verstummen, die innehalten, sobald ein Menschenfuß flüchtig die Erde erschüttert. Wahrscheinlich nimmt er denselben Weg wie letzten Sommer die Füchsin, deren Spuren ich zwischen Grise Haie und dem Loiseau-Hof im Staub eines beackerten Feldes finde. Immer längs der Hecke, auf der den Gebäuden entgegengesetzten Seite. Zuerst alleine, dann mit ihren spielenden und scharrenden Jungen, für die sie auf dem Hof einundzwanzig von dreiundzwanzig Hühnern klaute, an einem einzigen Tag! Wenn das gesäte Getreide, Weizen oder Dinkel, reif ist – bei uns kurz nach der Hälfte des Sommers –, wird es mit einer Sense geschnitten, die mit kleinen, in eine Auerochsenrippe eingelegten und geklebten Feuersteinsplittern gezahnt ist. Dabei ist das Feld nicht sehr groß, womöglich werden die Ähren noch einzeln mit dem Messer geschnitten und die Sense mäht nur das Stroh. Müa teilt das gedroschene, nach ein paar wolkenlosen Tagen trockene Korn, um die künftige Aussaat zu sichern. Sie gebraucht nun keine gewaschenen und getrockneten Wildschweinblasen mehr, praktische Behältnisse, Suwau hat für sie ein großes grobes Gefäß mit drei Henkeln gefertigt, das, was wir *Pott* nannten, wir füllten Würste in Schweinefett zum Einwecken hinein oder einfach Schmalz als Brotaufstrich für den Winter. Damit sich alle den Samenkörnern verbunden fühlen, will Müa, dass sie reihum eine Handvoll in das Gefäß werfen. Danach dichten Gohr oder Pek den kleinen irdenen Deckel mit Birkenpech ab. Der *Pott* wird nicht etwa im Haus aufbewahrt, wo ein Brand ausbrechen könnte, sondern im Hohlraum eines benachbarten Baumes. In dieser Truhe regnet es nicht, er bekommt genug Luft und bleibt unter einer Handvoll trockener Blätter gut verborgen. Untereinander, denke ich, sprechen sie nicht von Begehrlichkeiten, die der Weizen wecken könnte. Nun ja ... allein das Getreide vermag noch nichts: Das kleine Korn gibt erst Mehl, wenn es zerstampft, und eine neue Pflanze, wenn es ausgesät wird. Sie wissen es, nur aus dem Herzen des Menschen sprießen gelegentlich schädliche Keime. Auch ohne es eigens zu erwähnen, halten sie es für angezeigt, den Körnervorrat nicht nur außer Reichweite der Nagetierzähne zu bringen, sondern richtiggehend zu verstecken. Im Haus glaube ich nicht, eher in Scheune oder Schuppen, vielleicht unter den Holzbündeln in einem ausgetieften hölzernen Gefäß, vielleicht sogar hinten im Schuppen in einem *Pott*, den Suwau in einem riesigen Feuer gebrannt hat (der Ofen konnte dieses Stück aus rosa und schwarz gefärbter Erde nicht fassen). Im Mehl – hingegen gar nicht oder kaum im Wild, das der Jäger erlegt – stecken Zeit, Monde um Monde des Wartens und Hegens. Sie staunen immer noch über die Ernte des Feldes. Schützen sie vor den Tieren, aber auch vor den Dieben, die Gohr wortlos und Pek, er vielleicht noch schweigsamer – fürchten, wenn sie den Weizen berühren; trotz ihres Entzückens blitzt dort etwas Unbekanntes und Verletzliches auf, oder vielmehr etwas, das sie verletzlich macht. Ich kann es gleich vorwegnehmen: Es wäre ein Irrtum zu glauben, dass derjenige, dem sie seit Jahren Neigung sind – der nach Bildern der Erde sucht, die weniger verblasst, nach Bildern der Luft, die weniger zerstoben sind als gemeinhin angenommen, der nicht ihre Geschichte, sondern ihre Anwesenheit rekonstruieren will – zu glauben, dass er, der Erzähler, nun endlich zum Abschluss kommen möchte und überstürzte Ereignisse einführt, um den alltäglichen Faden der Arbeiten, Jagden und Jahreszeiten zu zerreißen! Tatsächlich haben sich mir die Vorboten schon früh gezeigt. Die Idee zu dieser Erzählung kam mir an einem fünfzehnten Januar, ein geistiger Funke ich weiß nicht woher, niedergeschrieben in ein paar Worten. Und das, was ich die Ereignisse nenne, war mir ab dem folgenden November bekannt, wonach ich mir entsprechende Notizen machte, zehn Jahre lang, bevor ich dann zu schreiben begann. Sie kommen also nicht als Unterbrechung. Im Gegenteil, alles, was ihnen vorangeht - nun ja, fast alles - wurde gefühlt, gesucht und geschrieben, um sie hinauszuzögern. Müa lässt wie Suwau, Pek und Gohr die Körner aus ihrer Handfläche in die Tierhaut gleiten, auf der die Ähren gedroschen wurden, oder aus der Hand in das irdene Gefäß. Abends, während sie gemeinsam auf dem Rücken ausgestreckt die Sterne betrachten, fragt sie sich und fragt die anderen, welche Beziehung wohl besteht zwischen den kleinen glänzenden rötlichen Körnern, die von so weit her zu ihnen kamen, und den Sternen des Firmaments, deren unsägliche Anzahl sich endlos offenbart. Sie zeigen einander die Sternschnuppen, bis zum Erschaudern.

Die Stille, die schwere Stille, als sie sich dem Haus nähern, lässt beide wortlos ihren Schritt beschleunigen. Leerer Hof! Nein, am Eingang ein Vorbote: die junge Hündin mit zertrümmertem Schädel und hängender Zunge, Kaabs Tochter Uff, die Lieblingswelpin der Kinder, auf der Seite ausgestreckt. Die Leere fährt ihnen in den Magen, die gewohnten Stimmen die Schritte das Lachen, nichts! Selbst das Feuer fast erstorben. Hinten in einer Scheune Suwau, Pek findet sie auf dem Boden sitzend, den Kopf zwischen den Knien, die Arme um den Kopf, ihr Haar über den Armen. Die Kinder sind da, auf jeder Seite eins, den Kopf in Suwaus Schoß verborgen. Verschüttetes Mehl vor dem Eingang des Schuppens mit den Mahlsteinen, ein zerbrochener Napf aus Ton. Gohr spürt, wie ihn auf einen Schlag eisige Leere erfüllt und sein ganzes Wesen leert. Sanft löst Pek die Arme, die Körper, das an den Wangen klebende tränennasse Haar, die Gesichter stumm, stumpf und flehend. Müa? Suwau weist nach Osten, aber weit, und mit ihrer ruckartigen kurzen Handbewegung bedeutet sie: schnell. Schon ist Gohr auf und davon. Auch Pek wollte mit, doch er lehnte ab, besser die Kinder und Suwau beschützen (gerade erst, als Pek ihr beim Aufstehen half, fiel es mir ein: ihr Bauch, sie erwartet ein zweites Kind). Gohr rennt in die angezeigte Richtung, läuft, je nach Gelände, Boden oder Pflanzenwuchs, hin und her, sucht nach einer Fährte, Schritten, denen er folgen könnte, Andeutungen von Fußabdrücken oder feineren Signalen, abgerissenes Blatt, geknickte Grashalme. Er rennt, die linke Faust um den Bogen, die Kiefer gegen die Zähne gepresst. Sein Herz pocht und tönt in einem Körper – kaum ist es seiner –, der ihm leer erscheint. Die Bilder der fortgeschleppten Müa, feiste Hand auf dem geliebten Mund, verrenkte Arme, zerrissene Kleidung, ihre Tränen zwischen langen Wimpern, die Bilder von Müa klettern an seinen Beinen hoch, bohren sich in ihn, Gewitter in seinem Kopf, sickern ihm in die Arme, suchen, aber er kann ihnen keinen Raum geben, sie nicht aufnehmen, wundert sich sogar, dass sie noch nicht durch seinen offenen Mund herausbrüllen. Er strauchelt, zerrt die Zweige auseinander, reißt sich von den Dornen los, schaut auf den Boden, in die Ferne, doch die Dämmerung beginnt Schatten zu werfen und sämtliche Büsche zu bewegen, er rennt hin, wo Bewegung schien, zweifelt immer mehr, will trotzdem nachschauen, aber er ist zu spät, um wie viel weiß er nicht, und jedes Mal wenn er horchend stehenbleibt, bleibt es still, kein ferner Schrei, kein nahes Knacken, nur sein Herz, stummes Gebrüll der mit den dünnsten Fasern seines Körpers verwobenen Gedanken. Nachdem er abermals vergeblich gehorcht hat, sieht er nichts mehr, muss aufgeben, kehrt nach Hause zurück. Dort wird er erwartet, aber wenn er ins Traben verfällt, dann mehr um seine Beine und Arme zu beschäftigen als aus wirklicher Eile, denn er kehrt dem Ort seinen Rücken zu ... nein, kein Ort, einfach nur Nacht – wo, wo nur? –, seine unbändige Sorge, gefesselt, zu Boden geworfen, überwältigt, fortgeschleppt ... Sich abwenden befreit, lässt sogar Tränen hervorquellen, die im Traben herabtropfen. Trotz der angebrochenen

Dunkelheit, seiner verzweifelten Tränen, findet er seinen Weg wieder, kommt spät. Pek wartet am restlichen Feuer auf ihn. Sagt, Suwau sei nach langem Weinen eingeschlafen. Vorher hätten sie die Kinder in den Armen gewiegt, um sie zu beruhigen und einzulullen. Was Suwau gestammelt habe? Ein kurzer Schrei von Müa, ein fast ebenso kurzes Bellen der kleinen Hündin, und während sie mit den Kindern zurückeilte, sah sie es rennen, schon ganz am Ende des Tals, dann nichts mehr! Gohr verbringt die Nacht neben der Tür hockend, lauert, horcht auf Geräusche, Kröten, Knarzen von Schleiereule oder Waldohreule, durchkämmt die dunkle Weite, versucht Müa in Gedanken nah zu sein. Pek, dichter bei Suwau und den Kindern, schläft ebenfalls nicht, auch er lauscht, aber nun ist es vorbei, geschieht nicht mehr hier, sondern anderswo, in der Nacht, in der Müas Arme verrenkt und gefesselt sind, Hass auf die, die sie vorwärtsstoßen, mit sich schleifen, wo, in welcher Richtung, der Mund gestopft, ihre zärtlichen flehenden Augen panisch aufgerissen. Gegen Ende der Nacht findet Pek in den Schlaf. Wenig später, kurz vor dem Morgengrauen, steht Gohr auf der Leiter. Dolch und Bogen hatte er gar nicht erst abgelegt, nimmt jetzt seine Lanze aus dem Schuppen, in dem alles verwüstet ist. Zuerst geht er bis zur Biegung des Tals, weil Suwau sie vom Bach aus verschwinden sah ... Er sucht mit dem ersten Tageslicht zwischen den schneidenden Gräsern, Lanzen Schilf, Nadeln Binsen, blühende und nicht blühende Pflanzen, stechendes Distelfell, bluttrockene samenreiche Pflanzen, er sucht ein wenig bloße Erde mit einem Fußabdruck. Hier lässt das Licht eine blasse Spur vermuten, von ihr aus geht er, zitternd, bis zu einer anderen, Verdacht auf getretene Erde. Weiter, die Richtung bestätigt sich, endlich findet er so etwas wie einen Absatz im Schlamm, eine Form, die weder von Pek noch von ihm selber stammt. Etwas weiter ungefähr dieselbe, nur tiefer eingegraben. Sorgfältig von einem zum anderen Abdruck schauend, prüft er die dazwischenliegende Spanne. Zwei wahrscheinlich, aber von Müa keine Spur. Unter dem Absatz nimmt er ein bisschen zertretenen Schlamm zwischen die Finger, verstreicht ihn auf seiner Stirn, auf beiden Wangen, über dem Bart, was den Feind berührt hat, kann ihn auf seine Fährte führen. Er versucht, schnell zu sein, aber dennoch keine weiche Stelle unbefragt zu lassen. So entdeckt er eine breite linke Sohle, die auf der feuchten Erde ausgerutscht ist. Sie tragen sie bestimmt, denn sie hätte sie sonst in Verzug gebracht. Nehmen deshalb den Weg durch das Tal, zwischen Bäumen und Sumpf. Im Wald würde Müa sich an die Zweige klammern. Gohr, bereits weit vom Haus entfernt, meint auf die Ernée zu stoßen. Über jeder Spur, und sei sie noch so ungewiss, spürt er die Luft, die Müa gestreift hat. Ihr Fehlen irrt ziellos in ihm. Seine Augen sind schmal vor Wut, im gesträubten Haar, Bart, Körperhaar glitzern winzige Tröpfchen, Mischung aus Tau und kaltem Schweiß. Er rennt.

Gohr sucht, zwei oder drei Tage lang glaube ich, ohne zu essen, höchstens hier und da eine Handvoll Grünzeug, ohne zu schlafen, oder aber aus Erschöpfung, wenn er nicht mehr anders kann. Oben auf einem alten, leicht zu erkletternden Baum prüfte er das Dickicht der Wipfel nach Anzeichen von Rauch, falls die Diebe unvorsichtig gewesen wären. Die Spuren, die er nicht mit Sicherheit dem Feind zuordnen konnte, haben ihn etwas weiter nördlich bis zur Ernée geführt. Vor einer Brücke – dort, wo die Felsen einen Stamm blockieren, den der Winter und die Hochwasser entrindet haben – hat Gohr auf dem feuchten Ufer deutlich mehrere Schritte gesehen. Womöglich hatten die beiden an dieser Stelle andere getroffen. Gohr überquert in dem Gefühl, ihrem Weg, wenngleich mit immer schwächeren Zeichen, zu folgen. Ohne es zu merken wandert er den ganzen Fluss bis zur Mündung in die Mayenne herab, während er seine Blicke auf der Suche nach Fingerzeigen über den Boden huschen lässt. Die Fischer. Die Fischer fragen. Doch wie soll er sich erklären, bewaffnet vor ihnen auftauchen? Und falls sie es sind, die Müa mitgenommen haben? Wieder klettert Gohr auf einen Baum, derselbe, der Pek einmal gedient hatte. Er sieht, wie sich am Ufer drei Männer über ein Floß beugen, zwei von ihnen klopfen mit einem Stein, schlagen vermutlich Stifte ein. Von dort überblickt Gohr einen Abschnitt des Flusses und ein anderes Waldstück, das er eingehend beobachtet. Auch kein Rauch auf der anderen Seite des dunklen Flusses, wo sich die Wipfel türmen, je nach Baumart unterschiedliches Grün bis hin zum Dunkelgrün einiger Tannen. Nichts, nach wie vor nichts! Müa ist nicht bei den Fischern gefangen, die ihren alltäglichen Beschäftigungen nachgehen. Gohr glaubt, ein Zeichen übersehen, die falsche Fährte aufgenommen zu haben. So wandert er die Ernée am westlichen Ufer, an dem auch ihr Haus liegt, wieder aufwärts. Dort, auf dem bald ansteigenden, bald abfallenden Gelände längs des Flusses sieht er plötzlich zwischen den Blättern, und trotz des strudelnden Glitzerns, am gegenüberliegenden Ufer einen weißen Punkt, sonderbares, sonnenbeschienenes Weiß. Er geht näher, versucht deutlicher zu sehen, rennt und überquert die Ernée aufs Neue, es ist am Ufer, am Fuß einer Anhöhe, die er eilig genommen hat, ohne hinunterzuschauen. Gohr sucht nach einer Brücke, dieses Weiß, schon ist er sicher, ist weder Gischt noch Feder noch Bauch eines ertrunkenen Kaninchens. Zerzaust, fiebrig, das Gesicht schlammverkrustet, überquert Gohr das Wasser egal wie, solang sich nur Steine und Äste finden, rennt über das Ufer, wirft sich weniger auf die nassen Kiesel als voller Bestürzung und Schmerz auf die Knie, berührt Müas kalten Körper, berührt und traut sich nicht, schaut und will nicht sehen, genau wie Müas geöffnete, reglose Augen, die nur schwach den Himmel widerspiegeln. Ihre Arme sind unter dem

Körper, Gohr will sie lösen, aber alles geht so langsam, er hebt den steifen Körper auf, durchtrennt eine Lederschnur an den blauen Malen, wirft sie in die Strömung. Die Arme wollen nicht zurück, Gohr muss über den Körper steigen, auf beiden Seiten ziehen, um die an den verletzten Handgelenken zusammengehaltenen Arme zu trennen und sie neben Müa zu legen. An ihrem linken Handgelenk noch das Schieferarmband. Ihr ganzer Hinterkopf auf den Steinen im Fluss, weiß und glänzend der Knochen auf der Höhe des Wassers, wallendes Haar in der Strömung. Schmerz, unerträglicher Schmerz, nicht verhindern, noch nicht einmal teilen zu können, und dazu die Schändung. Von einem Stück des Schädels, auf der linken Seite von Hals und Gesicht, wurde das Fleisch gefressen. Die Strömung, die wechselt und niemals innehält, umhüllt mit ihrem Getöse das Stöhnen Gohrs, der selbst ganz nass wird, dann aber beschließt, den Körper mitsamt dem in der Strömung wallenden Haar aufs Trockene zu ziehen. Gohr – seine Tränen münden in den Fluss – bleibt an Müa gepresst, vornübergebeugt, kniend, spürt nicht, wo sein eigener Körper ist, hält einfach ihre kalte Hand. Hin und wieder beugt er sich über Müas Augen, versucht zu sehen, was sie gesehen. Es wird Nacht. Müas starre, trüb gewordene Augen spiegeln keine Sterne mehr wider, kaum noch ein Schimmern. Schlafen soll sie, Gohr senkt ihre Lider und hält sie gesenkt. Müa soll schlafen, unter dem Firmament mit seinem von fernem Dunst verschleierten Gefunkel. Die Hand zwischen seinen Händen, eine kleine Hand, erwärmt sich nicht mehr, Gohr ist es, der nun erkaltet, der Wasser, Kiesel, Schlamm wird, sich Müa mehr und mehr anpasst, er wird wie sie, mit ihr sein. Schon lange weiß er nicht mehr, wo sein eigener steifer, regloser, eisiger Körper ist, weiß nicht, ob noch Tränen rinnen oder sich alles geleert hat, er nur noch leerer Knochen ist, ein Stein. Die Nacht drückt ihn in die Kiesel am Flussufer, weit so weit von den Sternen, die sie wenige Tage zuvor noch gemeinsam beschauten. Das Einzige, was er noch vermag, ist mit seinem Daumen über den kleinen harten Handrücken streichen, seinen Daumen sanft über den Ansatz der vier zarten Finger gleiten lassen, und da sagt Müas Hand etwas zu Gohr: In seinem Kopf, in dem keine Gedanken mehr sind, nur gleichgültige Nacht und Kälte, erscheint der Name Lul, Gohr sieht sie auf der Wiese, eine zugleich ausgelassene und ernsthafte Glockenblume. Er erinnert sich, wie einsam Müa nach dem Verlust der Mutter war. Müa sagt ihm, er solle Luls Hand nehmen. Während Gohr ganz natürlich, ohne Entschluss, einfach durch Reglosigkeit und Abwesenheit mit Müa zu sterben begonnen hatte, darf und kann er jetzt, wo Luls Name in der Leere erblüht – es ist Müas Bitte – nicht mehr in sich selbst verschwinden. Gohr hat sich so mühsam aufgerichtet, als ziehe er den Fluss und all die angehäuften Kiesel Felsen Stämme mit sich. Er hat Müa auf seine Arme genommen und bewegt sich nur langsam vorwärts, mit schweren Schritten, die, so meint er, das Ufer und den Wald erschüttern, die Erde vor ihm öffnen und spalten müssen. Der steife Körper schmiegt sich nicht an seinen, stößt im Gegenteil an die Rinde, Äste verfangen sich in ihm, Gohr, selber klamm geworden, hält ihn nur mit Mühe und presst ihn dennoch an sich, abermals tropfen Tränen auf Müas kalte Haut. Die ganze Nacht. Ohne genau zu wissen, wo er ist, läuft Gohr weiter, und jeder seiner Schritte reißt den Boden unter ihm auf, während er immer wieder mühselig den Körper zwischen den Bäumen des Waldes hindurchschleust. Er überlässt es dem Tier in sich, im Halbdunkel die richtige Richtung zu finden, heißt allein seinen Beinen, nach Hause zurückzukehren, in seinem Kopf nichts als das unerlässliche Verflechten Müas mit den unzähligen Sträucherstämmen, zwischen die er sie schieben und, den Körper an seine Brust gepresst, auf der anderen Seite wieder hinausziehen muss. Die ganze Nacht. Im Morgengrauen will er nicht, dass die Kinder Müa sehen, die von ihrem Kopf gefressene Haut, den sogar bei Nacht noch hellweißen Schädelknochen. Er hebt sie auf einen Baum, klemmt den Körper zwischen die Zweige, bedeckt ihn mit belaubten Ästen, damit sich die Elstern und Raben nicht über ihn hermachen. Als er kommt, hat Suwau gerade das Feuer draußen geweckt. Gohr nähert sich langsam und verstört, die Augen erloschen, Tränenrinnsale auf seinem schlammverkrusteten Gesicht, im Haar verfangener Unrat, auch der Bart ist gewachsen. Suwau wirft sich an seine Brust und weint, hatte Angst, er sei getötet worden. Zu Müa sagt sie nichts, hat verstanden, allein der Geruch. Erst später sollte sie fragen: Wo ist sie? Doch zunächst zieht sie ihren Bruder ans Feuer, wäscht ihn mit einer immer wieder im kleinen Bach befeuchteten Tierhaut, versucht ihn zum Essen zu bewegen, aber Gohr bleibt stumm und bekommt nichts hinunter. Die schlafenden Kinder dürfen Gohr so nicht sehen. Suwau kämmt und säubert sein Haar, stutzt kniend ein wenig seinen Bart. Gohr, der nah am Feuer sitzt, scheint seine aneinandergepressten und zu einer unförmigen Masse versteiften Glieder nicht lösen zu können. Da kommt Pek, wirft sein Wild ab und nähert sich Gohr, tieftraurig. Auch Gohr blickt ihn traurig an und fragt ihn mit belegter Stimme: Erinnerst du dich, wo die röteste Erde ist? Ja, sagt Pek, ich laufe welche holen. Gohr gleitet zu Boden und schläft, dort, direkt auf dem Boden neben dem Feuer. Suwau rollt ein Fell zusammen und schiebt es unter seinen Kopf.

Eine trockene Stelle auf dem Hügel, auf halbem Weg etwa zwischen Haus und Feld, dort wo Gohr gegraben hat, mit der Hacke aus Hirschgeweih, dem Brettchen zum Ausheben. Unter dem dunklen duftenden Humus, in dem die Pflanzen wurzeln, zeigt sich bald schon harter, fester, trockener Sand. Pek ist ihn ablösen gekommen, hockt im Loch, behaut erst die eine, dann die andere Seite.

Ziemlich tief. Sie haben schon einmal zugeschaut, es dauert Stunden. Anschließend haben sie den Boden und die Seiten mit mehr oder weniger flachen Steinen ausgelegt, die sie erst suchen mussten. Pek schließlich streut den Ocker, zerbröselte und anschließend am Feuer getrocknete und zerstäubte rötliche Erde. Gohr bittet die Kinder, Blumen zu pflücken, Blütenblätter, und vor allem die blauen, Ehrenpreis, Günsel, Rapunzel-Glockenblumen, Skabiosen, Sommerveilchen ... Bittet Suwau, sie Richtung Osten mitzunehmen, will Müa im Bach ein Stück weiter stromabwärts waschen. Er reibt den weiß, hart und steif gewordenen Körper, einst weich gebräunt und warm, mit kaltem Wasser, dann mit Minzebüscheln ab und denkt, dass er jenen Geruch, mit dem Müa sich parfümierte, nicht mehr ertragen wird. Er kämmt ihr Haar, schneidet eine dicke Strähne ab und stopft sie sich in die Tasche. Pek legt in das Grab, auf den Ockerstaub, das große Fell einer Hirschkuh, die sie erlegt haben, weil sie sich eine Pfote gebrochen hatte. Gohr breitet Müa darauf, bettet ihren Kopf auf zwei Gänseflügel mit aufgefächerten Federn. Er legt sie, so will es die Tradition, auf die linke Seite, wodurch auch der Schädelknochen und die zerfressene Seite von Hals und Gesicht verborgen bleiben. An Müas Handgelenk noch immer das schmale Steinarmband. Gohr bedeutet Suwau, die Kinder herzubringen, sie sind ganz mit ihren Blütenblättern beschäftigt. Lul soll wissen, wo ihre Mutter ist. Alle schauen. Schläft sie? Ja, sie schläft, wird lange schlafen. Sie streuen ihre Blütenblätter, auch Suwau, Pek und Gohr. Über Müas Körper und Gesicht schlägt Gohr die andere Hälfte des Fells, deckt sie zu für die Nacht. Als Suwau mit den Kindern gegangen ist, werfen Pek und Gohr Sand. Sobald die beiden Kleinen sich weit genug entfernt haben, fallen ihre Tränen zusammen mit der Erde, mit jedem Wimpernschlag lassen die Augen Tränen hervorspringen, so wie Pflanzen, die von einem Bein gestreift werden, Regen oder Tau versprühen.

Sie schütten und klopfen bis zum Anbruch der Nacht, schichten zuletzt die Humusschicht wieder auf. Gohr weiß, dass er dort ein Stück seiner selbst beerdigt und dass er sich nicht mehr von jener schmalen Stelle entfernen kann, deren leicht hügelige Oberfläche dem darunterliegenden Körper Müas entspricht. Als die Kinder schlafen, erzählt Gohr von seiner Entdeckung. Mit spärlichen Worten, die sich einen Weg bahnen durch ihre zerrissene Zärtlichkeit, wo Staunen, Grauen, aufblitzender Zorn; sie flüstern, versuchen einander zu sagen und immer wieder anders zu wiederholen, dass Müa womöglich gestoßen und verstoßen wurde, nachdem man ihr Gewalt angetan hatte, oder aber, dass sie möglicherweise selbst gesprungen und mit ihren auf dem Rücken gefesselten Armen auf den Kopf gefallen, das Risiko zu sterben eingegangen war, um zu fliehen, sicher, dass Gohr sie finden würde, und entschlossen, das wissen sie –, eher tot bei ihnen zu bleiben als anderswo zu leben. Pek sagt, sie hätten nach dem Saatgut gesucht, sie kämen wieder.

Als ich in jungen Jahren mit Léandre zur Jagd ging – seine Hündin hieß Fanfare und sein Hund seltsamerweise Thetis, Name einer griechischen Göttin – war die kleine Wiese mit dem reinen Quellwasser, wie schon beschrieben, von Böschungen gesäumt. Da diese Böschungen wohl zwischen dem 12. und dem 18. Jahrhundert aufgeworfen wurden, ist gut denkbar, dass diejenigen, die sie mit der Schaufel hochgezogen, den Graben ausgehoben und im Laufe der Jahrhunderte eine trotz der Wurzeln zum Absinken neigende Erde wieder aufgeschüttet hatten, dass sie – wieder zwei, aber nicht dieselben, sprachen wenig, ließen ihren Holzschuh dumpf auf den Rand der Schaufel klirren –, auf die schwarzen Überreste der Palisade stießen, die Gohr und Pek um ihren kleinen Weiler errichten wollen. Vor Kurzem habe ich unterhalb unseres Baches (im anderen Tal, zwischen La Frogerie und Valaubert) zwei große Eichenpfosten gefunden, deren früheren Gebrauch ich nicht kenne, über und über schwarz und erstaunlich schwer. Womöglich lag die erste Böschung auf dieser Talseite über den Resten der Pfähle, die Gohr und Pek gerade einzuschlagen beginnen und die aufgrund der (zumindest mancherorts) permanenten Feuchtigkeit des Geländes vor dem Verrotten geschützt sind. Sie verschleißen ihre Beile beim Fällen und Behauen. Wenn das bereits geschnittene Holz verarbeitet ist, schlagen sie weitere Stöcke und Stockausschläge in der Größe der Pfähle. Sie schärfen die Spitzen und legen sie an der großen Feuerstelle aus, um das Trocknen zu beschleunigen. Sobald neues Holz bereitsteht, rammen sie die Pfähle dicht aneinander in den Boden und umzäunen so einen weitläufigen Hof, der die Quelle umschließt, einen Zwischenraum, der ihre Bauten trennt von den Wäldern, Sümpfen und Flüssen, wo Tiere und Menschen umherlaufen, sich verstecken, und unter den Menschen Mörder. Eingeschlagen werden sie mit Steinhieben, die längeren Pfosten dort, wo das Gelände schlammiger ist, damit die Köpfe gleich hoch aufliegen. Gohr und Pek entscheiden sich für eine Höhe, die von der Tür beider Häuser aus den Blick über die Palisade ermöglicht. Gohr jagt nicht mehr, Pek sorgt für den Fleischbedarf, während Suwau Queckenrhizome, Klettenwurzeln und Gänsefußblätter sammelt. Gohr, Unrast und stumme Wut, umrundet jeden Morgen ihr Gebiet, sucht nach Fußabdrücken von Herumstreunern. Hier und da stellt er sogar Abdrucksfallen, reißt Gras aus, legt etwas unschuldige Erde frei und verstreut sie zwischen zwei Dornensträuchern, wo sie wartet, bis sie von etwas anderem zertrampelt wird als von Rehhufen oder Dachsfüßen, von einem Absatz, einem Sandalenabsatz, der womöglich dem gesehenen ähnelt. Tag für Tag sucht Gohr angst- und lustvoll nach Spuren. In der Scheune hatte er drei knapp eine halbe Handbreit große Wildstücke aufgehängt, um den Geruch zu verstärken. Nun steckt er sie zu den drei Fallen: einfache, mit gespaltenem Holz umrandete Lianengitter, an die drei im gleichen Abstand zueinander angebrachte und am Ende zusammengeknotete Riemen gebunden werden. Gohr kehrt an den Ort zurück, wo er Müa gefunden hatte. Obgleich er damals außer sich war, erkennt er ihn sofort. Von Traurigkeit gepackt, legt Gohr die Hände flach auf die feuchten Kiesel, auf denen einst der Körper seiner Frau lag. Die geringste zarte Wurzel, die in der leichten Uferströmung treibt, bannt seinen Blick, er vergewissert sich, dass es nicht Müas Haare sind. Rings um die Stelle, an der ihr Kopf im Nassen lag, platziert er im niedrigen Wasser die drei Fallen, bindet an jede ein Stück Fleisch und beschwert sie mit einem Stein. Weiter oben am Ufer entfacht er – Feuerzeug, Moos – ein schnell aus Totholz gespeistes Reisigfeuer. Beim Auflesen trockener Zweige findet Gohr seine Lanze, die er dort erinnerungslos verloren hatte. Er schneidet frische Weidenstöcke, die mit Haut und Saft nur langsam brennen. Nach einer Weile, heute würden wir sagen, eine Stunde, fressen die unter dem Wasser sichtbaren Flusskrebse auf den »Waagen« (so nannte mein Vater diese Fallen, die er, mit Stockfisch als Köder, im Bach La Rétuisière auslegte, aber er hat mich nur einmal mitgenommen, blieb lieber für sich alleine). Anheben muss man sie – die drei Schnüre halten das Gitter flach – zugleich behutsam und behende, damit die schwanzschlagenden Flusskrebse nicht ins Wasser zurückfallen. Gohr wirft sie in den Korb und legt die Fallen erneut aus. Dicke mit tiefdunklem breiten Panzer, mittelgroße, bräunlichere, ein paar kleine. Bei jedem Flusskrebs schaut Gohr, ob sich nicht etwa Müas Haare um die Zangen gewickelt haben. Er bohrt eine feine Stockspitze in den Brustkorb, die andere Spitze steckt in der Erde oder wird von Steinen beschwert, und der Flusskrebs zappelt, allerdings nicht lange, über dem rasch von Spießen umringten Feuer. Gohr legt trockenes Holz nach. Sobald die Flusskrebse in ihrem Panzer gar sind, isst er sie. Und solange er fängt, brät er sie. Gohr isst alle auf, bis zum letzten. Ich kann noch nicht einmal schreiben: über seinen Hunger hinaus, denn auch am Anfang verspürte er keinen Hunger, seine Gier war anderer Art. Die Reste der Beute unter einem Stein und die erkalteten Kohlen verstreut, kehrt Gohr auf schnellstem Weg zurück, um sie zuhause nicht zu beunruhigen. Beim Gehen ist ihm, als spürte er die schwanzschlagenden Flusskrebse in seinem Magen. Dabei ist er sicher, gut gekaut zu haben. Damit jeder Bissen zu seinem Fleisch werde.

Abend für Abend findet Lul auf dem Schoß des am Feuer hockenden Vaters in den Schlaf. Tagsüber streift Gohr weiter alleine umher. Gelbe Schwertlilien, Fingerhüte, leichte Wolken am Himmel, doch die Jagdpfeile in seinem Köcher sind Kriegspfeile. Gelegentlich meint er ihren Geruch zu erkennen, bleibt stehen, atmet ein, heftiges Aufsteigen tiefer Gefühle. Ein Wunsch seiner Fantasie, von der Luft zugetragene Blumendüfte? Verzweiflung und Wut brodeln, verbrennen ihn. Gohr flicht aus allen möglichen Resten von Tierhäuten oder Fellen Lederseile, schneidet Riemen, näht zusammen. Immer noch sucht er seinen früheren Unterschlupf unter der umgestürzten Eiche auf. Er vergrößert den Hohlraum, verstärkt ihn mit für die Palisade zu kurzen Holzstücken. Der vom Boden aus unsichtbare Eingang ist inzwischen ein Loch, in das er hinter den Zweigen fast senkrecht hineinschlüpft und das er beim Fortgehen mit einem zerbrochenen Zweig wieder tarnt. Gohr reißt die Pflanzen aus, die den von Müa gesäten Weizen stören, doch er tut es langsam, denn jede Geste in dem letzten von ihrer Hand aufgezogenen Korn muss einen schweren Gedanken bewegen. Manchmal möchte er so sehr Müas Schultern umfassen und an sich drücken, dass er bis zur Erschöpfung läuft, im Wald weint, ziellos und ohne Sinn, denn Müa, in seinem Kopf immer und überall, ist nirgends im Wald, es gibt kein Geheimnis zu entdecken, keine Entfernung zu bezwingen. Nichts zu machen. Gohr könnte gegen sich ankämpfen, gegen seinen Schmerz, doch er will nicht, das Überfluten seines Körpers und seiner Gedanken durch Müa, deren Knochen unter der kalten Erde liegen, ist Zuflucht für ihre Seele. Diese Seele, die er so viele Male in Müas Blick gesehen hat, kann nur in ihm noch wohnen und Wärme finden. Oft wissen Pek und Suwau nicht, wo er sich befindet, mit Ausnahme des Tages, an dem er Müas Grab ganz mit einzeln gepflanzten blauen Hyazinthenzwiebeln überzog. In jedem Frühjahr Duft und Farbe. Suwau lässt die Kinder nicht mehr fort, Pek bleibt bei den dreien, schärft die Pfähle, spaltet Bretter für eine Tür. Gohr hat sich mit seinen Lederseilen aufgemacht. Zu seiner Schwester, dem Freund und den Kindern spricht er sanft, geht jedoch immer wieder, muss alleine sein. Gohr versucht, Müas Geruch zu bewahren, den Geruch ihres Halses, am Ansatz des Haars, den Geruch ihrer jungen Frauenhaut. Und den Tonfall ihrer Stimme. Schon droht alles zu vergehen, er muss sich konzentrieren, braucht die Stille. Abends am Feuer, das sich seufzend unter seine Asche verkriecht, wird nicht mehr gesungen, keine tiefe Trommel, keine liebliche Flöte, Müas Fehlen würde ein Loch in ihre Stimme reißen. Trotz allem schaut Gohr lächelnd den Kindern zu, die ihren Spaß am behäbigen Dämmerflug der Hirschkäfer haben. Ouen und Lul versuchen, sich mit einer unter der Holzscheune geborenen Igelfamilie anzufreunden, bringen ihr Nahrung. Eines Tages, als Suwau Erlenlaub schneiden will, um es auf ihre Bettstatt zu breiten (Müa und sie hatten es sich zur Gewohnheit gemacht, in dem unter dem Speicher befindlichen Teil des Hauses Erlenlaub auszubreiten und es abends zusammen mit den davon befallenen Parasiten – die Erle zieht sie ganz besonders an – wieder fortzutragen), gehen sie gemeinsam, dem Tal Richtung Osten folgend, bis zu einem kleinen nahegelegenen Sumpf. Dort entdeckt Gohr im trockenen Schlamm am Bachufer den vollkommenen Abdruck von

Müas linkem Fuß. Suwau, die breitere Füße hat, bestätigt: Spur ihres letzten Blätterpflückens. Gohr setzte sich vor den Fußabdruck, blieb fast drei Tage lang, legte sich zuhause schlafen und kehrte zurück. Letztes sanftes Zeichen ihres Körpers auf der Erde. Gohr betrachtete die Zeichnung, bis sie sich ihm zwar nicht in die Haut – er hätte es sich gewünscht –, doch wenigstens in den Kopf brannte und schließlich von einem Gewitterregen weggeschwemmt wurde. In Gohrs Tränen zergingen die Umrisse rasch, der Schlamm von dicken Tropfen aufgeweicht verdünnt, auf dem überschwemmten Grund Luft- und Wasserblasen, die letzte Berührung durch Müas zarte Fußsohle, gelöscht vom Regen.

Gefangen, endlich! Alle beide! Totenblass ist Gohr, angespannt, auch seine Finger zeigen zwei, Pek folgt, noch bevor er richtig begriffen hat. Es wundert mich, wie er wissen konnte, wo sie entlangkommen würden. Wie soll ich es erklären? Ich werde Mühe haben. Aber ein paar Tage zuvor hatte Pek auf der Jagd eine Spur entdeckt, und Gohr untersuchte die Stelle genau. Sie hätten auch woanders entlangkommen können. Aber, sie rechneten mit dem Wind. Seit Jahren weiß ich, dass er sie schnappen musste, bin jedoch außerstande, die Einzelheiten wiederzugeben. Zwei Dreckskerle, sagt Gohr. Welches Wort ist schon stark genug? Die alten Germanen sagten *drec*, woraus später dreckig wurde. Die indogermanische Wurzel *(s)ter* meint Verwesung und Fäulnis. Es gibt auch den Vergleich mit dem Unrat, dem Kot der Fleischfresser. Aber auch das reicht noch nicht. Schlag auf Schlag, der eine neben dem anderen fast. Warum haben sie sich erwischen lassen? Jäger, denke ich mir, mit Diebstahl, Raub und Mord vertraut. Zack! Gohrs Arm wie eine Peitsche, da oben! Wutersticktes Lachen. Pek und er mit weit ausholenden Schritten. Von Weitem sieht Pek den einen, dann den anderen, sie zappeln an den Zweigen wie Frösche am Ende der Angel. Sie kommen näher. Der hier zuerst! Noch während er brüllt, rennt der andere herbei, passt nicht auf und hängt, zack, gleichfalls in der Luft! Pek könnte lachen, wäre er auf der Jagd, es sind jedoch die ersten wirklichen Feinde, gegen die sie kämpfen, und Müas Tod ruht noch nicht lange in ihrem Gedächtnis, sie schmecken ihn noch, eine Leere zwischen ihren Kriegerarmen. Pek frohlockt, den Knöchel so fest in der Schlaufe zu sehen. Sie umkreisen sie, allerdings auf Abstand, als wollte der Widerling trotz allem noch über sie herfallen oder sich festkrallen. Er fuchtelt mit den Armen, windet sich, schaukelt mit dem stark abfedernden freien Bein hin und her. Er zetert, verdreht wütende oder verschreckte Augen, Gohr und Pek wissen es nicht, er schreit und stammelt, womöglich spricht er, für sie jedoch unverständlich. Er ruft den anderen, der kaum antwortet, weniger zappelt. Dennoch der Austausch von Geräuschen zwischen ihnen, sind nahe genug, um sich zu verständigen, nicht jedoch zum Helfen. Am hängenden Bein eine Sandale und an dieser Sandale ein Absatz, das ist es, was Gohr Pek zeigt. Die Lederkappe, die auf dem Kopf des Schurken saß, ist zu Boden gefallen, nicht direkt unter ihm, wahrscheinlich beim Hin- und Herschaukeln. Auch der andere ist schwer, unter beiden biegt sich der Ast, aber das Leder hält, und der Ast ist fest und elastisch. Das Prinzip des Sprenkels, ein Fallstrick fängt das Beutetier am Fuß, die Kordel löst die Spannung und die gekrümmte Rute schnellt hoch. Gohr hat ihn auf das Gewicht eines Menschen berechnet. Der Zweite hat seine Lederhaube noch auf, vermutlich ist er darunter geschoren, wie der, der grölt. Ab und zu spreizen sie die Arme wie ein an den Füßen aufgehängtes flügelschlagendes Federtier. Pek geht zurück, Gohr bleibt die Gefangenen beaufsichtigen, den Bogen fest in der Hand. Schweigend lauscht er den Geräuschen, allein der Wiedehopf übt sein Lied. Gohr überwacht die Äste, die Lederriemen, das Rütteln. Beide sehen ihn vorbeikommen, die Runde machen, versuchen, ihm mit Blicken zu folgen. Ich hatte mich gefragt, ob er ihnen einen oder zwei Pfeile in den Bauch jagen würde, aber letztlich glaube ich nicht. Gohr sucht sich ein Versteck: Der scharfe Pfeil ist für den gedacht, der sie herunterholen wird. Sie glauben ihn fort. Ohne ihren aus dem Futteral gefallenen Dolch versuchen sie, hin- und herzuschaukeln, einen Ast zu erwischen. Gohr versteckt sich hinter ihnen, damit sie nicht warnen können, herausschreien, wo er ist. Aber wenn in der Umgebung Hilfe wäre, hätten sie sicher schon aus Leibeskräften geblökt, ihr anhaltendes Geschrei wäre teils schon über die Bäume gedrungen, um in der Ferne als zartes zittriges Geräusch in den Ohren zu klingen, und sie hätten abermals geschrien, um sie herzuführen; doch der Großteil des Klangs wäre unter den Bäumen erstickt, hätte Schichten trockener Blätter aufgewirbelt, wäre von den Rinden abgeprallt und in die unterirdischen Löcher geschlüpft. Statt dessen grummeln sie einander etwas zu oder richten sich an Gohr, falls ihr Gegrunze Wörter darstellen soll. Doch Gohr kümmert das nicht, er will nicht ihre Sprache lernen. Pek ist ihn ablösen gekommen, sieht den Schädel nun noch röter, die Augen hervorgetreten, den kopfüber hängenden blonden Bart spuckeverklebt. Ab und zu ein Ausschlagen, Lendenstöße, in der Luft wedelnde Arme, Wutschnauben, dann gar nichts mehr. Es wird immer seltener. Gohr ist vor der Nacht zurückgekommen: Sie leeren sich, sagt Pek. Als die Nacht tiefschwarz ist, geht Gohr leise nach Hause und legt sich schlafen. Noch vor dem Morgengrauen ist er wieder da. Nichts rührt sich mehr, die Arme baumeln. Wahrscheinlich pocht oder gluckert irgendetwas in dem Haufen noch, und merkwürdige rote Bilder ziehen vor geschlossenen Augen vorüber. Gohr wird nun drei weitere, am Rand ihres Gebiets ausgelegte Fallen abbauen können, von denen Pek wusste. Er lässt sie noch zwei oder drei Tage lang hängen, um sicher zu sein, dass sie tot sind, die Augen geöffnet, keine Hand verscheucht mehr die Fliegen. Gohr sagt Pek, er wolle sie mitnehmen. Wahnwitziges Unterfangen, ich weiß wohl, aber Gohr kann nicht anders. Mitnichten die Absicht sie zu tragen: schleift sie, ohne sie anzufassen, am Seil hinter sich her, erst den einen, dann den anderen, immer weiter so, kurze Entfernungen Stück für Stück, auf den großen Fluss zu, ein Stück weit flussabwärts vom Lager der Fischer. Sein Plan: sie in die Strömung werfen, damit sie möglichst weit forttreiben; jedoch ungewiss, es zu schaffen. Erschöpft kehrt Gohr am folgenden Tag zurück, vertraut nur Pek an, das Aas sei weit weg in ein Loch gefallen, er habe es einfach dort gelassen. Er schläft ein und träumt – so sollte es mehrere Nächte lang sein –, dass Pek und er bei der Jagd zwei Mörder geschnappt haben, eine unbekannte Art, mal Mensch, mal Tier. Sie wollen ihnen gerade mit dem Dolch den Bauch aufschlitzen, als die unsichtbare Müa sagt: Nicht nötig, ich bin wieder da! Die Mörder werden aus seinen Träumen schwinden, wohin, weiß er selbst nicht mehr, aber Müa kehrt noch jahrelang sehr häufig zurück, dann erwacht Gohr Mal für Mal und schließt über seiner Seele den kalten, zu großen Mantel der Abwesenheit.

Gohr ging, als die Palisade fertig war. Kurze Unterbrechung der gewundenen Pfahlreihe: eine Tür, zusammengesetzte, an den Rahmen gut verstiftete Latten. Sie lässt sich aufschieben und verriegeln, aber nicht von außen öffnen. Zusammen mit den freilaufenden Hündinnen auf dem Hof wird diese Umzäunung zumindest nachts einen gewissen Schutz bieten. Nachdem er alle vier umarmt hatte, besonders Lul, die er Suwau, Pek und selbst Ouen anempfahl, machte sich Gohr auf den Weg und versprach schnell wiederzukommen, noch vor der Niederkunft seiner Schwester. Bei ihnen war seit Kurzem eine andere, sehr junge Frau. Gohr wollte ins Dorf zurück, der Mutter von seinem Schmerz berichten. Wie immer entlang des Flusses von Osten her kommend, durchquerte er das

Gebiet der Fischer und bat sie, ihre Brücke nutzen zu dürfen, was sie ihm lächelnd gewährten. So wanderte er nun zum vierten Mal an den verschiedenen Flüssen entlang und überquerte sie. Wieder mit der nämlichen Vorsicht wie auf den früheren Reisen. Geschmeidig schnell, fast unsichtbar läuft er am Wasser entlang, von einem Halt zum nächsten, beobachtet und macht sich erneut auf den Weg, und währenddessen kann ich das letzte Ereignis erzählen. Obwohl ich den genauen Zeitpunkt nicht kenne, ist es tatsächlich das zuletzt vorgefallene. Nach der Vernichtung der Schädlinge hatte Gohr hinter dem Laub mehrmals einen Schatten gesehen, der leichter als der eines Mannes und höher als der eines Tieres war. Er hielt den Bogen in der Hand, schoss aber nicht. Er riet Pek, die Gegend zu meiden, und platzierte an drei unvermeidbaren Durchgängen drei Sprenkel. Anschließend legte er sich auf die Lauer. Geräusche von Wind und Blättern, Vogelgezwitscher, ein entferntes Auerochsenbrüllen, doch kein Kräuseln des Bodens. Schließlich, am zweiten oder dritten Tag, ich weiß nicht, Schreie, eher Schmerz als Wut, ein heftiges abebbendes und wieder anschwellendes Klagen, Gohr stürzt herbei: nackter Po, wehendes Haar, ein Mädchen, das bei seinem Anblick weint und zwischen den Tränen heisere Laute artikuliert. Als Gohr näherkam, um sie herunterzuholen, klammerte sie sich an ihn, ein junges Mädchen, das derartig zappelte, dass er gar nicht anders konnte und mit seinem Dolch das Leder durchtrennte. Immer noch wehklagend riss sie Gohr mit zu Boden, der über sie fiel. Er sah, dass sie ihn schlagen, sich für ihre Angst rächen wollte, doch sie drückte ihn nur gewaltsam an sich. Manche werden meinen, dass ihn in dem konfusen Handgemenge ihr Frauengeruch, ihr geschlitzter Hügel unmittelbar steif werden ließen und er, zwischen den Schenkeln des Mädchens gefangen, geradezu in sie eindringen musste. Auch wenn es plausibel scheint, glaube ich für meinen Teil kaum daran, aber zu jeder Legende gibt es verschiedene

Fassungen. Als er, nun wieder mit dem Bogen in der Hand, aufstand, bedeutete Gohr ihr zu gehen, doch sie verneinte. Er schubste sie, fuhr sie grob an, damit sie endlich verstand. Sie berichtete mit Gesten, dass sie nicht zurückkönne, gejagt oder geschlagen, geflohen. Hunger auch, brachte sie zum Ausdruck. Gohr nahm sie zum Essen mit, ließ sie alleine im neuen Haus schlafen. Am nächsten Tag verstand Suwau Fluss, die parallelen Arme mimten ein Floß, ein Boot. Das junge Mädchen einfach aufs Ufer geworfen. Suwau nannte sie Jeuya in Erinnerung an Müa, deren Augen stets lachten, wenn sie von den Fischern sprach. Als sich Gohr auf den Weg machte, war das Mädchen noch immer bei ihnen. Zwischen dem Ort, von dem er kommt und der mit zunehmender Entfernung an Wirklichkeit verliert – zumal das Leben in Müas Abwesenheit dort nicht nur verletzt, sondern gänzlich ausgeweidet ist –, und dem seit Langem verlassenen Dorf, in dem er nicht einmal weiß, wen er wiedersehen wird, blitzt in Gohr, der den Flüssen folgt, stets am rinnenden Wasser rennt, ein Gedanke auf: Das einzig Wirkliche ist Müas Haarsträhne, die er sich in einem kleinen Holzröhrchen um den Hals gehängt hat, außerdem in seiner Tasche der kleine Talismanstein, den Lul ihm zum Aufbruch geschenkt hat, weil in ihm zahllose Quartzzähnchen blitzen.

Gohrs Mutter war sichtlich beglückt, ihn endlich aus unbekannten Gefilden wieder auftauchen zu sehen. Nicht sein Vater, beerdigt. Er grüßte alle befreundeten Häuser. Zeichnete mehrmals die Strecke zwischen dem Dorf und Grise Haie auf den Boden, sprach über die Unwägsamkeiten. Berichtete von Müas Verlust, so jung. Erzählte die Geburt von Ouen und Lul. Vor dem Grab seines Vaters, Neka führte ihn hin, waren ihre Gedanken bei ihm. In der Nähe das Grab von Abié, Müas Mutter. Gohr trug etwas Erde ab und vergrub das dickste Stück der Haarsträhne aus seinem Beutel, Müa hätte es gefallen, dass ein Stück ihrer selbst sanft an die Knochen der Mutter rührt. Die Geschwister halfen ihm beim Flechten der Leinen. Gohr nahm sich auch die Zeit, gekeimte Esskastanien zu suchen. Die versteckten, von Erde bedeckten, die im vorigen Herbst den Sammlern entgangen waren. Zurück an den Orten seiner Kindheit entsann er sich genau der besten Kastanienbäume. Ohne die Herbstregen abzuwarten, sondern, im Gegenteil, das Niedrigwasser des ausgehenden Sommers zu nutzen, entschloss sich Gohr rasch zum Rückweg. Wie gehofft, nahm er seine Mutter mit – Neka, die dem Abenteuer gewogen war, da sie meinte, ohnehin nichts mehr vor sich zu haben, als auf den Tod zu warten – und Jam, den jüngeren Bruder. Gohr sagte: Ich habe eine Frau für dich. Neka steckte Nähnadeln in ihre zusammengerollten Kleider (doch Suwau wird sehen, dass die Augen ihrer Mutter den Faden nicht mehr durchs Öhr ziehen können), Ahlen, Kämme, feine Klingen, ihren Löffel und ihre hölzerne Schüssel. Gohr lud sich den Unterlieger aus Lavastein auf. Jam suchte, außer seinem Bogen und dem seines Vaters, Werkzeug zusammen, bestielten oder unbestielten Feuerstein. Mit dem Einverständnis Neps, des ältesten Bruders, wählte er von den Hunden des Vaters drei aus, einen Rüden und zwei Weibchen. Und so bepackt, folgten sie zunächst stromabwärts dem Fluss, den sie nach einem halben Tag Fußweg vom Dorf erreichten. Gingen ihn entlang bis zu der Furt, die Gohr auf seiner Reise als die beste erprobt hatte. Um das Wasser zu prüfen, überquerte Gohr erst nur mit den Hunden und band sie am Ufer fest. Gemeinsam mit Jam baute er aus angeschwemmtem, trockenem und entrindetem Holz ein einfaches Floß für Neka. Und so halfen sie, ziehend und schiebend, am breitesten und tiefsten Flussarm der Mutter und ihrem Bündel zerschlissener Wäsche über den Fluss. Bei allen weiteren Überquerungen trug Gohr Neka auf dem Rücken. Die jungen Hunde freuten sich, als Jam endlich nachkam. Während Gohr sie oft zum Ausruhen anhielt, prägte sich Neka schon bald eine Vorsichtsmaßnahme ein: sich die Orte merken, als müsste sie alleine ins Dorf zurückkehren, das schien ihr ratsam, falls es ihr nicht gefallen sollte im Land der untergehenden Sonne. Sie wanderten die ungezähmte Mayenne aufwärts. Indem er sie vorstellte: »Hier meine Mutter«, »Hier mein Bruder« – doch genügten die Gesten zum Verdeutlichen der Wörter? –, konnte Gohr die Eichenbrücke der Fischer benutzen, ohne sich verstecken zu müssen. Trotz der lächelnden Zustimmung von Männern wie Frauen – Jam schaute ein junges Mädchen mit nackten Brüsten an, dachte, sie wäre es – nahm Gohr nur scheinbar die Richtung eines weiter stromaufwärts östlich am Sturzbach gelegenen Lagers. Erst danach hieß er sie abbiegen, direkt nach Westen gehen und mühelos die Ernée Richtung Grise Haie überqueren. Zwar kenne ich sie nicht, ihre wirren Worte über die Erschöpfung der Mutter, über Suwaus Bauch, die neuen Kinder, Müas Tod und den Tod des Vaters, kann mir aber leicht ihren Sinn ausmalen oder mit ihnen teilen. Eher taste ich bei ihrem Wiedersehen nach der Sprache der Körper, ob sie sich berühren, umarmen, um den Hals fallen, einen Geruch wiedererkennen. Jam schaut Jeuya an. Sie wiederum Gohr. Zusammen mit Pek und dem jungen Mädchen hat Suwau die Ernte eingeholt. Die Kinder haben Jeuya ins Herz geschlossen, die ihnen nützliche Laute zum Bezeichnen der Dinge beibringt. Manchmal besteht sie auf einem Wort, das früher ihr gehörte, dann sprechen auch die anderen das Wort aus und lachen. Als Lul von seinem Arm geklettert ist, geht Gohr an Müas Grab, legt seine Handflächen auf die Erde und erzählt so von seinem Besuch am mütterlichen Grab. Müas Fehlen, hier, wo er sie so gerne wiedergesehen hätte, ist ein Dolch tief im Herzen, der bei jedem Schritt schmerzt. Das junge Mädchen, in diesen Dingen vollkommen arglos, scheint Gohr zu wollen. Doch mir bleibt keine Zeit mehr, an jeder Gabelung zu warten, bis sich eine Hypothese aufdrängt, die sich allein aufgrund ihrer Kraft als die richtige empfiehlt. Sie sind jung, Kinder kommen zur Welt, straff spannt sich das Geflecht ihrer Leben, Gohr hat Esskastanienbäume gepflanzt. Im Übrigen zeugt ein poliertes, für den Stiel gelochtes Beil, das etwas später als die anderen entstand, von der Dauer ihres Wohnens in Grise Haie. Ihr Leben ist nicht vorbei, nur weil die Macht des Erzählers schwindet, sobald die Geschichte auf dieser Seite des Papiers ein Ende findet.

Das Insekt, das über die Seite krabbelt, weiß nicht um die Erzählung, nur um die blendend weiße Oberfläche, auf der es keine der beschriebenen Geräusche, Farben und Ereignisse wahrzunehmen vermag. Ich erkenne in ihm einwandfrei den Nachkommen des Insekts, das schon Gohr über seine Hand krabbeln lässt. Es verringert die Zeit. Gohr sitzt, mit dem Erinnern beschäftigt, hat uns den Rücken zugewandt. Müas Fehlen verwüstet, was vor ihm liegt, so wie Kettensägen, Bulldozer und Stürme unsere letzten Eichen wegraffen. Hätte ich also nur nach Maßgabe der zu schreibenden Zeugenschaft darum gewusst? Und nun habe ich über Umwege, Gestammel und Lücken ein ganzes Stück meines Lebens auf das Gewerk verwendet und sehe sie kaum noch. Sie werden wieder – in fast beunruhigendem Maße – zu flüchtigen Umrissen im noch ungewissen Tag, auf dem schattigen Land mit seinen Verflechtungen aus Wasserläufen, unbelaubten, teils umgekippten Stämmen und eilig Erde und Luft in Besitz nehmenden Pflanzen. Jäh werden sie mir wieder genommen. Jahrhunderte regnerischer Morgengrauen, zitternder Dämmerungen wachsen auf und verdichten sich, um mich von ihnen zu trennen, die Bilder zu verwischen. Wieder schleicht sich die Undurchdringlichkeit in meine kleinen erdigen Jagden rings um Grise Haie, in die Fotografien, die den reifbedeckten Grund des sanften Tals befragen, und in meine Schritte im Staub der verschlungenen Pfade, die das Vieh in die Weiden zeichnet. Wo sind sie, Gohr und seine Familie, die meinem Schlaf so vertraut waren? Wohl hinter den zahllosen raschelnden Blättern, bei ihren Tätigkeiten verstreut. Jede persönliche Dauer, die Folge der Jahreszeiten, all das schwer zu bestimmen im Dickicht der Zeit. Am Ende wurden sie unter dem Gras auf einem der Hügel beerdigt, ihr Schlaf unserer Feldarbeit so nahe. Wenn ich mich zurückneige und die Augen schließe, um sie wieder zu sehen, erscheint am ehesten Neka. Langes graues Haar, große grüne verwaschene Augen, denen ich mich trotz der Entfernung wie träumend nähere. Ihr leicht abwesender, nach innen gekehrter Blick lässt himmelwärts gewandt ihre Mattigkeit erahnen. Sie spricht kaum, so scheint es, stützt sich beim Gehen mit der rechten Hand auf einen hohen gewundenen Stock. Manchmal hält sie ein Kind an der anderen Hand. Gohr, so gegrämt von Müas Verlust, hat seine Mutter zu sich genommen. Wie gerne hätte ich der meinen geholfen, erneut die Mäander des Stroms zu überqueren, der unser verletzliches Leben von dem unermesslichen, reglosen Volk der Toten trennt, sie auf meinem Kinderrücken getragen und auf unser Ufer aus Rosen und Glyzinien gesetzt, denn das war der Duft jenes Morgens. Meine Mutter wäre inzwischen eine hochbetagte Frau, ergraute Jungmädchenlocken, doch in ihren Augen, so hoffe ich, noch Zärtlichkeit. Neka ist weniger alt und doch schon gebeugt. Und so frage ich mich … vielleicht ist es meine Mutter, die zwischen den Binsen geht, im Nebel wehende Schleier, meine Mutter, so wie sie heute wohl wäre, weit weg jedoch, ein stiller Blick aus der Luke des Kastanienbaums. Ist der Bach ein Strom, an dem ich nach ihr rufe? Nur dort fühle ich mich wohl. Auf dieser Wiese sitze ich seit Jahrtausenden.

Anmerkung der Übersetzerin

Die im Text gelegentlich verwendeten kursiv gesetzten mundartlichen Wörter oder Wendungen haben die Aufgabe, eine Brücke zu der uns unzugänglichen Sprache der neolithischen Vorfahren zu schlagen. Das *patois mayennais*, die auch für den heutigen französischen Leser exotisch anmutende bäuerliche Mundart der Heimatregion von Jean-Loup Trassard, greift zum Teil auf bereits im Mittelalter gebräuchliche Wörter zurück und lässt gerade in ihren lautlichen Eigenheiten oft noch ältere Ursprünge vermuten.

Solange die gekennzeichneten Wörter vor allem eine semantische Funktion erfüllen, habe ich sie mithilfe des *Deutschen Wörterbuchs* von Jacob und Wilhelm Grimm und einer Kombination aus verschiedenen Mundarten ins Deutsche übertragen. Dort, wo sie in erster Linie eine phonetische Aufgabe haben, bleiben sie in der Originalsprache stehen. Das folgende kleine Glossar enthält ihre Übersetzung ins Französische und ins Deutsche.

Glossar

arroueu: frz. *mettre en rang* (eigentlich milit.) = Heu in Reihen schichten

chaaîne: frz. *chaîne* = Kette

bouaaines: frz. *trayons* = Zitzen einer Kuh (oder eines anderen Tiers)

ékeugneu: frz. *agacer, asticoter* = ärgern, piesacken

frembeuyeu: frz. *enlever le fumier de l'étable* = den Stall ausmisten

guergé: frz. *écrasé* = zermatscht (wird etwa für eine herabgefallene Birne gebraucht)

guerrois: frz. *aspérités de la terre gelée* = Unebenheiten des gefrorenen Bodens

gueurnieu: frz. *grenier* = Speicher (im *patois* wechselt das »r« häufig hinter den Vokal)

héoule: frz. *bogue* = Schale der Kastanie

hergne: frz. *de mauvaise humeur* = übellaunig

heude: frz. *entrave* = Fessel (für Tiere)

heune: frz. *culotte* = Unterhose

heurgaureu: frz. *réparer grossièrement un vêtement* = ein Kleidungsstück grob ausbessern

huge: frz. *mée* oder *maie* = Mehltrog

intérissab': frz. *intarissable* = unversiegbar (schrieb sich bis ins 16. Jahrhundert noch »intérissable«)

keurnia: frz. *râtelier* = Heuraufe

rincieu: frz. *manger à 4 heures, goûter* = die nachmittägliche Zwischenmahlzeit einnehmen, vespern

Nachklang

Wenn man, wie ich seit nunmehr zwanzig Jahren, im ländlichen Departement der Mayenne lebt, etwas westlich der ehemaligen Provinz Maine, »kennt« man Jean-Loup Trassard. Bibliotheken und Mediatheken sind nach ihm benannt, Festivals führen regelmäßig seinen Namen im Programm und jede bessere Buchhandlung schmückt sich mit den crèmefarbenen Einbänden seiner Werke aus der prestigeträchtigen »Collection Blanche« bei Gallimard. Ganz zu schweigen von der kleinen, aber verschworenen Leserschaft, die mit glänzenden Augen von merkwürdig benamten Büchern wie *Nous sommes le sang de cette génisse* (*Wir sind das Blut dieser Färse*) oder *Des cours d'eau peu considérables* (*Von unerheblichen Gewässern*) schwärmt. Ein verdächtiger Hauch von Lokalliteratur und nostalgischer Heimatdichtung, der mir vage Erinnerungen an den in meiner Geburtsstadt Celle allgegenwärtigen Barden der Lüneburger Heide, an Hermann Löns und dessen unheilvolle Mythisierung, zutrug. Und so muss ich gestehen, dass es einiger Zeit, wiederholter Erwähnungen anspruchsvoller urbaner Leser und der unvermuteten Entdeckung des Mayenner Nachbarn auf einer Lesebühne des Pariser Salon du Livre 2010 bedurfte, um mich aus der Reserve zu locken.

Wenn schon Trassard, dann sollte es wenigstens das wichtigste und umfangreichste seiner Prosawerke sein: *Dormance*, sein pünktlich zur Jahrtausendwende erschienener erster Roman. Ein rätselhafter Titel, der zugleich erdverbundene Verankerung und poetische Höhen zu versprechen schien. Ein »Steinzeitroman«, was auch immer das heißen mochte. Sicher, auch hier spielte die Mayenne wieder eine Rolle, nun aber als Schauplatz einer Reise in die tiefste Vergangenheit, eines großangelegten Erinnerungsversuchs des Autors auf den Spuren seiner imaginären Vorfahren in Saint-Hilaire-du-Maine, dem Ort seiner Geburt im Jahr 1933, dem

Ort seines Lebens als Viehzüchter und Schriftsteller. Gleich auf den ersten Seiten ein kraftvolles, dichtes Wortdickicht, das sich dem unmittelbaren Verständnis entzieht, enigmatische Bilder, die nirgendwo abrufbar sind, verschachtelte Zeitebenen, eine ungeheuer farbenreiche, elementare Naturdarstellung. Die Natur als tragende Figur: zeichenhafte, wegweisende und ratgebende Gefährtin für die durch die Maschen meines Denkens huschenden Protagonisten. Noch hatte ich kaum etwas verstanden, war mir aber sicher, es mit einer bedeutenden Dichtung zu tun zu haben, mit einem waghalsigen Werk voller Eigensinn und sinnlicher Wucht. Mir wurde unversehens klar, dass ich dieses Buch an die deutschen Leser weitergeben wollte. Zumal ich wusste, dass erst das schier unmöglich erscheinende Übersetzen mir ermöglichen würde, in die Tiefen des Textes einzudringen und ihn mir einzuverleiben. Und ich wusste, dass ich dieses Buch nicht vorab lesen wollte. Sicher, eine Vorsichtsmaßnahme, ein feiger Schutzmechanismus. Aber auch die Lust am gemeinsamen Entdecken mit den Figuren, an jenem »Auseinanderziehen der Zweige, um zu schauen« (S. 67), als das der Erzähler sein der Vergangenheit abgerungenes Schreiben bezeichnet:

> Ich verstehe nicht genau, was diesen jungen Mann mit mir verbindet, sein Leben mit meinem. Das Schreiben wird zum Auseinanderziehen der Zweige, um zu schauen: träumend, fragend, suchend, in Vorstellungen oder sich aufdrängenden Bildern; mitten zwischen die Hindernisse, die Streichungen einen Satz schieben, der sich einen Weg bahnt wie ein Hund bei der Jagd, und in Bruchstücken, präzises Detail oder offene, aber unklare Perspektive, ein Dasein offenbart, dessen Beleuchtung, oder vielmehr dessen ans Licht geholte Fragmente, mir vielleicht erschließen werden, was mich an ihn fesselt. (S. 67)

Dormance entstand nach langen Jahren der Anhäufung von Notizen eines ethnologisch und archäologisch geschulten Liebhabers des Neolithikums. Der überraschende Fund jungsteinzeitlicher Äxte auf dem Feld eines Nachbarn hatte Jean-Loup Trassard den Anstoß zum Schreiben und zugleich den Schauplatz für die Handlung geliefert. So wie die jahrtausendealten Gegenstände plötzlich aus der Ackererde aufgestiegen waren, steigen nun die Erinnerungen, oder vielmehr die Wahrnehmung der fernen Vorfahren, im Geist des Schriftstellers und Erzählers auf. Immer spätabends, kurz vor dem Zubettgehen. Nicht von ungefähr bezeichnet das titelgebende Wort die *Keimruhe* des Pflanzensamens, der bis zur eigentlichen Keimung bestimmte Umweltreize »abwartet«. Dem korrekten, wirklichkeitsbeschreibenden Wort des Sprachethnologen wohnt zugleich die assoziative Weite der keimruhenden Erinnerung inne, die auf den Dornröschenkuss des Dichters wartet. Die Nacht gilt dem Nachhorchen und der Niederschrift. Oft arbeiten sich die Bilder der Vergangenheit durch den Schlaf und drängen dem Schreibenden am nächsten Morgen aus der Feder: »Ich habe dieses Buch geschrieben, wie von ihm besessen – fünf Jahre lang. Ich hatte das Gefühl, die Szenen mitzuerleben, als sei ich dabei. Bestimmte Begebenheiten aus ihrem Leben habe ich vor meinem inneren Auge in Form von Bildern visualisiert. Das Buch ist gewissermaßen in einem halluzinativen Zustand entstanden.«[1] Fünf Jahre lang entsteht täglich ein jeweils zwei- bis dreiseitiger hochkonzentrierter Textblock: der neolithischen Finsternis abgerungene Erinnerungsfragmente.

Anders als den Erzähler, fesselt mich kein gemeinsamer Mutterboden an Gohr, den Protagonisten; anders als ihm, drängen sich mir keine Bilder auf. Im Gegenteil: Ich kann aus meinem imaginären Fundus keine existierenden Bilder abrufen, muss erst die seinen *sehen* und in meiner Sprache nachbauen. Bilder sind bei Jean-Loup Trassard immer Mittel zum Zweck: »Bei mir gibt es keine doppelten Bedeutungen. Nichts will mehr besagen als das, was ich tatsächlich sage. Ich beschreibe die Dinge, das ist alles.«[2] Seinen Bildern eignet eine selbstverständliche Notwendigkeit, zum Beispiel der Blättermaske, die sich Gohr auf den ersten Seiten des Romans vors Gesicht hält, um sich seinen natürlichen Feinden in der dichten Vegetation nicht mit seiner hellen Hautfarbe zu verraten: das Produkt einer handwerklichen Fertigkeit, deren Gesten Trassard traumwandlerisch sicher beherrscht. Immer wieder bitte ich ihn, mir Handgriffe seiner schleifenden, sägenden, flechtenden, töpfernden oder rottenden Protagonisten vorzumachen, zu zeigen, wie sie ihr Werkzeug handhaben. Es sind Gesten, die ihm, *homme de la terre*, in Fleisch und Blut übergangen sind, die ihn mit seinen imaginären Vorfahren verbinden. Je archaischer ein Werkzeug ist, desto ehrfürchtiger nimmt er es zur Hand, umso näher fühlt er sich den Empfindungen seiner Vorfahren. Lachend erzählt er, welches Vergnügen es ihm bereitet habe, in diesem Roman all die überlebenswichtigen Tätigkeiten zu beschreiben, mit denen er sich in einer Notlage selbst gerne beholfen hätte. Ich beherrsche keine einzige von ihnen.

Seine Syntax scheint es dem Leser auf den ersten Blick nicht leicht zu machen, Bilder und Gesten zu rekonstruieren. Tatsächlich aber, das lerne ich bei der übersetzenden Lektüre, ist sie eine Stütze. Man wird von ihr an die Hand genommen und in das geführt, was Florent Hélesbeux als *écriture de la perception* oder *écriture intense* bezeichnet[3]: sein wahrnehmendes, perzeptives Schreiben. Gemeint ist damit, dass die Natur nicht, wie oft in der literarischen Tradition, oft der Fall, einem kontemplativen Subjekt als ästhetisches Schauspiel dargeboten wird. Der Autor ermöglicht dem Leser vielmehr einen vollkommen neuen Zugang zur Natur. Trassard ist kein Schriftsteller der Landschaft, sondern der Landwirtschaft, der

Arbeit und der Gesten in und an der Natur. Der Körper des Wahrnehmenden verschmilzt mit dem Wahrgenommenen, wird im Text selbst immer wieder sichtbar. Er gehört wie Tiere, Pflanzen und Mineralien ausdrücklich derselben Wirklichkeit an:

> Während ich im Gemüsegarten schreibe, setzen sich Schmetterlinge auf meinen Arm, auf das Papier, weiße, die wie Duftwicken ihre Flügel schließen, andere, die beide Schöße ihres dunkelbraunen samtigen Mantels – mit breiten feuerroten Spiegeln, weißen Flecken und sogar ein bisschen Blau – flach ausbreiten. Sie prüfen, ob ich den Stämmen des Pflaumenbaums gleiche, dem spärlichen Weinlaub, den Steinen der Mauer, wo sie sich in rascher Abfolge niederlassen, um sich von der Abendsonne bescheinen zu lassen. (S. 109)

Regelmäßig behindern die Körper der Protagonisten den kontemplativen Blick. Sie sind umso ausdrucksstärker und bedeutungsschwerer, als ihnen keine uns verständliche Sprache zur Verfügung steht. »Hand« oder »Hände« gehören zu den meistgebrauchten Wörtern des Buches. Gespräche werden durch Gestensprache ersetzt, so etwa, wenn wir den handwerkenden Händen zusehen:

> Wenn jedoch ein Unwetter herrscht, veranlasst die überfüllte Hütte sie fünf zu permanenten Arm- und Beinberührungen, auch wenn Ouen sich meist an den Bauch seiner Mutter presst. Der eine streckt den Arm nach einem Stängel zum Flechten, die andere legt einen Holzscheit ins Feuer, einer wechselt das Bein, auf dem er sitzt, eine andere wendet die Felle, die sie gerade zusammenheftet, zwischen ihnen qualmender Rauch, wenn der vorbeiziehende Wind auf das Dach drückt. Ein entrindeter, gespaltener Schössling zeigt nach oben, schaukelt, wird geknickt, unten eingeflochten, eine Hand

> zieht den mit Birkenleim verkleisterten Faden hoch, zwischen den Körpern springt der kleine Ouen seinem Holzspielzeug hinterher – ein grob geschnitzter Wolf –, aus einer hohlen Hand wandern Dinge zum Knabbern in die Nachbarfinger. Ein großer Körper mit zahllosen Gliedern. (S. 172)

Das schreibende Sujet betrachtet die Natur nie von einem erhöhten Standpunkt aus, sondern stets aus der immersiven Perspektive, sodass die Syntax nicht hierarchisch, sondern parataktisch strukturiert ist. Es ist die in Jean-Loup Trassards Kindheit noch intakte Heckenlandschaft, der *bocage mayennais*, die das Sichtfeld absteckt und die im vegetativen Dickicht einander überlagernden Wahrnehmungen im Zeitalter vor der der *Openfield*-Kultur bedingt:

> Die Hohlwege, das dichte Laub und besonders die Böschungen, ihr üppiges Gestrüpp, boten auch uns damals das Vergnügen, uns frei bewegen zu können, ohne vom Wild, von den anderen Landwirten oder von Jägern gesehen zu werden. Blieben die Augen auf die gegenüberliegende Hecke geheftet, ließ sich manchmal eine Mütze ausmachen, die sich direkt über den Gräsern und Brombeersträuchern voranschob, ein dunkler Fleck vor den Lücken im Gestrüpp, einige davon Breschen, durch die Hase, Hund, manchmal Jäger sprangen. (S. 42)

Wahrnehmung und Bewegung verschmelzen in Trassards nominal geprägter Syntax, die sich eher spiralartig denn linear entfaltet, sodass nur schwer zwischen Subjekt und Objekt zu unterscheiden ist. Eine Syntax, die unsere gewohnten Anhaltspunkte und die traditionelle Subjekt-Verb-Objekt-Folge unterläuft und den Leser direkt in die physische Wirklichkeit zieht. Trassards plastische Wahrnehmungsprosa ist bewusst elliptisch. Sie verzichtet immer wieder auf bestimmte Artikel, bei aneinandergereihten Verben oder Substantiven gelegentlich »zur besseren Verflechtung der Eindrücke«[4] auf Kommata und Konjunktionen; nur scheinbar paradoxerweise häufig auch auf perzeptive Verben, die gelegentlich durch einen Doppelpunkt ersetzt werden: das Satzzeichen als Blicköffner.

Trassards *écriture intense* wäre keine solche, wenn sie nicht auch mit sonoren Mitteln die sinnliche Wahrnehmung ermöglichte: den Leser nicht nur sehen, sondern auch hören lassen. Seine rhythmisch den Regungen der Protagonisten folgende Prosa drängt mal ungestüm, mal behutsam weiter, kommt zwischendurch zur Ruhe, ahmt die Laute schlagender Hämmer, ritzender Klingen oder sanfter Umarmungen nach. Auf der Suche nach einem geeigneten Siedlungsplatz für seine Familie gelangt Gohr zufällig bis an die Küste in der Nähe des heutigen Mont-Saint-Michel, entdeckt am Ende der flachen Erdscheibe das Meer – und verlässt es erschrocken wieder, weil er es für gefährlich heiß hält. Es ist meines Wissens die einzige Stelle in *Keimruhe*, in der die ansonsten stets treffende Naturwahrnehmung der Jungsteinzeitler trügt. Das Meerwasser ist ein Element, das dem Erzähler und (eingestandenermaßen wasserscheuen) Schriftsteller, anders als die Erde zeit seines Lebens fremd bleiben sollte. Seine große literarische Kunst ist es, uns mit zugleich exakt beschreibenden und melodisch vorwärtsdrängenden Wortkaskaden Gohrs Schrecken wider besseres Wissen erfahrbar zu machen:

> Beim Näherkommen entdeckt er: Das Wasser, im Loch dort drüben, am Ende der Erde – sie endet in einer Ausdehnung aus gewaschenem, vom Wasser freigegebenen Staub – ist heiß, ja, heiß ist jenes Wasser, kocht sogar wie das im Lederkessel, wenn die aus dem Feuer geholten Steine hineingetaucht werden, es ist daran zu sehen, dass es blubbert, siedet, sogar schäumt. Er verharrt in der Hocke, vornübergebeugt,

> und beobachtet das Brodeln des Wassers, das aufwallt, zurückprallt, spuckt und geifert. Er merkt, wie es schleichend auf ihn zukriecht, am Sand leckt und allmählich ansteigt, sich dabei hinter ausgerissenen Büscheln von braun- oder grünglänzenden Wasserpflanzen versteckt, die es anspült, wieder mitreißt, noch höher spült. Das Wasser scheint mit diesen geschmeidigen ein- und ausgerollten Riemen zu spielen, zu tanzen, es unterhält den Zuschauenden und steigt unterdessen flach an, weicht zurück, hüpft wieder hoch, stets belebt von einer kleinen Woge, die den Sand anfrisst, faucht, im Schaum erstickt und abermals anhebt. [...] Eine Falle, die schillernde Fläche, funkelnd vom Widerschein der Sonne auf den Tropfen, den nassen Stellen, dem Perlmutt und den Glimmerplättchen. (S. 52)

> Ich suche für die Schilderung ihrer gemeinsamen Tätigkeiten nach kraftvollen und nüchternen Wörtern, die ihren Bewegungen entsprechen, doch auf dem Land wird nicht beschrieben, alle scheinen von jeher zu wissen, was sie zu tun haben. (S. 102)

Dieser leicht zu überlesende Satz enthält im Keim das Wesen der Trassard'schen Semantik. In einem späteren Interview benutzt der Schriftsteller dieselben Wörter, *vigueur* und *sobriété*, um nicht nur seinen literarischen (sondern ausdrücklich auch seinen fotografischen) Stil zu charakterisieren.[5] In *Keimruhe* überlagern sich die verschiedensten Fachsprachen: Begriffe aus Botanik, Ethnologie, Archäologie, Jägersprache oder Landwirtschaft. Manchmal saßen wir uns mit Dietmar Aicheles buntem Standardwerk gegenüber, auf der einen Tischseite *Quelle est donc cette fleur?*, auf der anderen *Was blüht denn da?*, Autor wie Übersetzerin von Kindheit an vertraute Begleiter.

Immer wieder flicht Trassard kurze etymologische Exkurse in den Erzähltext ein, denn durch sie kann das unsichtbare Band, das die drei Erzählebenen des Romans miteinander verknüpft, besonders anschaulich und greifbar gemacht werden: die imaginären Lautbildungen der Protagonisten (*Kaab*), die stark vom lokalen Idiom geprägte Kindheitssprache des Erzählers (frz. *Kiaba*, dt. *Köter*) und schließlich sein reflektierend-analytisches Sprachvermögen im Augenblick der Niederschrift. So heißt es etwa über die Hündin der Steinzeitfamilie:

> Kaab, der Name, den ich ihr gebe, denn in der Linguistik glaubt man in Anbetracht all der vom Indogermanischen abstammenden Sprachen, dass es in jener vermeintlichen Ursprache, von der man allein aufgrund ihrer lautlichen Spuren eine Vorstellung hat, eine entwicklungsfähige Form *ḱwo(n)ṓ*, *Kuen* oder *Kun* gegeben haben muss, um den Hund zu bezeichnen. Und diese Form interessiert mich, zumal auch unsere (derbe und eher scherzhaft gebrauchte) frühere Bezeichnung *Köter* eine Lautnachahmung zu sein scheint, die ein Schallwort auf der Grundlage von *kau-* vermuten lässt (ähnlich die erste Silbe im lateinischen *canis*). (S. 82)

Der Erzähler spricht die Sprache derer, die »von jeher zu wissen [scheinen], was sie zu tun haben«, wenn er seinen sprachlichen Gestus ihren handwerklichen Gesten angleicht. Jean-Loup Trassard, obwohl selbst in einem bürgerlich-ländlichen Umfeld aufgewachsen, war von frühester Kindheit an mit dem *patois* der Mayenne vertraut, zutiefst angezogen von seinen vielfältigen Lauten und Bedeutungen, seinem kehligen Singsang und seinen humorvollen Verfremdungen der »Hochsprache«. Auch dieses Idiom ist ihm eine Körpersprache: »Sie verleiht dem, was ich tue, etwas Rüdes.«[6] Sie macht die ländlichen Gesten und Arbeitsprozesse wahrnehmbar, die er selbst ebenso selbstverständlich handhabt wie das dafür nötige Werkzeug. Trassards *patois* ist in erster

Linie die Sprache seiner Gemeinschaft und erst in einem zweiten Schritt das Wortreservoir des Schriftstellers, der es vor dem landläufigen Vorurteil der bäurischen Verunstaltung in Schutz nimmt und aus seinem unerschöpflichen Fundus heraus unermüdlich gegen die standardisierte Sprache anschreibt.

Nicht zuletzt transportiert seine Sprachmusik der Feldarbeit und Heckenlandschaft den Leser in eine zeitlich nicht streng umgrenzte Vergangenheit. Wie Jean-Loup Trassard gerne betont, ist das Mayenner *patois* eine direkte Schwester, keine Tochter des mittelalterlichen Französisch: »Es ist die Wurzel des heutigen Französisch. Wenn die Leute sich ein bisschen bemühen, dann finden sie in meinem *patois* Wörter, die in ganz Nordfrankreich, dem Gebiet der langue d'oïl und der Wiege unserer Sprache, gebraucht werden.«[7] Das *patois* hat demnach (zusammen mit den Gesten) auch Wörter bewahrt, die das moderne Französisch abgestoßen hat. Und so erlaubt sich der Erzähler von *Keimruhe* zu mutmaßen, dass es möglicherweise sogar Sprachrelikte weit jenseits des Mittelalters und der lingua romana birgt.

Der allen übersetzerischen Entscheidungen zugrunde liegende Leitgedanke war es, keine spezifische Mundart beim deutschen Leser zu assoziieren, sondern eine nicht regional konnotierte, möglichst archaisch klingende Mischung aus unterschiedlichsten (pfälzischen, rheinhessischen oder plattdeutschen) Dialektwörtern zu erzeugen und für einzelne Begriffe immer wieder das unerschöpflich bilderreiche Grimm'sche Wörterbuch zu befragen.

Auf fast wundersame Weise schienen sich in den phonetisch leicht eingedeutschten Namen der Protagonisten bisweilen Pflanzen-, Tier- und Menschensprache zu treffen. Vergnügt blitzte es in den Augen des Dichters, als ich ihm erzählte, dass ich den Namen *Muh* in *Müa* verwandelt hätte, um in der Vorstellungswelt des deutschen Lesers nicht die gleichnamige Tierlautbezeichnung in den

Vordergrund treten zu lassen; und dass sein Protagonist *Gaur* (*Gohr* transkribiert) in genau dieser Schreibweise den deutschen Zoologiekenner an die größte domestizierte Rinderart denken lässt. Dass der Großvater *Hö*, der Gohr das Grasmähen beibringt, im Original, angeblich aus einer bloßen onomatopoetischen Laune heraus, tatsächlich *Heu* heißt, mag ein bescheidenes Anzeichen dafür sein, dass unser gemeinsames Nachhorchen vielleicht die eine oder andere ursprachlich imaginierte Harmonie hervorgebracht hat.

Der Erzähler in *Keimruhe* ist stets ein Überbringer: der Sprachen – wenn er Laute »übersetzt« oder »transponiert« –, aber auch und vor allem der Gesten und Bilder, die er als Mittler zwischen den Zeiten, als bewahrender Überlieferer an uns weitergibt. Noch nie ist es mir so schwergefallen, mich von einer Übersetzung zu trennen. Mit jedem entschlüsselten Bild, mit jeder gezeigten Geste, mit jedem entwirrten Satz erschloss sich mir das ganze Ausmaß der Trassard'schen Wahrnehmungskunst. Meine Waldspaziergänge sind seither nicht mehr dieselben. Auch mein Verhältnis zu unserem Landstrich, dem seiner Geburt und dem meiner Wahl, hat notgedrungen an Tiefe gewonnen. Ihn auf seiner Erinnerungsreise zu den neolithischen Vorfahren zu begleiten, schärft jedoch weit über regionale Besonderheiten hinaus den Blick und das Gehör des Lesers. Ein zutiefst eigensinniges Unternehmen, in dem Leben und Werk eine seltene und selbstverständliche Symbiose eingehen. Umso eindringlicher sein Nachklang.

Anmerkungen

1 Gespräch mit Jean-Loup Trassard in Saint-Hilaire-du-Maine, 29. August 2015.

2 Gespräch mit Jean-Loup Trassard in Saint-Hilaire-du-Maine, 19. Februar 2015.

3 Der noch unveröffentlichten Dissertation von Florent Hélesbeux, *Le surplomb impossible, le paysage empêché. L'œuvre de Jean-Loup Trassard lue à la lumière de Merleau-Ponty* (Feburar 2016) und dem Austausch mit dem Autor verdanke ich wesentliche Anregungen zu Trassards *écriture perceptive*. Vgl. auch Florent Hélesbeux, »Les visions impersonnelles incarnées. De quelques sommets de l'écriture intense«, in: Jean-Loup Trassard. *Cahier dix-neuf*, hg. v. Dominique Vaugeois, Le Temps qu'il fait, 2014, S. 121–134.

4 Gespräch mit Jean-Loup Trassard in Saint-Hilaire-du-Maine, 19. Februar 2015.

5 Jean-Loup Trassard. Entretien avec Anne Segal & Gérard Cartier, in: *Secousse*, Nr. 3, März 2011, S. 5.

6 Gespräch mit Jean-Loup Trassard in Saint-Hilaire-du-Maine, 19. Februar 2015.

7 Gespräch mit Jean-Loup Trassard in Saint-Hilaire-du-Maine, 6. Oktober 2015.

Die Übersetzung wurde durch das Förderprogramm des französischen Außenministeriums, vertreten durch die Kulturabteilung der französischen Botschaft in Berlin, unterstützt.

Die Publikation dieses Buches wurde unterstützt mit Mitteln des Centre National du Livre.

Erste Auflage Berlin 2017

Umschlaggestaltung: Dirk Lebahn, Berlin
Satz: Tom Mrazauskas, Berlin
Druck und Bindung: Friedrich Pustet, Regensburg

ISBN 978-3-95757-466-4

www.matthes-seitz-berlin.de